JN182012

曲面と
ベクトル解析

小林真平
Kobayashi Shimpei
［著］

NBS
Nippyo
Basic Series

日評ベーシック・シリーズ

日本評論社

はじめに

本書は，多変数の微分積分学と線形代数学の基礎を学んだ人に向けたベクトル解析と曲線・曲面の本である．なるべく予備知識を少なくするために，第 1 章で，後に用いる微分積分学と線形代数学の必要な部分の解説をし，さらに付録で，本書で使う重要な定理を証明なしで載せて読者の便宜を図った．さらに必要となる予備知識は，参考文献 [1], [2] であげた本『微分積分 —— 1 変数と 2 変数』および『線形代数 —— 行列と数ベクトル空間』等で補えば (これらの本の内容をすべて理解している必要はない)，内容を十分に理解することができると思う．

さて，本書のタイトルでもある「ベクトル解析」と「曲線・曲面」は，多変数の微分積分学，線形代数学を学んだ後に勉強する数学の重要な分野であるが，大学の授業では別々に教えられることが多い．すなわち，ベクトル解析の授業では，曲線・曲面を詳しく扱う時間的な余裕はなく，逆もまた同じである．しかしながら，これらの二つの内容は互いに密接に関連しており，一緒に学ぶ意義は大きい．

本書では，双方の内容を基礎から丁寧に解説することを試みた．それが前半の第 2 章から第 6 章であり，ベクトル解析と曲線・曲面についての標準的な内容である．見出しに星印 ★ がついた節を除けば，大学 2 年生くらいのベクトル解析の半期の授業で行う内容に対応している．第 6 章では，さまざまな物理学の法則とベクトル解析の関係も述べ，物理学科等の学生にも興味を持ってもらえるように配慮した．またたとえば，第 6 章の代わりに 3.4 節と第 10 章を含めれば，数学科の曲線・曲面の半期の授業に十分対応している．

次に，後半の第 7 章から第 10 章までは，「微分形式」と呼ばれる概念を用いてベクトル解析と曲線・曲面を捉えなおしたものである．微分形式の一番簡単な例は，積分 $\int_a^b f(x)\,\mathrm{d}x$ で現れる記号 $\mathrm{d}x$ である．これは，置換積分をするときに使う単なる記号ではなく重要な意味を持つ数学的概念である．微分形式を用いれば，ベクトル解析や曲線・曲面についての計算をより統一的に見直すことができる．それのみならず，ベクトル解析や曲面で現れるさまざまな概念が微分形式の外微分と呼ばれる簡潔な操作から導かれることから，微分形式の理解が本質的であることがわかる．しかしながら，きちんとした定義や使い方などは，多様体と呼ばれる概念を勉強した後に，微分積分学と線形代数学の完全な理解を前提にして教えられる場合が多い (数学科では 3 年生以上の講義で説明される)．本書では，本格的に微分形式の導入を行うのではなく，ベクトル解析で用いられる必要最低限の部分，特に 2 次元と 3 次元の場合に限って具体的に微分形式の説明を行った．このような，微分形式の導入は類書にはあまり見られず，本書の特色と言えよう．

微分形式の応用として，ストークスの定理 (第 9 章)，ガウス–ボンネの定理およびポアンカレ–ホップの指数定理 (第 10 章) を証明した．ストークスの定理は，ベクトル解析のいくつかの積分定理 (グリーンの公式，ガウスの発散定理等) のうちの一つとして数えられることも多いが，微分形式を用いればすべての積分定理はストークスの定理として統一的に表現され，見通しよく証明することができる．また，ガウス–ボンネの定理およびポアンカレ–ホップの指数定理は曲面論の美しい等式であり，微分形式を用いればこれも統一的に証明することができる．微分形式の威力を存分に感じて欲しいと思う．

すでに，ベクトル解析や曲線・曲面の教科書は，優れたものが多数出版されている (それらの一部は参考文献で挙げた)．本書は，ベクトル解析と曲線・曲面の双方の内容を丁寧に扱うということ，微分形式を用いて統一的にこれらの内容を記述し，さらにその応用についても述べることを目標にして書かれたものである．この試みが成功して，ベクトル解析と曲線・曲面について読者の理解が深まれば幸いである．

本書を読む際の注意として，発展的な内容を含む節には星印 * を付けた．初めてベクトル解析や曲線・曲面を勉強する読者は，飛ばして読んでも差し支えない．また，例題とその解答を盛り込んで，読者の理解の助けになることを意図した．章末に演習問題も付けたが，どれも基本的な問題ばかりであるのでぜひ取り組んで欲しい．第 10 章の内容は，やや駆け足で説明したところや，発展的・応用的な内容を含んでおり少し難しいかもしれないことを注意しておく.

最後に，本書の執筆を薦めてくれて，さらに原稿についても多数の有用なアドバイスをしていただいた筑波大学の井ノ口順一先生と，辛抱強く原稿を待ってくれた日本評論社の筧裕子氏に感謝を申し上げたい.

2016 年 11 月

小林　真平

本書で用いる記号

本書で使う記号について説明する.

$\mathbb{R}$：実数全体のなす集合.

$\mathbb{R}^n$：$\mathbb{R}$ 上の n 次元の数ベクトル空間.

$\langle , \rangle$：内積.

$\times$：外積 (ベクトル).

$\dfrac{\partial}{\partial x}, \dfrac{\partial}{\partial y}, \dfrac{\partial}{\partial z}$：ベクトル場.

V^*：ベクトル空間 V の双対空間.

$\mathrm{d}x, \mathrm{d}y, \mathrm{d}z$：1 次微分形式.

$\wedge$：外積 (微分形式).

d：外微分.

$*$：ホッジのスター作用素.

ギリシャ文字

記号	読み方	記号	読み方
A, α	アルファ	N, ν	ニュー
B, β	ベータ	Ξ, ξ	クシー
$\varGamma, \gamma$	ガンマ	O, o	オミクロン
$\varDelta, \delta$	デルタ	$\varPi, \pi$	パイ
E, ε	エプシロン	P, ρ	ロー
Z, ζ	エータ	$\varSigma, \sigma$	シグマ
H, η	イータ	T, τ	タウ
$\varTheta, \theta$	シータ	$\varUpsilon, \upsilon$	ユプシロン
I, ι	イオタ	$\varPhi, \phi$	ファイ
K, κ	カッパ	X, χ	カイ
$\varLambda, \lambda$	ラムダ	$\varPsi, \psi$	プサイ
M, μ	ミュー	$\varOmega, \omega$	オメガ

目次

第1章
ベクトルと微分積分の基本

この章では，あとで使う平面ベクトル・空間ベクトルと，微分積分の基本的なことをまとめておく．

1.1 幾何ベクトル

空間の向きと大きさをもった矢印は**幾何ベクトル**と呼ばれる．二つの幾何ベクトル $\boldsymbol{a}, \tilde{\boldsymbol{a}}$ は平行移動で重なり合うとき，同じ幾何ベクトルを定め，$\boldsymbol{a} = \tilde{\boldsymbol{a}}$ と書く．すると，幾何ベクトルの始点はつねに原点にあると考えることができる (図 1.1 参照).

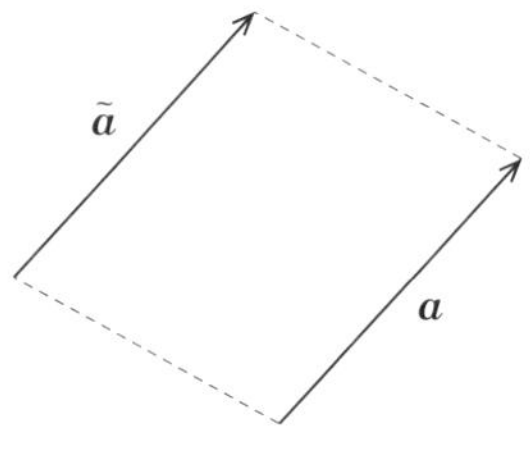

図 1.1 幾何ベクトルの平行移動

幾何ベクトルには，図 1.2 のように幾何ベクトルを何倍かする (スカラー倍という) $k\boldsymbol{a}$ ($k \in \mathbb{R}$) という操作と，幾何ベクトルの始点をそろえて 二つの幾何ベクトルを足す (和) $\boldsymbol{a} + \boldsymbol{b}$ という操作を考えることができる．これは，幾何ベクトルを物理で学ぶ力と考えたときの力の強弱 (方向は同じだが力の大きさを変化させ

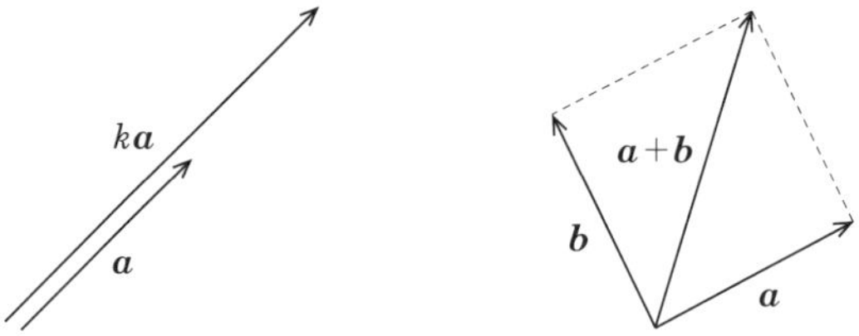

図 1.2　幾何ベクトルのスカラー倍 (左) と和 (右)

る) と，力の合成に対応している．

また，スカラー倍が負の数である場合は，幾何ベクトルの向きを反対にすることに対応している．幾何ベクトルの差を考えるときには，-1 倍して，和をとると理解すれば良い．すなわち幾何ベクトル $\boldsymbol{a}, \boldsymbol{b}$ に対して，

$$\boldsymbol{a} - \boldsymbol{b} = \boldsymbol{a} + (-\boldsymbol{b})$$

とすれば，ベクトルの差を表現することができる．

幾何ベクトルは，直感的にはわかりやすいが，計算する上では数の組と対応させるのが便利である．それには次のように考えれば良い．幾何ベクトルの始点 P と終点 Q の座標を，それぞれ $\mathrm{P} = (p_x, p_y, p_z)$, $\mathrm{Q} = (q_x, q_y, q_z)$ としたときに，実数の組 $v_x, v_y, v_z \in \mathbb{R}$ を

$$\begin{pmatrix} v_x \\ v_y \\ v_z \end{pmatrix} = \begin{pmatrix} q_x - p_x \\ q_y - p_y \\ q_z - p_z \end{pmatrix} \in \mathbb{R}^3$$

で定める．これを幾何ベクトルの**成分表示**という．すると，空間の幾何ベクトル全体は三つの数の組がなす集合

$$\mathbb{R}^3 = \left\{ \begin{pmatrix} v_x \\ v_y \\ v_z \end{pmatrix} \middle| \ v_x, v_y, v_z \in \mathbb{R} \right\}$$

と同一視できることがわかる．集合 $\mathbb{R}^3$ の元のことを単に**ベクトル**と呼び，$\boldsymbol{v}$ などの記号で表すことにする．$\mathbb{R}^3$ のベクトルは，三つの縦に並んだ数の組なので，文章中にベクトルを表す場合は，行列の転置の記号 t を用いて $\boldsymbol{v} = {}^t(v_x, v_y, v_z)$ と書くべきだが，省略して $\boldsymbol{v} = (v_x, v_y, v_z)$ と書くことにする．

さて，ベクトル $\boldsymbol{v}=(v_x,v_y,v_z)$, $\boldsymbol{w}=(w_x,w_y,w_z)\in\mathbb{R}^3$ と実数 k に対しベクトルの和 $\boldsymbol{v}+\boldsymbol{w}$ とスカラー倍 (実数倍) $k\boldsymbol{v},(k\in\mathbb{R})$ が次のように自然に定まる．

$$\boldsymbol{v}+\boldsymbol{w}=\begin{pmatrix}v_x+w_x\\v_y+w_y\\v_z+w_z\end{pmatrix}\in\mathbb{R}^3,\quad k\boldsymbol{v}=\begin{pmatrix}kv_x\\kv_y\\kv_z\end{pmatrix}\in\mathbb{R}^3.$$

和とスカラー倍は，定義の仕方からわかるようにそれぞれ $\mathbb{R}^3$ の新しいベクトルを定めている．このようにして定めた和とスカラー倍が幾何ベクトルの和とスカラー倍に対応していることを確かめよう．

例題 1.1 原点を始点とする，x 軸，y 軸，z 軸方向で長さが 1 の幾何ベクトルの成分表示が

$$\boldsymbol{e}_1=\begin{pmatrix}1\\0\\0\end{pmatrix},\quad \boldsymbol{e}_2=\begin{pmatrix}0\\1\\0\end{pmatrix},\quad \boldsymbol{e}_3=\begin{pmatrix}0\\0\\1\end{pmatrix}$$

であることを確かめよ．ベクトル $\boldsymbol{e}_1,\boldsymbol{e}_2,\boldsymbol{e}_3$ を**基本ベクトル**という．また三つの軸方向の幾何ベクトルの和と，それぞれの幾何ベクトルの k 倍の幾何ベクトルの成分表示が

$$\boldsymbol{e}_1+\boldsymbol{e}_2+\boldsymbol{e}_3,\quad k\boldsymbol{e}_1,\quad k\boldsymbol{e}_2,\quad k\boldsymbol{e}_3$$

となることも確認せよ．

解 始点が原点 $(0,0,0)$ で，終点がそれぞれ $(1,0,0),(0,1,0),(0,0,1)$ であることから，成分表示が $\boldsymbol{e}_1,\boldsymbol{e}_2,\boldsymbol{e}_3$ になることは明らかである．三つの軸方向の幾何ベクトルの和が立方体の頂点 (手前の点) を終点にする幾何ベクトルに対応していて，それを成分表示すれば $\boldsymbol{e}_1+\boldsymbol{e}_2+\boldsymbol{e}_3$ になることも簡単にわかる．また，三つの幾何ベクトルのスカラー倍も $k\boldsymbol{e}_1,k\boldsymbol{e}_2,k\boldsymbol{e}_3$ が成分表示であることがわかる (図 1.3 参照). □

したがって，$\mathbb{R}^3$ は空間の幾何ベクトルの集合と和，およびスカラー倍を込めて同じものと見なすことができる．

いままで，空間の幾何ベクトルについて述べてきたが，平面の幾何ベクトルでも話は同様である．空間の場合と同じようにすれば，平面の幾何ベクトルのなす

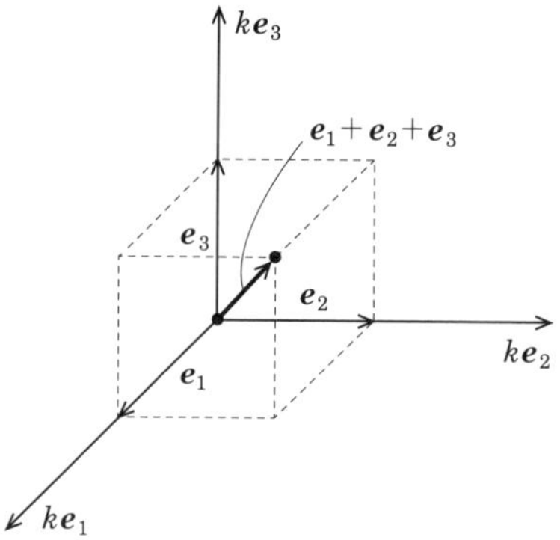

図 1.3 基本ベクトルの和とスカラー倍

集合は

$$\mathbb{R}^2 = \left\{ \begin{pmatrix} x \\ y \end{pmatrix} \;\middle|\; x, y \in \mathbb{R} \right\}$$

と同一視できる．

和やスカラー倍を定めることができ，いくつかの性質を満たす集合のことを**ベクトル空間**と言い，ベクトル空間の元は，ベクトルと呼ばれる．$\mathbb{R}^3$ または $\mathbb{R}^2$ はベクトル空間の例になっている．ベクトル空間については，第 7 章で詳しく説明する．

1.2 内積

さて空間や平面の幾何ベクトルのなす集合は自然に $\mathbb{R}^3$ および $\mathbb{R}^2$ と同一視できることがわかった．それではベクトルの大きさ，つまり長さはどのように表現されるであろうか？ ここでは内積を定義し，そこからベクトルの長さを定めよう．

定義 1.2 $\mathbb{R}^3$ の二つのベクトル $\boldsymbol{v} = (v_x, v_y, v_z)$ と $\boldsymbol{w} = (w_x, w_y, w_z)$ に対して，内積を

$$\langle \boldsymbol{v},\, \boldsymbol{w} \rangle = v_x w_x + v_y w_y + v_z w_z$$

で定める．また，内積を用いてベクトル $\boldsymbol{v}$ の長さ $|\boldsymbol{v}|$ を

$$|\boldsymbol{v}| = \sqrt{\langle \boldsymbol{v}, \boldsymbol{v} \rangle} = \sqrt{v_x^2 + v_y^2 + v_z^2}$$

で定める．$\mathbb{R}^3$ の場合に z 成分を 0 としたものが $\mathbb{R}^2$ のベクトルの内積と長さである．すなわち，$\boldsymbol{v} = (v_x, v_y)$ と $\boldsymbol{w} = (w_x, w_y)$ に対して

$$\langle \boldsymbol{v}, \boldsymbol{w} \rangle = v_x w_x + v_y w_y$$

および

$$|\boldsymbol{v}| = \sqrt{\langle \boldsymbol{v}, \boldsymbol{v} \rangle} = \sqrt{v_x^2 + v_y^2}$$

となる．

行列の言葉を用いれば，内積は

$$\langle \boldsymbol{v}, \boldsymbol{w} \rangle = {}^t\boldsymbol{v}\, \boldsymbol{w} = \begin{pmatrix} v_x & v_y & v_z \end{pmatrix} \begin{pmatrix} w_x \\ w_y \\ w_z \end{pmatrix}$$

とも書くことができる．

例題 1.3 内積について次が成り立つことを確かめよ．

(1) $\langle \boldsymbol{v}, \boldsymbol{w} \rangle = \langle \boldsymbol{w}, \boldsymbol{v} \rangle$.

(2) $\langle \boldsymbol{u}, a\boldsymbol{v} + b\boldsymbol{w} \rangle = a \langle \boldsymbol{u}, \boldsymbol{v} \rangle + b \langle \boldsymbol{u}, \boldsymbol{w} \rangle \quad (a, b \in \mathbb{R})$.

(3) $\boldsymbol{u} \neq \boldsymbol{0}$ ならば $\langle \boldsymbol{u}, \boldsymbol{u} \rangle > 0$ である．

このような性質を持つものは，**正値な対称双線形形式**とも呼ばれる．

解 内積の定義を用いて，すべて具体的に計算できる．実際に計算すると，

$$\begin{aligned}
\langle \boldsymbol{v}, \boldsymbol{w} \rangle &= v_x w_x + v_y w_y + v_z w_z = \langle \boldsymbol{w}, \boldsymbol{v} \rangle, \\
\langle \boldsymbol{u}, a\boldsymbol{v} + b\boldsymbol{w} \rangle &= u_x(av_x + bw_x) + u_y(av_y + bw_y) + u_z(av_z + bw_z) \\
&= a \langle \boldsymbol{u}, \boldsymbol{v} \rangle + b \langle \boldsymbol{u}, \boldsymbol{w} \rangle, \\
\langle \boldsymbol{u}, \boldsymbol{u} \rangle &= u_x^2 + u_y^2 + u_z^2 > 0
\end{aligned}$$

となる．最後の式では $\boldsymbol{u} \neq \boldsymbol{0}$，つまり $(u_x, u_y, u_z) \neq (0, 0, 0)$ であることを用いた．

□

ベクトルの内積の幾何学的状況を表したものが次の命題である.

命題 1.4 ベクトル $\boldsymbol{v}, \boldsymbol{w}$ に対して次が成立する.

$$\langle \boldsymbol{v}, \boldsymbol{w} \rangle = |\boldsymbol{v}||\boldsymbol{w}| \cos\theta.$$

ここで θ は $\boldsymbol{v}, \boldsymbol{w}$ の間のなす角である (なす角とは, ベクトル $\boldsymbol{v}$ と $\boldsymbol{w}$ からできる平面の間の角と定める). ただし $0 \leqq \theta \leqq \pi$ とする. 特に, $\boldsymbol{u} \neq \boldsymbol{0}, \boldsymbol{v} \neq \boldsymbol{0}$ となるベクトルに対して $\langle \boldsymbol{u}, \boldsymbol{v} \rangle = 0$ となるのは, $\boldsymbol{u}, \boldsymbol{v}$ が直交しているときであり, またそのときに限る.

証明 まず $\boldsymbol{w} = \boldsymbol{0}$, または $\boldsymbol{v} = \boldsymbol{0}$, もしくは $\boldsymbol{w} = c\boldsymbol{v}$, $(c \in \mathbb{R})$ である場合は, なす角は $\theta = 0$ または $\theta = \pi$ であり, 結論は明らかである. したがって, $\boldsymbol{w} \neq c\boldsymbol{v}$ でかつ $\boldsymbol{w} \neq \boldsymbol{0}, \boldsymbol{v} \neq \boldsymbol{0}$ である場合を考える. このとき $\boldsymbol{v}$ と $\boldsymbol{w}$ がなす三角形に対する余弦定理から

$$|\boldsymbol{v} - \boldsymbol{w}|^2 = |\boldsymbol{v}|^2 + |\boldsymbol{w}|^2 - 2|\boldsymbol{v}||\boldsymbol{w}| \cos\theta$$

を得る. $|\boldsymbol{v} - \boldsymbol{w}|^2$ を例題 1.3 を使って計算してみると

$$|\boldsymbol{v} - \boldsymbol{w}|^2 = \langle \boldsymbol{v} - \boldsymbol{w}, \boldsymbol{v} - \boldsymbol{w} \rangle = |\boldsymbol{v}|^2 + |\boldsymbol{w}|^2 - 2 \langle \boldsymbol{v}, \boldsymbol{w} \rangle$$

を得る. これを上の式に代入すれば結論を得る. ■

系 1.5 任意の $\boldsymbol{v}, \boldsymbol{w} \in \mathbb{R}^3$ について, 次の不等式が成立する.

$$|\langle \boldsymbol{v}, \boldsymbol{w} \rangle| \leqq |\boldsymbol{v}||\boldsymbol{w}|.$$

等号成立は $\boldsymbol{v} = c\boldsymbol{w}$, $(c \in \mathbb{R})$, $\boldsymbol{v} = \boldsymbol{0}$ または $\boldsymbol{w} = \boldsymbol{0}$ のときであり, そのときに限る. この不等式を**シュワルツの不等式**と言う.

証明 $-1 \leqq \cos\theta \leqq 1$ より, 不等式が従うことは明らかである. また, $\boldsymbol{v} = \boldsymbol{0}$ または $\boldsymbol{w} = \boldsymbol{0}$ のとき, 等号が成立するのは明らか. そうでない場合は, $\theta = 0, \pi$ のとき, 等号が成立する. このとき, $\boldsymbol{v} = c\boldsymbol{w}$ となっている. ■

命題 1.4 から, 内積の状況は図 1.4 のようになることがわかる. つまり $\boldsymbol{v}$ と $\boldsymbol{w}$ の内積とは, $\boldsymbol{v}$ の長さ $|\boldsymbol{v}|$ と $\boldsymbol{w}$ を $\boldsymbol{v}$ に正射影したベクトルの長さ $|\boldsymbol{w}| \cos\theta$ の積である.

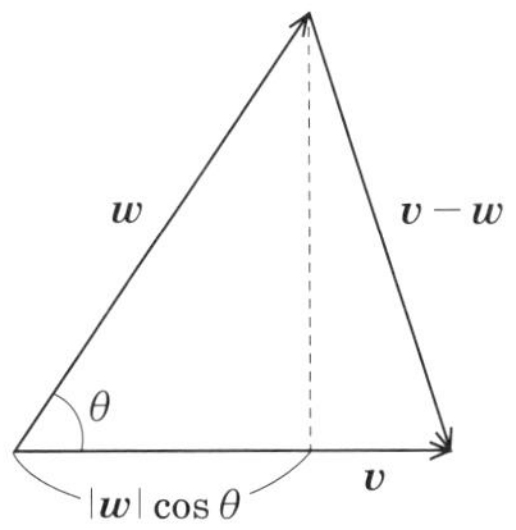

図 1.4　ベクトルの内積

例題 1.6 ベクトル $\boldsymbol{v}=(-1,1,0)$ と $\boldsymbol{w}=(1,0,1)$ の長さ $|\boldsymbol{v}|$, $|\boldsymbol{w}|$ と，なす角 θ を求めよ．

解 定義通り計算していく．

$$|\boldsymbol{v}|=\sqrt{\langle \boldsymbol{v}, \boldsymbol{v}\rangle}=\sqrt{2}, \quad |\boldsymbol{w}|=\sqrt{\langle \boldsymbol{w}, \boldsymbol{w}\rangle}=\sqrt{2}.$$

また $\langle \boldsymbol{v}, \boldsymbol{w}\rangle=-1$ より

$$\cos\theta=\frac{\langle \boldsymbol{v}, \boldsymbol{w}\rangle}{|\boldsymbol{v}||\boldsymbol{w}|}=-\frac{1}{2}$$

となる．$0 \leqq \theta \leqq \pi$ に注意すると，$\theta=\dfrac{2}{3}\pi$ である． □

内積を用いると，力学における仕事を考えることができる．

定義 1.7 物理で考える力をベクトル $\boldsymbol{F}$ として表現し，この力 $\boldsymbol{F}$ を加えて，質点がある直線上を動いたとする．$\boldsymbol{s}$ を質点の始点と終点を結ぶベクトルとする．このとき

$$w=\langle \boldsymbol{F}, \boldsymbol{s}\rangle$$

を力 $\boldsymbol{F}$ の行った**仕事**という (図 1.5 参照)．

1.3 外積

まず，外積の定義を与えよう．

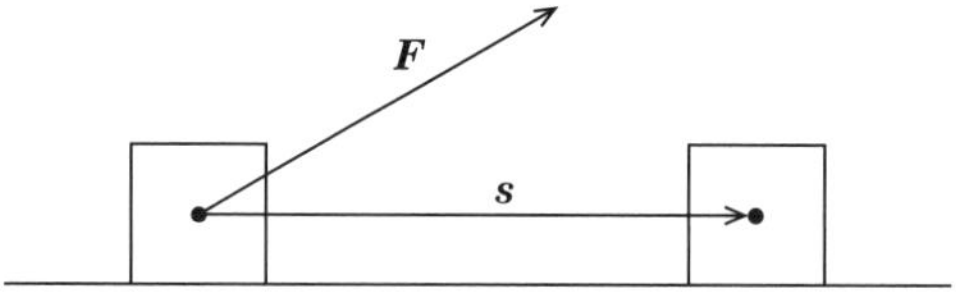

図 1.5　仕事

定義 1.8　$\mathbb{R}^3$ のベクトル $\boldsymbol{v} = (v_x, v_y, v_z)$ と $\boldsymbol{w} = (w_x, w_y, w_z)$ に対して，**外積**を

$$\boldsymbol{v} \times \boldsymbol{w} = \begin{pmatrix} v_y w_z - v_z w_y \\ v_z w_x - v_x w_z \\ v_x w_y - v_y w_x \end{pmatrix} \tag{1.1}$$

で定める．

例題 1.9　$\mathbb{R}^3$ のベクトル $\boldsymbol{u}, \boldsymbol{v}, \boldsymbol{w}$ の外積と内積に関して，次が成立することを確かめよ．

$$\begin{aligned} &\boldsymbol{v} \times \boldsymbol{w} = -\boldsymbol{w} \times \boldsymbol{v}, \\ &\langle \boldsymbol{v}, \boldsymbol{v} \times \boldsymbol{w} \rangle = \langle \boldsymbol{w}, \boldsymbol{v} \times \boldsymbol{w} \rangle = 0, \\ &\boldsymbol{u} \times (a\boldsymbol{v} + b\boldsymbol{w}) = a\boldsymbol{u} \times \boldsymbol{v} + b\boldsymbol{u} \times \boldsymbol{w} \quad (a, b \in \mathbb{R}). \end{aligned}$$

したがって，$\boldsymbol{v} \times \boldsymbol{w}$ は図 1.6 のように $\boldsymbol{v}$ と $\boldsymbol{w}$ の両方に直交している．特に，$\boldsymbol{v} \times \boldsymbol{v} = \boldsymbol{0}$ つまり同じベクトルの外積は $\boldsymbol{0}$ になる．

解　$\boldsymbol{v} \times \boldsymbol{w}$ と $\boldsymbol{w} \times \boldsymbol{v}$ は式 (1.1) において，v_a と w_a $(a = x, y, z)$ を入れ替えたものであるので，最初の等式が得られる．次に外積と内積の定義を用いて計算すると

$$\begin{aligned} \langle \boldsymbol{v}, \boldsymbol{v} \times \boldsymbol{w} \rangle &= v_x(v_y w_z - v_z w_y) + v_y(v_z w_x - v_x w_z) + v_z(v_x w_y - v_y w_x) \\ &= 0 \end{aligned}$$

となる．$\langle \boldsymbol{w}, \boldsymbol{v} \times \boldsymbol{w} \rangle = 0$ も同様である．最後の式も両辺を外積の定義通り計算すると得られる．　□

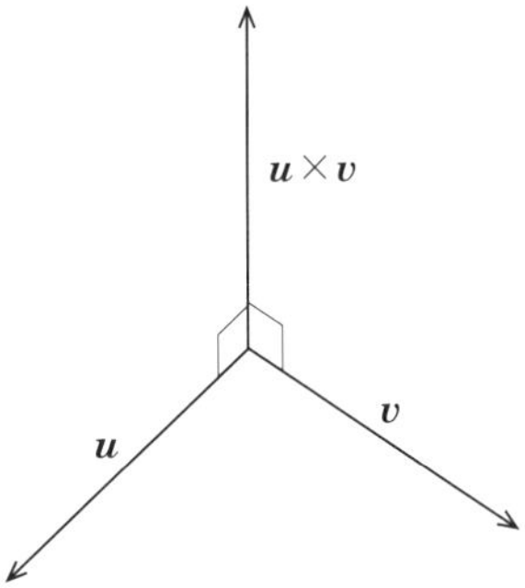

図 1.6 ベクトルの外積

定義 1.10 $\mathbb{R}^3$ のベクトル $\boldsymbol{u}, \boldsymbol{v}, \boldsymbol{w}$ に対して，それらを並べてできる 3 行 3 列の行列を $(\boldsymbol{u}, \boldsymbol{v}, \boldsymbol{w})$ で書く．このとき

$$\det(\boldsymbol{u}, \boldsymbol{v}, \boldsymbol{w}) = \langle \boldsymbol{u}, \boldsymbol{v} \times \boldsymbol{w} \rangle$$

を行列 $(\boldsymbol{u}, \boldsymbol{v}, \boldsymbol{w})$ の**行列式**と呼ぶ．

例題 1.11 (1) ベクトル $\boldsymbol{u}, \boldsymbol{v}, \boldsymbol{w}$ を

$$\boldsymbol{u} = \begin{pmatrix} u_x \\ u_y \\ u_z \end{pmatrix}, \quad \boldsymbol{v} = \begin{pmatrix} v_x \\ v_y \\ v_z \end{pmatrix}, \quad \boldsymbol{w} = \begin{pmatrix} w_x \\ w_y \\ w_z \end{pmatrix}$$

と与えたとき，行列 $(\boldsymbol{u}, \boldsymbol{v}, \boldsymbol{w})$ の行列式が

$$\begin{aligned} \det(\boldsymbol{u}, \boldsymbol{v}, \boldsymbol{w}) =& u_x v_y w_z + v_x w_y u_z + w_x u_y v_z \\ & - (u_x w_y v_z + v_x u_y w_z + w_x v_y u_z) \end{aligned}$$

となることを確かめよ．

(2) 行列式に対して，次が成り立つことを示せ．

$$\det(a\boldsymbol{u} + b\hat{\boldsymbol{u}}, \boldsymbol{v}, \boldsymbol{w}) = a \det(\boldsymbol{u}, \boldsymbol{v}, \boldsymbol{w}) + b \det(\hat{\boldsymbol{u}}, \boldsymbol{v}, \boldsymbol{w}) \quad (a, b \in \mathbb{R}),$$
$$\det(\boldsymbol{u}, \boldsymbol{v}, \boldsymbol{w}) = -\det(\boldsymbol{v}, \boldsymbol{u}, \boldsymbol{w}) = -\det(\boldsymbol{w}, \boldsymbol{v}, \boldsymbol{u}) = -\det(\boldsymbol{u}, \boldsymbol{w}, \boldsymbol{v}).$$

特に，$\det(\boldsymbol{u}, \boldsymbol{u}, \boldsymbol{v}) = \det(\boldsymbol{u}, \boldsymbol{v}, \boldsymbol{u}) = \det(\boldsymbol{u}, \boldsymbol{v}, \boldsymbol{v}) = 0$ である．

解 (1) について：定義をそのまま計算すれば良い．

(2) について：最初の等式については，内積の性質から

$$\det(a\boldsymbol{u}+b\hat{\boldsymbol{u}},\boldsymbol{v},\boldsymbol{w})=\langle a\boldsymbol{u}+b\hat{\boldsymbol{u}},\,\boldsymbol{v}\times\boldsymbol{w}\rangle=a\,\langle\boldsymbol{u},\,\boldsymbol{v}\times\boldsymbol{w}\rangle+b\,\langle\hat{\boldsymbol{u}},\,\boldsymbol{v}\times\boldsymbol{w}\rangle$$

となり従う．次の等式について，1 番目と 4 番目の項が等しいのは，定義 1.10 と例題 1.9 の最初の等式からわかる．1 番目と 2 番目の項が等しいことを示す．

$$\begin{aligned}\det(\boldsymbol{u},\boldsymbol{v},\boldsymbol{w})&=u_x(v_yw_z-v_zw_y)+u_y(v_zw_x-v_xw_z)+u_z(v_xw_y-v_yw_x)\\&=-v_x(u_yw_z-u_zw_y)-v_y(u_zw_x-u_xw_z)-v_z(u_xw_y-u_yw_x)\\&=-\det(\boldsymbol{v},\boldsymbol{u},\boldsymbol{w})\end{aligned}$$

となり従う．3 番目の項は，これらの性質を用いて書き換えれば，

$$-\det(\boldsymbol{w},\boldsymbol{v},\boldsymbol{u})=\det(\boldsymbol{v},\boldsymbol{w},\boldsymbol{u})=-\det(\boldsymbol{v},\boldsymbol{u},\boldsymbol{w})$$

となり，2 番目の項に等しい．□

注意　行列式を用いると，ベクトルの外積 $\boldsymbol{v}\times\boldsymbol{w}$ を簡単に理解することができる．すなわち，外積は，ベクトル (i,j,k), $\boldsymbol{v}=(v_x,v_y,v_z)$ と $\boldsymbol{w}=(w_x,w_y,w_z)$ から作られる 3 次の行列の行列式を展開した係数をならべたものである：

$$\det\begin{pmatrix}i & v_x & w_x\\ j & v_y & w_y\\ k & v_z & w_z\end{pmatrix}=(w_z-v_zw_y)i+(v_zw_x-v_xw_z)j+(v_xw_y-v_yw_x)k.$$

定理 1.12　$\boldsymbol{v},\boldsymbol{w}$ を二つの 1 次独立[1]な $\mathbb{R}^3$ のベクトルとするとき，外積 $\boldsymbol{v}\times\boldsymbol{w}$ の長さは

$$|\boldsymbol{v}\times\boldsymbol{w}|=|\boldsymbol{v}||\boldsymbol{w}|\sin\theta$$

と書ける．ここで θ はベクトル $\boldsymbol{v}$ と $\boldsymbol{w}$ の間のなす角度 $0<\theta<\pi$ とした．特に $|\boldsymbol{v}\times\boldsymbol{w}|$ はベクトル $\boldsymbol{v}$ と $\boldsymbol{w}$ のなす平行四辺形の面積である．

証明　ベクトル $\boldsymbol{v},\boldsymbol{w}$ が 1 次独立であるので，$\boldsymbol{w}\neq\boldsymbol{0}$ かつ $\boldsymbol{v}\neq\boldsymbol{0}$ かつ $\boldsymbol{w}\neq c\boldsymbol{v}$, $(c\in\mathbb{R})$ である． いま，$\boldsymbol{v}$ と $\boldsymbol{w}$ の間のなす角を θ $(0<\theta<\pi)$ とすると，平行四辺形の面積 S は

1] ベクトルの 1 次独立性については 1.6 節で詳しく述べる．ここでは，平行四辺形および平行六面体が潰れないと思っておけば良い．

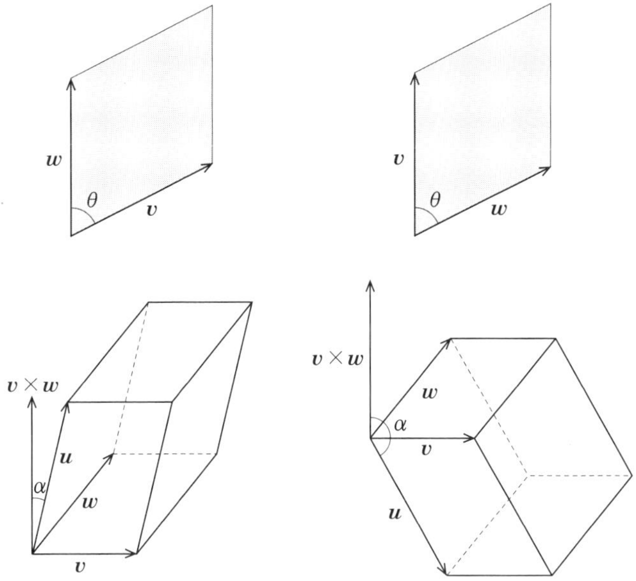

図 1.7 (上) $\boldsymbol{v}$, $\boldsymbol{w}$ のなす平行四辺形 (左図で $\{\boldsymbol{v}, \boldsymbol{w}\}$ は右手系，右図は左手系), (下) $\boldsymbol{u}$, $\boldsymbol{v}$, $\boldsymbol{w}$ がなす平行六面体 (左図で $\{\boldsymbol{v}, \boldsymbol{w}, \boldsymbol{u}\}$ は右手系，右図は左手系)

$$S = |\boldsymbol{v}||\boldsymbol{w}| \sin\theta$$

と表すことができる (図 1.7 参照)．両辺を 2 乗して整理すると，

$$S^2 = |\boldsymbol{v}|^2|\boldsymbol{w}|^2 \sin^2\theta = |\boldsymbol{v}|^2|\boldsymbol{w}|^2(1 - \cos^2\theta) = |\boldsymbol{v}|^2|\boldsymbol{w}|^2 - \langle \boldsymbol{v},\, \boldsymbol{w} \rangle^2$$

となる．ここで，$\boldsymbol{v} = (v_x, v_y, v_z)$ および $\boldsymbol{w} = (w_x, w_y, w_z)$ として，右辺を計算してみると，

$$\begin{aligned} |\boldsymbol{v}|^2|\boldsymbol{w}|^2 - \langle \boldsymbol{v},\, \boldsymbol{w} \rangle^2 &= (v_x^2 + v_y^2 + v_z^2)(w_x^2 + w_y^2 + w_z^2) - (v_x w_x + v_y w_y + v_z w_z)^2 \\ &= (v_y w_z - v_z w_y)^2 + (v_z w_x - v_x w_z)^2 + (v_x w_y - v_y w_x)^2 \\ &= \langle \boldsymbol{v} \times \boldsymbol{w},\, \boldsymbol{v} \times \boldsymbol{w} \rangle \qquad (1.2) \end{aligned}$$

となる．したがって，

$$|\boldsymbol{v} \times \boldsymbol{w}| = |\boldsymbol{v}||\boldsymbol{w}| \sin\theta$$

が成立し，これは $\boldsymbol{v}$ と $\boldsymbol{w}$ のなす平行四辺形の面積である． ■

平面のベクトルを $\boldsymbol{v} = (v_x, v_y, 0)$, $\boldsymbol{w} = (w_x, w_y, 0)$ と空間の xy–平面上のベクトルと考えるとき，外積は

$$\boldsymbol{v} \times \boldsymbol{w} = \begin{pmatrix} 0 \\ 0 \\ v_x w_y - v_y w_x \end{pmatrix} \tag{1.3}$$

となる．

定義 1.13　平面のベクトル $\boldsymbol{v} = (v_x, v_y)$, $\boldsymbol{w} = (w_x, w_y)$ に対し，それらを並べてできる 2 行 2 列の行列を $(\boldsymbol{v}, \boldsymbol{w})$ で書く．このとき，

$$\det(\boldsymbol{v}, \boldsymbol{w}) = v_x w_y - v_y w_x$$

を行列 $(\boldsymbol{v}, \boldsymbol{w})$ の**行列式**と呼ぶ．

例題 1.14　(1)　$\mathbb{R}^2$ の二つの 1 次独立なベクトル $\boldsymbol{v}$, $\boldsymbol{w}$ に対して，行列式 $\det(\boldsymbol{v}, \boldsymbol{w})$ が $\boldsymbol{v}$, $\boldsymbol{w}$ がなす平行四辺形の符号付き面積を与えることを示せ．

(2)　$\mathbb{R}^3$ の三つの 1 次独立なベクトル $\boldsymbol{u}$, $\boldsymbol{v}$, $\boldsymbol{w}$ に対して，行列式 $\det(\boldsymbol{u}, \boldsymbol{v}, \boldsymbol{w})$ が $\boldsymbol{u}$, $\boldsymbol{v}$, $\boldsymbol{w}$ がなす平行六面体の符号付き体積を与えることを示せ．

解　(1) について：$\boldsymbol{v}$, $\boldsymbol{w}$ を空間ベクトル $\boldsymbol{v} = (v_x, v_y, 0)$, $\boldsymbol{w} = (w_x, w_y, 0)$ と同一視すれば，式 (1.3) から $|\boldsymbol{v} \times \boldsymbol{w}| = |\det(\boldsymbol{v}, \boldsymbol{w})|$ が成立し，定理 1.12 から絶対値 $|\det(\boldsymbol{v}, \boldsymbol{w})|$ は $\boldsymbol{v}$ と $\boldsymbol{w}$ のなす平行四辺形の面積である．したがって，$\det(\boldsymbol{v}, \boldsymbol{w})$ は符号付き面積である．

(2) について：例題 1.11 を用いると，$\det(\boldsymbol{u}, \boldsymbol{v}, \boldsymbol{w}) = \langle \boldsymbol{u}, \boldsymbol{v} \times \boldsymbol{w} \rangle$ であり，さらに命題 1.4 を用いると，

$$\det(\boldsymbol{u}, \boldsymbol{v}, \boldsymbol{w}) = \langle \boldsymbol{u}, \boldsymbol{v} \times \boldsymbol{w} \rangle = |\boldsymbol{u}||\boldsymbol{v} \times \boldsymbol{w}| \cos\alpha$$

となる．ここで α はベクトル $\boldsymbol{u}$ と $\boldsymbol{v} \times \boldsymbol{w}$ の間のなす角 $0 < \alpha < \pi$ である．$|\boldsymbol{u}| \cos\alpha = |\boldsymbol{u}| \sin\left(\dfrac{\pi}{2} - \alpha\right)$ であり，これは $\boldsymbol{v}$ と $\boldsymbol{w}$ のなす平面からの $\boldsymbol{u}$ の符号付き高さを表している．また $|\boldsymbol{v} \times \boldsymbol{w}|$ は定理 1.12 より $\boldsymbol{v}$ と $\boldsymbol{w}$ のなす平行四辺形の面積であった．したがって $\det(\boldsymbol{u}, \boldsymbol{v}, \boldsymbol{w})$ は $\boldsymbol{u}$, $\boldsymbol{v}$, $\boldsymbol{w}$ がなす平行六面体の符号付き体積である．

図 1.7 (p.11) を見れば，面積，体積の符号がわかる．詳しくは，次節の右手系，左手系の定義を見ていただきたい． □

1.4 右手系，左手系

定義 1.15 $\mathbb{R}^2$ のベクトルの組 $\{\boldsymbol{v}_1, \boldsymbol{v}_2\}$ が**右手系をなす** (または，**左手系をなす**) とは

$$\det(\boldsymbol{v}_1, \boldsymbol{v}_2) > 0 \quad (\text{または，} \det(\boldsymbol{v}_1, \boldsymbol{v}_2) < 0)$$

が成立することである．

同様に，$\mathbb{R}^3$ のベクトルの組 $\{\boldsymbol{v}_1, \boldsymbol{v}_2, \boldsymbol{v}_3\}$ が**右手系をなす** (または，**左手系をなすとは**) とは

$$\det(\boldsymbol{v}_1, \boldsymbol{v}_2, \boldsymbol{v}_3) > 0 \quad (\text{または，} \det(\boldsymbol{v}_1, \boldsymbol{v}_2, \boldsymbol{v}_3) < 0)$$

が成立することである．

例題 1.16 基本ベクトルの組

$$\left\{ \boldsymbol{e}_1 = \begin{pmatrix} 1 \\ 0 \\ 0 \end{pmatrix},\ \boldsymbol{e}_2 = \begin{pmatrix} 0 \\ 1 \\ 0 \end{pmatrix},\ \boldsymbol{e}_3 = \begin{pmatrix} 0 \\ 0 \\ 1 \end{pmatrix} \right\}$$

が右手系をなすことおよび，$\mathbb{R}^3$ のベクトルの組 $\{\boldsymbol{v}_1, \boldsymbol{v}_2, \boldsymbol{v}_3\}$ が右手系をなす場合，$\{\boldsymbol{v}_2, \boldsymbol{v}_1, \boldsymbol{v}_3\}$ は左手系をなすことを示せ．

解 最初のベクトルの組に対しては簡単に計算できるように

$$\det(\boldsymbol{e}_1, \boldsymbol{e}_2, \boldsymbol{e}_3) = \det \begin{pmatrix} 1 & 0 & 0 \\ 0 & 1 & 0 \\ 0 & 0 & 1 \end{pmatrix} = 1 > 0$$

である．一方，$\det(\boldsymbol{v}_1, \boldsymbol{v}_2, \boldsymbol{v}_3) > 0$ であるとき，列の入れ替えを行うと行列式の値は -1 倍される (例題 1.11) ので，$\det(\boldsymbol{v}_2, \boldsymbol{v}_1, \boldsymbol{v}_3) < 0$ である．したがって $\{\boldsymbol{v}_2, \boldsymbol{v}_1, \boldsymbol{v}_3\}$ は左手系である．

1.5 ベクトルの微分・積分

曲線や曲面はベクトルに値をもつベクトル値関数である．すなわち，ベクトルの成分が関数である次のような写像である．

$$\boldsymbol{p}(s)=\begin{pmatrix}p_x(s)\\p_y(s)\\p_z(s)\end{pmatrix},\quad \boldsymbol{p}(u,v)=\begin{pmatrix}p_x(u,v)\\p_y(u,v)\\p_z(u,v)\end{pmatrix}.$$

変数のことをパラメータとも呼ぶ．曲線と曲面については第 2 章と第 3 章で詳しく調べることにして，ここでは，ベクトル値関数の微分や合成関数の (偏) 微分について復習しよう．

まず，ベクトル値関数 $\boldsymbol{p}=\boldsymbol{p}(s)$ が次のように与えられているとする．

$$\boldsymbol{p}(s)=\begin{pmatrix}p_x(s)\\p_y(s)\\p_z(s)\end{pmatrix}$$

ここで $p_a(s)$ $(a=x,y,z)$ は，s の滑らかな関数とする．このとき，$\boldsymbol{p}$ の s での微分を

$$\frac{\mathrm{d}\boldsymbol{p}}{\mathrm{d}s}(s)=\begin{pmatrix}\dfrac{\mathrm{d}p_x}{\mathrm{d}s}(s)\\\dfrac{\mathrm{d}p_y}{\mathrm{d}s}(s)\\\dfrac{\mathrm{d}p_z}{\mathrm{d}s}(s)\end{pmatrix}$$

で定める．$\dfrac{\mathrm{d}}{\mathrm{d}s}\boldsymbol{p}$ が，$\boldsymbol{p}$ の表す曲線の接ベクトルを与えていることを確かめよう．まず s_0 を一つ止めて，s_0 のごく近くの点 s を考える．このとき二つのベクトル $\boldsymbol{p}(s_0)$ と $\boldsymbol{p}(s)$ の差のベクトル

$$\boldsymbol{p}(s)-\boldsymbol{p}(s_0)=\begin{pmatrix}p_x(s)-p_x(s_0)\\p_y(s)-p_y(s_0)\\p_z(s)-p_z(s_0)\end{pmatrix}$$

は始点が $\boldsymbol{p}(s_0)$ で終点が $\boldsymbol{p}(s)$ のベクトルになる．このとき，平均のベクトル $\dfrac{\boldsymbol{p}(s)-\boldsymbol{p}(s_0)}{s-s_0}$ を考えて，s を s_0 に近づけていった極限として

$$\frac{\mathrm{d}\boldsymbol{p}}{\mathrm{d}s}(s_0)=\lim_{s\to s_0}\frac{\boldsymbol{p}(s)-\boldsymbol{p}(s_0)}{s-s_0}$$

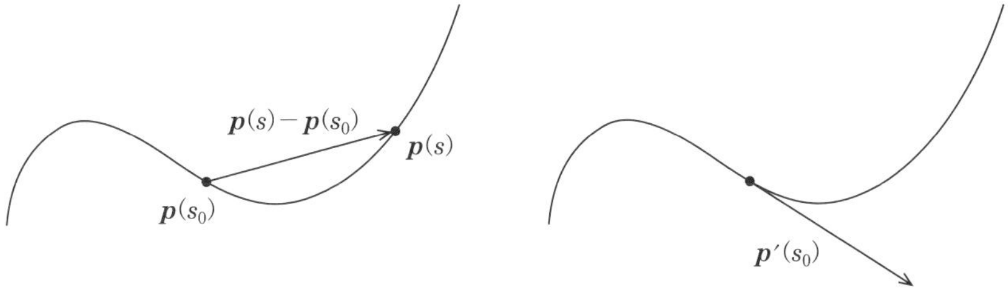

図 1.8 (左) ベクトル $\boldsymbol{p}(s)-\boldsymbol{p}(s_0)$ と，(右) 点 s_0 でのベクトルの微分

が定まる．これが曲線 $\boldsymbol{p}$ の点 $\boldsymbol{p}(s_0)$ における接ベクトルになることは明らかであろう (図 1.8 参照).

$\boldsymbol{p}$ が二つのパラメータ u, v に依存している場合も同様である．ベクトル値関数 $\boldsymbol{p}=\boldsymbol{p}(u,v)$ を

$$\boldsymbol{p}(u,v)=\begin{pmatrix} p_x(u,v) \\ p_y(u,v) \\ p_z(u,v) \end{pmatrix}$$

としたとき，$\boldsymbol{p}$ の u と v に関する偏微分を次のように定める．

$$\frac{\partial \boldsymbol{p}}{\partial u}(u,v)=\begin{pmatrix} \dfrac{\partial p_x}{\partial u}(u,v) \\ \dfrac{\partial p_y}{\partial u}(u,v) \\ \dfrac{\partial p_z}{\partial u}(u,v) \end{pmatrix}, \quad \frac{\partial \boldsymbol{p}}{\partial v}(u,v)=\begin{pmatrix} \dfrac{\partial p_x}{\partial v}(u,v) \\ \dfrac{\partial p_y}{\partial v}(u,v) \\ \dfrac{\partial p_z}{\partial v}(u,v) \end{pmatrix}.$$

パラメータ v を v_0 と固定して，u を動かすと，$\boldsymbol{p}(u,v_0)$ は曲線を描き，同様にパラメータ u を一つ u_0 と固定して，v を動かすと，$\boldsymbol{p}(u_0,v)$ も曲線を描く．偏微分とは，一つの変数を定数と考えて微分することであるので，$\dfrac{\partial \boldsymbol{p}}{\partial u}, \dfrac{\partial \boldsymbol{p}}{\partial v}$ はそれぞれパラメータ u と v が作る曲線の接ベクトルになる．よって，たとえば $\boldsymbol{p}=\boldsymbol{p}(u,v)$ が曲面を表している場合，点 $\boldsymbol{p}(u_0,v_0)$ での接ベクトル $\dfrac{\partial \boldsymbol{p}}{\partial u}(u_0,v_0), \dfrac{\partial \boldsymbol{p}}{\partial v}(u_0,v_0)$ はその点での接平面を定めるベクトルとなる．

さて次にパラメータの取り換えとその微分について話をしよう．まず合成関数の微分について復習する．1 変数の場合，関数 $f=f(t)$ が与えられていて，さらに t が s の関数 $t=t(s)$ になっているとき，合成関数 $f(t(s))$ の微分 (p.193 参照)

は

$$\frac{\mathrm{d}f}{\mathrm{d}s} = \frac{\mathrm{d}f}{\mathrm{d}t}\frac{\mathrm{d}t}{\mathrm{d}s}$$

となる．ここで少し記号の説明をしておく．微分 $\frac{\mathrm{d}f}{\mathrm{d}s}$ は合成関数 $f(t(s))$ の s での微分を表し，$\frac{\mathrm{d}f}{\mathrm{d}t}$ は関数 $f(t)$ の t での微分を表す．混乱をさけるためには新しい関数 $\tilde{f}(s) = f(t(s))$ や合成関数を表す記号 $f \circ t$ を使った方が良いかもしれないが，記号が増えると読みにくくなるので，この本ではこのような使い方もする．ベクトル値関数 $\boldsymbol{p} = \boldsymbol{p}(t)$ で t が s の関数，つまり $t = t(s)$ となる場合も同様に，合成関数 $\boldsymbol{p}(t(s))$ の微分が

$$\frac{\mathrm{d}\boldsymbol{p}}{\mathrm{d}s} = \frac{\mathrm{d}\boldsymbol{p}}{\mathrm{d}t}\frac{\mathrm{d}t}{\mathrm{d}s}$$

となることは明らかであろう．

2 変数の場合，関数 $f = f(u,v)$ が与えられていて，さらに u, v が s, t の関数 $u = u(s,t)$, $v = v(s,t)$ になっているとき，合成関数 $f(u(s,t), v(s,t))$ の偏微分 (p.193 参照) は

$$\frac{\partial f}{\partial s} = \frac{\partial f}{\partial u}\frac{\partial u}{\partial s} + \frac{\partial f}{\partial v}\frac{\partial v}{\partial s}, \quad \frac{\partial f}{\partial t} = \frac{\partial f}{\partial u}\frac{\partial u}{\partial t} + \frac{\partial f}{\partial v}\frac{\partial v}{\partial t}$$

となる．ここでも $\frac{\partial f}{\partial s}$ や $\frac{\partial f}{\partial t}$ の意味は合成関数 $f(u(s,t), v(s,t))$ の s および t の偏微分を表し，$\frac{\partial f}{\partial u}$ や $\frac{\partial f}{\partial v}$ の意味は関数 $f(u,v)$ の s および t の偏微分を表す．同様に，2 変数のベクトル値関数 $\boldsymbol{p} = \boldsymbol{p}(u,v)$ で u, v が s, t の関数つまり $u = u(s,t), v = v(s,t)$ となる場合も同様に，合成関数 $\boldsymbol{p}(u(s,t), v(s,t))$ の s および t での偏微分が

$$\frac{\partial \boldsymbol{p}}{\partial s} = \frac{\partial \boldsymbol{p}}{\partial u}\frac{\partial u}{\partial s} + \frac{\partial \boldsymbol{p}}{\partial v}\frac{\partial v}{\partial s}, \quad \frac{\partial \boldsymbol{p}}{\partial t} = \frac{\partial \boldsymbol{p}}{\partial u}\frac{\partial u}{\partial t} + \frac{\partial \boldsymbol{p}}{\partial v}\frac{\partial v}{\partial t}$$

となることも明らかであろう．合成関数の偏微分は連鎖律とも呼ばれる．

次に内積および外積と微分の関係について述べる．ここでは，s での微分を「$'$」と略記することにしよう．

命題 1.17　2 次元および 3 次元のベクトル値関数 $\boldsymbol{p} = \boldsymbol{p}(s)$, $\boldsymbol{q} = \boldsymbol{q}(s)$ に対して次が成り立つ．

$$\langle \boldsymbol{p}(s),\, \boldsymbol{q}(s)\rangle' = \left\langle \boldsymbol{p}'(s),\, \boldsymbol{q}(s)\right\rangle + \left\langle \boldsymbol{p}(s),\, \boldsymbol{q}'(s)\right\rangle.$$

また，$\boldsymbol{p}, \boldsymbol{q}$ が空間のベクトルの場合，次が成り立つ．

$$(\boldsymbol{p}(s) \times \boldsymbol{q}(s))' = \boldsymbol{p}'(s) \times \boldsymbol{q}(s) + \boldsymbol{p}(s) \times \boldsymbol{q}'(s).$$

証明 $\boldsymbol{p}(s)$ と $\boldsymbol{q}(s)$ の成分表示を

$$\boldsymbol{p}(s) = \begin{pmatrix} p_x(s) \\ p_y(s) \\ p_z(s) \end{pmatrix}, \quad \boldsymbol{q}(s) = \begin{pmatrix} q_x(s) \\ q_y(s) \\ q_z(s) \end{pmatrix}$$

とすると，積の関数の微分からわかるように

$$\begin{aligned} \langle \boldsymbol{p}(s),\, \boldsymbol{q}(s)\rangle' &= (p_x(s)q_x(s) + p_y(s)q_y(s) + p_z(s)q_z(s))' \\ &= \left\langle \boldsymbol{p}'(s),\, \boldsymbol{q}(s)\right\rangle + \left\langle \boldsymbol{p}(s),\, \boldsymbol{q}'(s)\right\rangle \end{aligned}$$

が成り立つことがわかる．同様に，パラメータ s に依存した外積 $\boldsymbol{p}(s) \times \boldsymbol{q}(s)$ についても，積の関数の微分から少し長い単純な計算をすることによって

$$\begin{aligned} (\boldsymbol{p}(s) \times \boldsymbol{q}(s))' &= \begin{pmatrix} (p_y(s)q_z(s) - p_z(s)q_y(s))' \\ (p_z(s)q_x(s) - p_x(s)q_z(s))' \\ (p_x(s)q_y(s) - p_y(s)q_x(s))' \end{pmatrix} \\ &= \boldsymbol{p}'(s) \times \boldsymbol{q}(s) + \boldsymbol{p}(s) \times \boldsymbol{q}'(s) \end{aligned}$$

が成り立つ． ■

例題 1.18 3 次元のベクトル値関数 $\boldsymbol{u}(s), \boldsymbol{v}(s), \boldsymbol{w}(s)$ に対して

$$\begin{aligned} &\det(\boldsymbol{u}(s), \boldsymbol{v}(s), \boldsymbol{w}(s))' \\ &= \det(\boldsymbol{u}'(s), \boldsymbol{v}(s), \boldsymbol{w}(s)) + \det(\boldsymbol{u}(s), \boldsymbol{v}'(s), \boldsymbol{w}(s)) + \det(\boldsymbol{u}(s), \boldsymbol{v}(s), \boldsymbol{w}'(s)) \end{aligned}$$

を示せ．

解 定義 1.10 より，$\det(\boldsymbol{u}(s), \boldsymbol{v}(s), \boldsymbol{w}(s)) = \langle \boldsymbol{u}(s),\, \boldsymbol{v}(s) \times \boldsymbol{w}(s)\rangle$ であり，さらに命題 1.17 を用いると

$$\begin{aligned} \det(\boldsymbol{u}(s), \boldsymbol{v}(s), \boldsymbol{w}(s))' &= \langle \boldsymbol{u}(s),\, \boldsymbol{v}(s) \times \boldsymbol{w}(s)\rangle' \\ &= \left\langle \boldsymbol{u}'(s),\, \boldsymbol{v}(s) \times \boldsymbol{w}(s)\right\rangle + \left\langle \boldsymbol{u}(s),\, \boldsymbol{v}'(s) \times \boldsymbol{w}(s)\right\rangle \end{aligned}$$

$$+\left\langle \boldsymbol{u}(s),\, \boldsymbol{v}(s)\times\boldsymbol{w}'(s)\right\rangle$$

となる．定義 1.10 を用いて，行列式の形に戻せば結論を得る． □

さてベクトル値関数 $\boldsymbol{p}(s)$ の定積分は，成分の定積分と考える．すなわち，

$$\int_a^b \boldsymbol{p}(s)\,\mathrm{d}s = \begin{pmatrix} \displaystyle\int_a^b p_x(s)\,\mathrm{d}s \\ \displaystyle\int_a^b p_y(s)\,\mathrm{d}s \\ \displaystyle\int_a^b p_z(s)\,\mathrm{d}s \end{pmatrix}$$

のことであるとする．ベクトルの内積と外積と組み合わせると種々の公式が得られる．

命題 1.19 ベクトル値関数 $\boldsymbol{p}=\boldsymbol{p}(s)$ および $\boldsymbol{q}=\boldsymbol{q}(s)$ の定積分について次が成り立つ．

$$\int_a^b (\alpha\boldsymbol{p}(s)+\beta\boldsymbol{q}(s))\,\mathrm{d}s = \alpha\int_a^b \boldsymbol{p}(s)\,\mathrm{d}s + \beta\int_a^b \boldsymbol{q}(s)\,\mathrm{d}s \quad (\alpha,\beta\in\mathbb{R}),$$

$$\int_a^b \left\langle \boldsymbol{p}'(s),\, \boldsymbol{q}(s)\right\rangle \mathrm{d}s = \langle \boldsymbol{p}(s),\, \boldsymbol{q}(s)\rangle\Big|_a^b - \int_a^b \left\langle \boldsymbol{p}(s),\, \boldsymbol{q}'(s)\right\rangle \mathrm{d}s,$$

$$\int_a^b \boldsymbol{p}'(s)\times\boldsymbol{q}(s)\,\mathrm{d}s = \boldsymbol{p}(s)\times\boldsymbol{q}(s)\Big|_a^b - \int_a^b \boldsymbol{p}(s)\times\boldsymbol{q}'(s)\,\mathrm{d}s.$$

証明 最初の等式は，関数に対する定積分の性質から従う．2 番目と 3 番目の等式は，命題 1.17 の等式を積分したものである． ■

1.6 ベクトルの 1 次独立性と外積 ★

ここでは，定理 1.12 と例題 1.14 で出てきたベクトルの 1 次独立性について説明する．少し抽象的な話であるので，この節は飛ばして先にすすんでも良い．

定義 1.20 $\mathbb{R}^3$ または $\mathbb{R}^2$ のベクトルの組 $\{\boldsymbol{v}_1,\ldots,\boldsymbol{v}_n\}$ が **1 次独立**であるとは，$c_1,c_2,\ldots,c_n\in\mathbb{R}$ に対して

$$c_1\boldsymbol{v}_1+c_2\boldsymbol{v}_2+\cdots+c_n\boldsymbol{v}_n=\boldsymbol{0}$$

ならば $c_1 = c_2 = \cdots = c_n = 0$ となることである．1 次独立でないとき，**1 次従属**という．すなわち 1 次従属とは，

$$c_1\boldsymbol{v}_1 + c_2\boldsymbol{v}_2 + \cdots + c_n\boldsymbol{v}_n = \boldsymbol{0}$$

を満たす $(c_1, c_2, \ldots, c_n) \neq (0, 0, \ldots, 0)$ が存在することを言う．

例題 1.21 $\mathbb{R}^3$ のベクトル $\boldsymbol{v}_1 = (1, 1, 1)$, $\boldsymbol{v}_2 = (-1, 0, 1)$, $\boldsymbol{v}_3 = (-2, 1, 4)$ に対して次の問いに答えよ．

(1) ベクトルの組 $\{\boldsymbol{v}_1, \boldsymbol{v}_2\}$ は 1 次独立であることを示せ．

(2) ベクトルの組 $\{\boldsymbol{v}_1, \boldsymbol{v}_2, \boldsymbol{v}_3\}$ は 1 次従属であることを示せ．

解 次の式

$$c_1\boldsymbol{v}_1 + c_2\boldsymbol{v}_2 = \boldsymbol{0}$$

を考えよう．このとき上の式は，定義を用いて計算すれば $\{c_1, c_2\}$ に関する連立 1 次方程式に書き換えられる．

$$\begin{pmatrix} 1 & -1 \\ 1 & 0 \\ 1 & 1 \end{pmatrix} \begin{pmatrix} c_1 \\ c_2 \end{pmatrix} = \begin{pmatrix} 0 \\ 0 \\ 0 \end{pmatrix}.$$

この連立方程式の解は $c_1 = c_2 = 0$ のみである．したがって，$\{\boldsymbol{v}_1, \boldsymbol{v}_2\}$ は 1 次独立である．同様に

$$c_1\boldsymbol{v}_1 + c_2\boldsymbol{v}_2 + c_3\boldsymbol{v}_3 = \boldsymbol{0}$$

を考えよう．上と同じように連立 1 次方程式に直すと

$$\begin{pmatrix} 1 & -1 & -2 \\ 1 & 0 & 1 \\ 1 & 1 & 4 \end{pmatrix} \begin{pmatrix} c_1 \\ c_2 \\ c_3 \end{pmatrix} = \begin{pmatrix} 0 \\ 0 \\ 0 \end{pmatrix}$$

となる．この連立方程式は非自明な解，具体的には $c_1 = c$, $c_2 = 3c$, $c_3 = -c$ を持つ．ここで $c \in \mathbb{R}$ は任意定数である．したがって，$\{\boldsymbol{v}_1, \boldsymbol{v}_2, \boldsymbol{v}_3\}$ は 1 次従属である． □

補題 1.22 $\mathbb{R}^3$ のベクトル $\boldsymbol{v}$ と $\boldsymbol{w}$ が 1 次独立であるためには $\boldsymbol{v} \times \boldsymbol{w} \neq \boldsymbol{0}$ が必要十分である．

証明 この補題と同値である「$\boldsymbol{v}$ と $\boldsymbol{w}$ が 1 次従属であるためには $\boldsymbol{v}\times\boldsymbol{w}=\boldsymbol{0}$ が必要十分である」を示す.

$(\Rightarrow)$ $\boldsymbol{v}$ と $\boldsymbol{w}$ が 1 次従属であると仮定する．このとき，ある $(c_1,c_2)\neq(0,0)$ が存在して $c_1\boldsymbol{v}+c_2\boldsymbol{w}=\boldsymbol{0}$ を満たす．いま $c_1\neq 0$ とすれば，$\boldsymbol{v}=-\dfrac{c_2}{c_1}\boldsymbol{w}$ と書けて，

$$\boldsymbol{v}\times\boldsymbol{w}=\left(-\frac{c_2}{c_1}\boldsymbol{w}\right)\times\boldsymbol{w}=-\frac{c_2}{c_1}(\boldsymbol{w}\times\boldsymbol{w})=\boldsymbol{0}$$

となる．$c_2\neq 0$ の場合も同様である.

$(\Leftarrow)$ $\boldsymbol{v}\times\boldsymbol{w}=\boldsymbol{0}$ と仮定する．$\boldsymbol{v}=\boldsymbol{0}$ であれば，明らかに $\boldsymbol{v}$ と $\boldsymbol{w}$ は 1 次従属である．$\boldsymbol{v}\neq\boldsymbol{0}$ とし，特に $v_x\neq 0$ とする．このとき条件から

$$w_z=\frac{v_z}{v_x}w_x,\quad w_y=\frac{v_y}{v_x}w_x$$

と書ける．$c_1=w_x, c_2=-v_x$ とすれば，$(c_1,c_2)\neq(0,0)$ であり，$c_1\boldsymbol{v}+c_2\boldsymbol{w}=\boldsymbol{0}$ を満たす．つまり，$\boldsymbol{v}$ と $\boldsymbol{w}$ は 1 次従属である．$v_y\neq 0$ や $v_z\neq 0$ でも同様の計算をすれば良い. ■

例題 1.23 例題 1.21 の (1) を上の補題を用いて確かめよ.

解 $\boldsymbol{v}_1$ と $\boldsymbol{v}_2$ の外積は

$$\boldsymbol{v}_1\times\boldsymbol{v}_2=\begin{pmatrix}1\\-2\\1\end{pmatrix}\neq\boldsymbol{0}$$

と計算できる．したがって，補題 1.22 より $\{\boldsymbol{v}_1,\boldsymbol{v}_2\}$ は 1 次独立である. □

1 次独立なベクトルの組から，右手系，左手系が構成できることを見よう.

例題 1.24 1 次独立な $\mathbb{R}^3$ ベクトルの組 $\{\boldsymbol{v},\boldsymbol{w}\}$ に対し $\{\boldsymbol{v},\boldsymbol{w},\boldsymbol{v}\times\boldsymbol{w}\}$ は右手系をなし，$\{\boldsymbol{v},\boldsymbol{w},-\boldsymbol{v}\times\boldsymbol{w}\}$ は左手系をなすことを示せ.

解 $\boldsymbol{v}$ と $\boldsymbol{w}$ は 1 次独立なので，$\boldsymbol{v}\times\boldsymbol{w}\neq\boldsymbol{0}$ に注意する．例題 1.11 を用いて計算すると，

$$\det(\boldsymbol{v},\boldsymbol{w},\boldsymbol{v}\times\boldsymbol{w})=\det(\boldsymbol{v}\times\boldsymbol{w},\boldsymbol{v},\boldsymbol{w})=\langle\boldsymbol{v}\times\boldsymbol{w},\,\boldsymbol{v}\times\boldsymbol{w}\rangle=|\boldsymbol{v}\times\boldsymbol{w}|^2>0.$$

ここで，2 番目の等式で行列式の 3 列目と 2 列目を入れ替え，さらに 2 列目と 1

列目を入れ替える操作を行い，3 番目の等式で定義 1.10 を用いた．したがって，$\{\boldsymbol{v}, \boldsymbol{w}, \boldsymbol{v}\times\boldsymbol{w}\}$ は右手系になる．同様の計算を行えば，$\{\boldsymbol{v}, \boldsymbol{w}, -\boldsymbol{v}\times\boldsymbol{w}\}$ は左手系となる． □

最後に，定理 1.12 の証明の中で示した恒等式 (1.2) は重要なので，定理の形で述べておく．

命題 1.25（ラグランジュの恒等式） $\mathbb{R}^3$ のベクトル $\boldsymbol{v}, \boldsymbol{w}$ に対して次が成り立つ．

$$|\boldsymbol{v}\times\boldsymbol{w}|^2 = \langle\boldsymbol{v}, \boldsymbol{v}\rangle\langle\boldsymbol{w}, \boldsymbol{w}\rangle - \langle\boldsymbol{v}, \boldsymbol{w}\rangle^2 .$$

演習問題

問 1.1 $\mathbb{R}^3$ のベクトル $\boldsymbol{u}, \boldsymbol{v}, \boldsymbol{w}, \boldsymbol{x}$ に対して，次の等式が成り立つことを示せ．

$$\begin{aligned}
&\boldsymbol{u}\times(\boldsymbol{v}\times\boldsymbol{w}) = \langle\boldsymbol{w}, \boldsymbol{u}\rangle\boldsymbol{v} - \langle\boldsymbol{u}, \boldsymbol{v}\rangle\boldsymbol{w} \quad (\text{ベクトル 3 重積}),\\
&(\boldsymbol{u}\times\boldsymbol{v})\times(\boldsymbol{v}\times\boldsymbol{w}) = \det(\boldsymbol{u}, \boldsymbol{v}, \boldsymbol{w})\boldsymbol{v},\\
&\langle\boldsymbol{u}\times\boldsymbol{v}, \boldsymbol{w}\times\boldsymbol{x}\rangle = \langle\boldsymbol{u}, \boldsymbol{w}\rangle\langle\boldsymbol{v}, \boldsymbol{x}\rangle - \langle\boldsymbol{u}, \boldsymbol{x}\rangle\langle\boldsymbol{v}, \boldsymbol{w}\rangle .
\end{aligned}$$

特に，3 番目の式で $\boldsymbol{w} = \boldsymbol{u}, \boldsymbol{x} = \boldsymbol{v}$ とおくと，ラグランジュの恒等式 (命題 1.25) が得られる．

問 1.2 $\mathbb{R}^3$ のベクトル $\boldsymbol{u}, \boldsymbol{v}, \boldsymbol{w}, \boldsymbol{x}, \boldsymbol{y}, \boldsymbol{z}$ に対して，次の等式を証明せよ．

$$\det(\boldsymbol{u}, \boldsymbol{v}, \boldsymbol{w})\det(\boldsymbol{x}, \boldsymbol{y}, \boldsymbol{z}) = \det\begin{pmatrix} \langle\boldsymbol{u}, \boldsymbol{x}\rangle & \langle\boldsymbol{u}, \boldsymbol{y}\rangle & \langle\boldsymbol{u}, \boldsymbol{z}\rangle \\ \langle\boldsymbol{v}, \boldsymbol{x}\rangle & \langle\boldsymbol{v}, \boldsymbol{y}\rangle & \langle\boldsymbol{v}, \boldsymbol{z}\rangle \\ \langle\boldsymbol{w}, \boldsymbol{x}\rangle & \langle\boldsymbol{w}, \boldsymbol{y}\rangle & \langle\boldsymbol{w}, \boldsymbol{z}\rangle \end{pmatrix}.$$

問 1.3 ベクトル値関数 $\boldsymbol{p}(s) = (x(s), y(s), z(s))$ に対して，それぞれ，次の条件を満たす $\boldsymbol{p}(s)$ はどのようなベクトル値関数か．

(1) $\langle\boldsymbol{p}(s), \boldsymbol{p}'(s)\rangle = 0$.

(2) $\boldsymbol{p}(s)\times\boldsymbol{p}'(s) = 0$.

第2章

曲線

この章では，平面曲線と空間曲線の基本的なことについて述べる．これ以降，関数等はすべて滑らかなものとして，いちいち断らないことにする．

2.1 平面曲線

平面曲線とは，平面の上にある 1 次元の "曲がった線" のことである．すなわち，**平面曲線**とは，$\mathbb{R}$ の区間 I 上で定義される**ベクトル値関数**

$$\boldsymbol{p} : I \to \mathbb{R}^2$$

のことである．また，$\boldsymbol{p}$ による I の像 $C = \boldsymbol{p}(I) \subset \mathbb{R}^2$ のことも平面曲線と呼ぶ．このとき，曲線 C を表すベクトル値関数 $\boldsymbol{p} = \boldsymbol{p}(t)$ $(t \in I)$ を**パラメータ表示**，t は**パラメータ**と言う．平面曲線を具体的に書けば，

$$\boldsymbol{p}(t) = \begin{pmatrix} x(t) \\ y(t) \end{pmatrix} \in \mathbb{R}^2 \quad (t \in I \subset \mathbb{R})$$

となる．このままでは，かどがあるものも曲線になるが，そのことは後で考えることにし，いまは気にしないことにする．

平面曲線にはさまざまな表示の仕方がある．たとえば，関数

$$f(x) = \frac{1}{\cos x} \quad \left(-\frac{\pi}{2} < x < \frac{\pi}{2}\right)$$

の**グラフ** $(x, f(x))$ は，平面曲線を表す．上の定義に当てはめて書くとすれば，

$$\boldsymbol{p} : I = \left(-\frac{\pi}{2}, \frac{\pi}{2}\right) \to \mathbb{R}^2, \quad x \mapsto \boldsymbol{p}(x) = \begin{pmatrix} x \\ f(x) \end{pmatrix}$$

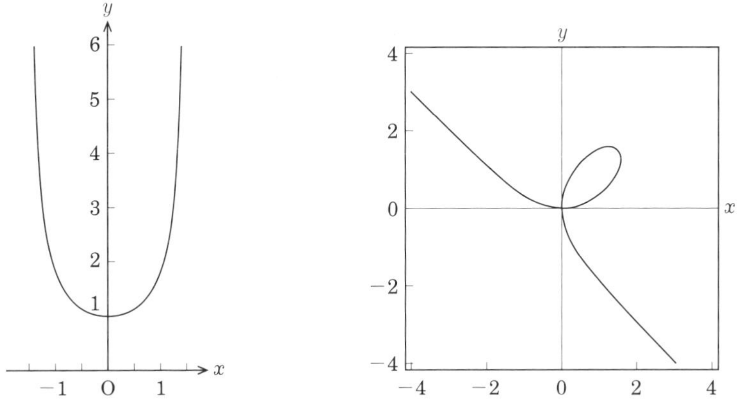

図 2.1 $y = \dfrac{1}{\cos x}$ のグラフ (左) と，デカルトの葉線 (右)

となる．ここで，$x \mapsto \boldsymbol{p}(x)$ は $x \in I$ に対して $\boldsymbol{p}(x) \in \mathbb{R}^2$ を定めるという意味である．したがって，関数のグラフはパラメータ表示の特別な場合になっている．グラフで表される曲線は，自己交叉はしない．

自己交叉をする曲線は**陰関数表示**を考えてみればすぐに得られる．2 変数関数 $f(x, y) = x^3 + y^3 - 3xy$ に対して次の方程式を考える．

$$f(x, y) = 0.$$

これを満たす組 (x, y) は曲線になる (デカルトの葉線と呼ばれる．図 2.1 参照)．陰関数定理を使えば (p.194 参照)，たとえば $\dfrac{\partial f}{\partial y} \neq 0$ となる点 (x_0, y_0) のまわりでは，y を x の関数として $y = y(x)$ と表現することができ，$f(x, y(x)) = 0$ を満たす．したがって，局所的にはグラフ $(x, y(x))$ で表すことができるが，曲線全体を描く場合，自己交叉が出てくる．

さて，パラメータ表示で表された平面曲線

$$\boldsymbol{p}(t) = \begin{pmatrix} t^2 \\ t^3 \end{pmatrix} \quad (t \in [-1, 1])$$

を考えてみよう．曲線を平面に描いてみると図 2.2 のようになる．図をみれば明らかなように，原点 $(0, 0)$ のところで尖っていることがわかる．このことを見るために，曲線の接ベクトルを考えよう．曲線 $\boldsymbol{p} = \boldsymbol{p}(t)$ 上のある点 $\boldsymbol{p}(t_0)$ での接べ

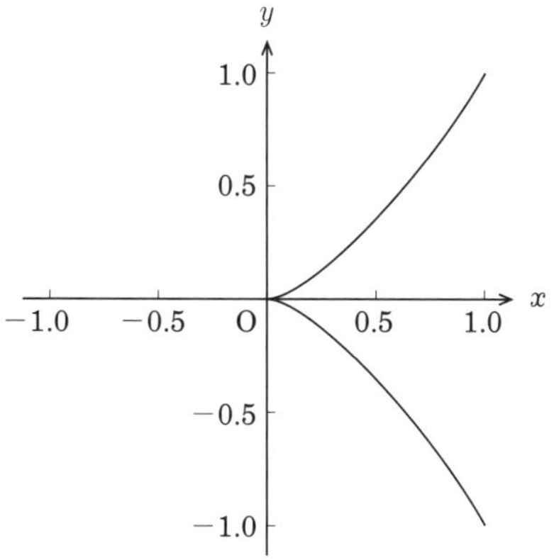

図 2.2　尖った曲線

クトルは,

$$\frac{\mathrm{d}\boldsymbol{p}}{\mathrm{d}t}(t_0)$$

で与えられることは 1.5 節で説明した．そこで，原点 $(0,0)$ で平面曲線 $\boldsymbol{p}(t)$ の接ベクトルを調べてみると

$$\frac{\mathrm{d}\boldsymbol{p}}{\mathrm{d}t}(0)=\boldsymbol{0}$$

となっている．したがって，尖っていない (正則な) 平面曲線を次のように定義しよう．

定義 2.1　平面曲線 C が**正則な平面曲線**であるとは，$C=\boldsymbol{p}(I)$ かつ

$$\frac{\mathrm{d}\boldsymbol{p}}{\mathrm{d}t}(t)\neq\boldsymbol{0}\quad(t\in I)$$

が成立するパラメータ表示 $\boldsymbol{p}=\boldsymbol{p}(t)$ をもつことである．

注意　この定義は少し注意が必要である．たとえば，平面曲線として

$$\boldsymbol{p}(s)=\begin{pmatrix}\cos(s^2)\\ \sin(s^2)\end{pmatrix}\quad\left(-\frac{\pi}{2}\leqq s\leqq\frac{\pi}{2}\right)$$

を考える．$\boldsymbol{p}$ の s での微分を $\boldsymbol{p}'$ で表すことにすれば，$\boldsymbol{p}'(0)=(0,0)$ となる．しかしながら曲線は明らかに円の一部であり，点 $(1,0)$, すなわち $s=0$ で尖っていない．定義のなかの "… が

成立するようなパラメータ表示をもつ $\cdots$” というところが重要である．上の例では $t=s^2$ と取り直すと $\dfrac{\mathrm{d}\boldsymbol{p}}{\mathrm{d}t}(0) \neq \mathbf{0}$ となり，正則な曲線となっている．

例題 2.2 関数 $f=f(t)$ のグラフとして与えられる平面曲線 $\boldsymbol{p}(t)=(t, f(t))$ は，正則な平面曲線になることを確かめよ．

解 曲線 $\boldsymbol{p}=\boldsymbol{p}(t)$ の微分は

$$\frac{\mathrm{d}\boldsymbol{p}}{\mathrm{d}t}=\begin{pmatrix} 1 \\ \dfrac{\mathrm{d}f}{\mathrm{d}t} \end{pmatrix}$$

となり，1 番目の成分は明らかに 0 でないので $\dfrac{\mathrm{d}\boldsymbol{p}}{\mathrm{d}t} \neq \mathbf{0}$ である．したがって，正則な平面曲線である． □

2.2 弧長パラメータ

今後は正則な平面曲線だけを考えることにする．前節で平面曲線には，さまざまな表示があることを見てきた．それでは曲線を表すための良いパラメータ表示とはどのようなものだろうか？ それが**弧長パラメータ**と呼ばれるものである．まず曲線の長さ，つまり弧長について考えてみる．これ以降，パラメータ t での微分を「$\cdot$」で表す．すなわち，平面曲線 $\boldsymbol{p}:[a,b] \subset \mathbb{R} \to \mathbb{R}^2$ の t での微分を

$$\dot{\boldsymbol{p}}(t)=\frac{\mathrm{d}\boldsymbol{p}}{\mathrm{d}t}(t)$$

と書く．$\boldsymbol{p}$ に対してその長さを s とすると，

$$s=\int_a^b |\dot{\boldsymbol{p}}(t)|\,\mathrm{d}t$$

で与えられる．この積分が曲線の長さを与えていることは，接ベクトルの長さが無限小の曲線の長さを表していることから直感的には納得できるだろう．正確な取り扱いは 2.8 節で行うことにし，ここではこれを認めて話をすすめる．端点 b を変数 t に置き換えると，s は t の関数

$$s(t)=\int_a^t |\dot{\boldsymbol{p}}(\theta)|\mathrm{d}\theta$$

となる．さてここで，弧の長さ s は t の単調増加関数であるので，逆関数の定理 (p.194 参照) を用いれば，逆に t を s の関数だと考えることができる．したがって，曲線はパラメータ表示が弧長 s で表示される曲線 $\tilde{\boldsymbol{p}}(s) = \boldsymbol{p}(t(s))$ として考えることができる．以降，弧長パラメータ s で微分することを「$'$」で表す，すなわち

$$\tilde{\boldsymbol{p}}'(s) = \frac{\mathrm{d}\tilde{\boldsymbol{p}}}{\mathrm{d}s}(s)$$

と書くことにし，$\tilde{\boldsymbol{p}}'(s)$ を合成関数の微分を用いて計算してみると

$$\tilde{\boldsymbol{p}}'(s) = \frac{\mathrm{d}}{\mathrm{d}s}\boldsymbol{p}(t(s)) = \frac{\mathrm{d}\boldsymbol{p}}{\mathrm{d}t}\frac{\mathrm{d}t}{\mathrm{d}s} = \frac{\dot{\boldsymbol{p}}(t)}{|\dot{\boldsymbol{p}}(t)|}$$

となる．ここで，最後の等式では $\dfrac{\mathrm{d}s}{\mathrm{d}t} = \dot{\boldsymbol{p}}(t)$ と逆関数の微分の公式 (p.194 参照) を用いた．このことから，

$$\langle \tilde{\boldsymbol{p}}'(s), \tilde{\boldsymbol{p}}'(s) \rangle = \frac{1}{|\dot{\boldsymbol{p}}(t)|^2} \langle \dot{\boldsymbol{p}}(t), \dot{\boldsymbol{p}}(t) \rangle = 1$$

となる．すなわち，$|\tilde{\boldsymbol{p}}'(s)| = 1$ となることがわかる．逆に $\boldsymbol{p} = \boldsymbol{p}(s)$ が $|\boldsymbol{p}'(s)| = 1$ である場合，パラメータ s は曲線の弧長になる．

定義 2.3 平面曲線 $\boldsymbol{p} = \boldsymbol{p}(s)$ が**弧長パラメータ** s でパラメータ表示されているとは，

$$|\boldsymbol{p}'| = 1$$

を満たすことである．

他のパラメータ表示と区別するため，弧長パラメータは s という文字を使って表される．さてこれまでの議論を見てみると，どのような正則な曲線を考えてみても，必ず弧長パラメータを取ることができる．

例題 2.4 曲線 $\boldsymbol{p}(t) = (t, \cosh t)$ を平面に図示せよ．また $\boldsymbol{p}$ は弧長パラメータで表示されているか確かめよ．もし弧長パラメータで径数付けされていない場合，弧長パラメータを求めよ．ここで，$\cosh t$ は双曲線余弦関数 $\cosh t = \dfrac{e^t + e^{-t}}{2}$ とする．

解 曲線を描いてみると，図 2.3 のようになる．次に簡単に計算できるよ

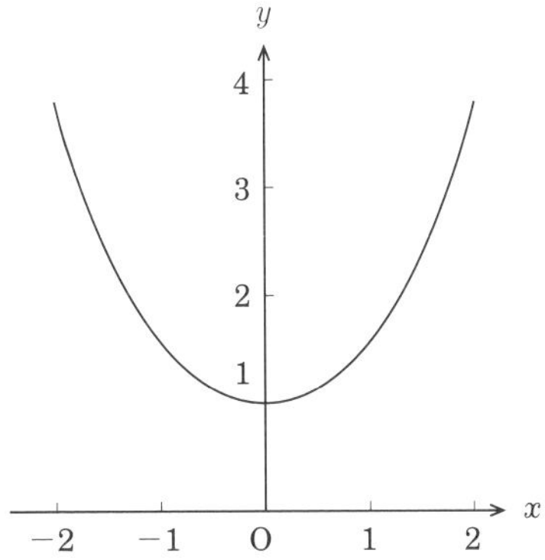

図 2.3 双曲線余弦関数のグラフ

うに

$$|\dot{\boldsymbol{p}}(t)| = \sqrt{1+\sinh^2 t} \neq 1$$

である．ここで $\sinh t = \dfrac{e^t - e^{-t}}{2}$ は双曲線正弦関数とした．したがって，t はこの平面曲線の弧長パラメータでない．弧長パラメータを求めるために，次の方程式を考える．

$$s = \int_0^t \sqrt{1+\sinh^2\theta}\,\mathrm{d}\theta.$$

$\cosh^2\theta - \sinh^2\theta = 1$ を用いてこれを θ について積分してみると，

$$s = \int_0^t \cosh\theta\,\mathrm{d}\theta = \sinh t$$

となる．逆双曲線正弦関数 $\sinh^{-1} s$ を用いれば，$t = \sinh^{-1} s$ と解ける．これを代入すれば

$$\boldsymbol{p}(s) = \begin{pmatrix} \sinh^{-1} s \\ \sqrt{1+s^2} \end{pmatrix}$$

となる．ここで $\cosh(\sinh^{-1} s) = \sqrt{1+s^2}$ を用いた (演習問題の問 2.1 参照)．s が $\boldsymbol{p} = \boldsymbol{p}(s)$ の弧長パラメータであることは，$(\sinh^{-1} s)' = \dfrac{1}{\sqrt{1+s^2}}$ であり，

$$\boldsymbol{p}'(s) = \begin{pmatrix} \dfrac{1}{\sqrt{1+s^2}} \\ \dfrac{s}{\sqrt{1+s^2}} \end{pmatrix}, \quad \langle \boldsymbol{p}'(s), \boldsymbol{p}'(s) \rangle = 1$$

となることから確認できる. □

2.3 フレネ–セレの公式 (平面曲線の場合)

ここでは, 平面曲線を特徴付ける曲率を導入し, 平面曲線が満たすフレネ–セレの公式を導こう.

定義 2.5 弧長パラメータで径数付けされた平面曲線 $C : \boldsymbol{p} = \boldsymbol{p}(s)$ の接ベクトル $\boldsymbol{p}'$ に直交する長さ 1 のベクトル値関数 $\boldsymbol{n} = \boldsymbol{n}(s)$ を

$$\boldsymbol{n} = \begin{pmatrix} 0 & -1 \\ 1 & 0 \end{pmatrix} \boldsymbol{p}' \tag{2.1}$$

で定め, 曲線 C の**単位法ベクトル**と呼ぶ (図 2.4).

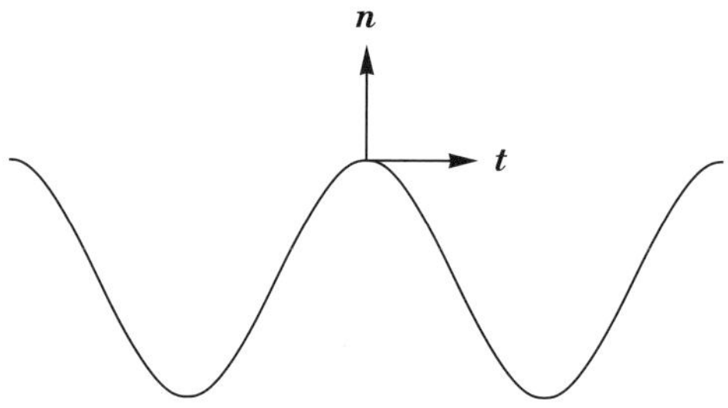

図 2.4　単位接ベクトル $\boldsymbol{t}$ と単位法ベクトル $\boldsymbol{n}$

別の言い方をすれば, 単位法ベクトルとは, $\mathbb{R}^2$ のベクトルの組

$$\{\boldsymbol{p}', \boldsymbol{n}\}$$

が右手系 (定義 1.15 参照) となる単位ベクトル $\boldsymbol{n}$ のことである. さて関係式 $|\boldsymbol{p}'(s)| = 1$ を 2 乗して, さらに s で微分してみる. すると, 命題 1.17 と例題 1.3 の 1 番目の式を用いると,

$$\left(|\boldsymbol{p}'(s)|^2\right)' = \langle \boldsymbol{p}'(s), \boldsymbol{p}'(s) \rangle' = 2 \langle \boldsymbol{p}''(s), \boldsymbol{p}'(s) \rangle = 0$$

ということがわかる．つまり $\boldsymbol{p}''$ は $\boldsymbol{p}'$ と直交する．したがって，それは単位法ベクトル $\boldsymbol{n}$ のスカラー倍になっているはずである．

定義 2.6 弧長パラメータで径数付けられた平面曲線 $C : \boldsymbol{p} = \boldsymbol{p}(s)$ とその単位法ベクトル $\boldsymbol{n} = \boldsymbol{n}(s)$ に対して，

$$\boldsymbol{p}'' = \kappa \boldsymbol{n}$$

で定まる滑らかな関数 $\kappa = \kappa(s)$ を平面曲線 C の**曲率**と言う．

定理 2.7 弧長パラメータで径数付けられた平面曲線 $C : \boldsymbol{p} = \boldsymbol{p}(s)$ に対して，その単位接ベクトル $\boldsymbol{t} = \boldsymbol{p}'$ と単位法ベクトル $\boldsymbol{n}$ を用いて作られる 2 行 2 列の行列値関数 $F = F(s)$ を

$$F = (\boldsymbol{t}, \boldsymbol{n})$$

とおく．このとき，行列値関数 F は次の式を満たす．

$$F' = F \begin{pmatrix} 0 & -\kappa \\ \kappa & 0 \end{pmatrix}. \tag{2.2}$$

ここで $\kappa = \kappa(s)$ は平面曲線 C の曲率である．式 (2.2) を平面曲線の**フレネ–セレの公式**と呼ぶ．

証明 $\boldsymbol{t}' = \boldsymbol{p}'' = \kappa \boldsymbol{n}$ であるので，式 (2.2) の第 1 列に関する等式が導かれる．さて，式 (2.1) の両辺を微分すると，

$$\boldsymbol{n}' = \kappa \begin{pmatrix} 0 & -1 \\ 1 & 0 \end{pmatrix} \boldsymbol{n} = -\kappa\, \boldsymbol{t}$$

となる．したがって，結論を得る． ■

平面曲線があれば，弧長パラメータをとって，(単位) 接ベクトルを微分することで，曲率が出てくる．単位法ベクトルの微分も込めて考えればフレネ–セレの公式を満たすことがわかる．逆に，滑らかな関数 $\kappa = \kappa(s)$ を与えたときに，それを実現する平面曲線 $\boldsymbol{p} = \boldsymbol{p}(s)$ が存在する．これは式 (2.2) を連立の微分方程式だと考えて，適当な初期条件の下で解 F をとり，F の第 1 列をさらにもう一回積分することで得られる．実は平面曲線の場合には，曲率 κ の積分を用いて具体的に曲線を表示することができる．

定理 2.8　与えられた滑らかな関数 $\kappa = \kappa(s)$ に対して，ベクトル値関数 $\boldsymbol{p} = \boldsymbol{p}(s)$ を

$$\boldsymbol{p}(s) = \begin{pmatrix} \displaystyle\int_0^s \cos\left(\int_0^t \kappa(u)\mathrm{d}u + c\right)\mathrm{d}t + p_1 \\ \displaystyle\int_0^s \sin\left(\int_0^t \kappa(u)\mathrm{d}u + c\right)\mathrm{d}t + p_2 \end{pmatrix} \tag{2.3}$$

で定める．ここで，c, p_j $(j = 1, 2)$ は定数とする．このとき，$\boldsymbol{p} = \boldsymbol{p}(s)$ は弧長パラメータで径数付けられた正則な平面曲線であり，その曲率は κ になる．さらに，曲率 κ をもつ平面曲線はすべて式 (2.3) で与えられる．

証明　式 (2.3) で与えられたベクトル値関数 $\boldsymbol{p} = \boldsymbol{p}(s)$ を微分することにより，

$$\boldsymbol{p}'(s) = \begin{pmatrix} \cos\left(\displaystyle\int_0^s \kappa(u)\mathrm{d}u + c\right) \\ \sin\left(\displaystyle\int_0^s \kappa(u)\mathrm{d}u + c\right) \end{pmatrix} \neq \boldsymbol{0}$$

を得る．明らかに $\boldsymbol{p}'(s) \neq \boldsymbol{0}$ で $|\boldsymbol{p}'(s)| = 1$ となるので，$\boldsymbol{p}(s)$ は弧長パラメータで径数付けられた正則な平面曲線であることがわかる．さらにもう一度微分し，単位法ベクトル $\boldsymbol{n} = \begin{pmatrix} 0 & -1 \\ 1 & 0 \end{pmatrix} \boldsymbol{p}'$ と比較すると

$$\boldsymbol{p}''(s) = \begin{pmatrix} -\kappa(s)\sin\left(\displaystyle\int_0^s \kappa(u)\mathrm{d}u + c\right) \\ \kappa(s)\cos\left(\displaystyle\int_0^s \kappa(u)\mathrm{d}u + c\right) \end{pmatrix} = \kappa(s)\boldsymbol{n}(s)$$

であることがわかる．したがって，この平面曲線の曲率は κ である．

さて，曲率 κ をもつ平面曲線 $\tilde{\boldsymbol{p}}$ がもう一つあるとする．$\tilde{\boldsymbol{p}}$ も弧長パラメータ s で表されているとし，さらに $\tilde{\boldsymbol{t}} = \tilde{\boldsymbol{p}}'$ と $\tilde{\boldsymbol{n}}$ を，$\tilde{\boldsymbol{p}}$ の単位接ベクトルと単位法ベクトルとしよう．このとき，$\boldsymbol{p}$ の定数 c_1, c_2 を適当に選んで，ある点 s_0 で

$$\boldsymbol{t}(s_0) = \tilde{\boldsymbol{t}}(s_0)$$

が成り立つようにすることができる．このとき，$\boldsymbol{n}(s_0) = \tilde{\boldsymbol{n}}(s_0)$ も成り立つ．さらに，$\tilde{F} = (\tilde{\boldsymbol{t}}, \tilde{\boldsymbol{n}})$ とおくと，曲率が一致することから $(F - \tilde{F})' = O$, $(F - \tilde{F})(s_0) = O$ が成立している (O は零行列である)．すなわち

$$F = \tilde{F}$$

となる．したがって，$\boldsymbol{p}$ と $\tilde{\boldsymbol{p}}$ は平行移動をのぞき一致しているが，$\boldsymbol{p}$ の中の定数 p_1, p_2 を適当に選んで，$\tilde{\boldsymbol{p}}(s) = \boldsymbol{p}(s)$ とできる．すなわち，曲率 κ をもつ平面曲線はすべて式 (2.3) の形で与えられる． ■

例題 2.9 半径 $r > 0$ の円 C_r の曲率を求めよ．

解 一般性を失わずに，中心を原点にしても良いので，半径 r の円 C_r のパラメータ表示を次のように与えよう．

$$C_r : \boldsymbol{p}(t) = \begin{pmatrix} r\cos t \\ r\sin t \end{pmatrix} \quad (t \in [0, 2\pi]).$$

接ベクトルは $\dot{\boldsymbol{p}}(t) = (-r\sin t, r\cos t)$ と計算することができ，その長さは $|\dot{\boldsymbol{p}}(t)| = r$ となり，t は弧長パラメータではない．そこで，新しいパラメータ $s = rt$ を導入すると，$\boldsymbol{p}(s) = \left(r\cos\dfrac{s}{r}, r\sin\dfrac{s}{r}\right)$ であり $\boldsymbol{p}'(s) = \left(-\sin\dfrac{s}{r}, \cos\dfrac{s}{r}\right)$ となり，その長さは $|\boldsymbol{p}'(s)| = 1$ で，s は弧長パラメータである．単位法ベクトル $\boldsymbol{n} = \boldsymbol{n}(s)$ は

$$\boldsymbol{n}(s) = \begin{pmatrix} 0 & -1 \\ 1 & 0 \end{pmatrix} \boldsymbol{p}'(s) = -\begin{pmatrix} \cos\dfrac{s}{r} \\ \sin\dfrac{s}{r} \end{pmatrix}$$

と計算できる．$\boldsymbol{p}'$ をもう一度微分し，$\boldsymbol{n}$ と比較すると

$$\boldsymbol{p}''(s) = -\frac{1}{r}\begin{pmatrix} \cos\dfrac{s}{r} \\ \sin\dfrac{s}{r} \end{pmatrix} = \frac{1}{r}\boldsymbol{n}(s)$$

がわかる．したがって，半径 r の円の曲率 $\kappa(s)$ は半径の逆数 $\kappa(s) = \dfrac{1}{r}$ となる．

□

注意 曲線の向きを逆にすると曲率 κ は $-\kappa$ に変わることに注意する (図 2.5).

例題 2.10 平面曲線 C を $\boldsymbol{p}(\theta) = (a^\theta\cos\theta, a^\theta\sin\theta)$ $(a > 0)$ で定める．このとき，C の曲率を求め，$a = \dfrac{5}{4}$ の場合の曲線の概形を描け．この曲線は**対数螺旋**と呼ばれる平面曲線で，自然界の生物 (たとえばオウムガイ等) の形に見られる．

解 $\boldsymbol{p}$ の θ での微分 $\dot{\boldsymbol{p}} = \dfrac{d\boldsymbol{p}}{d\theta}$ は

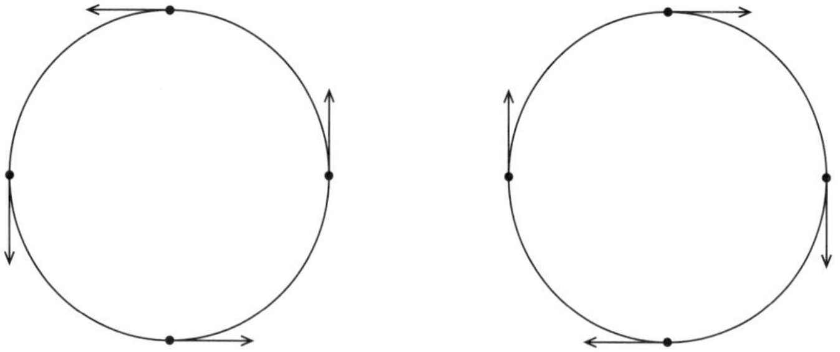

図 2.5　左回りの円 (左) と右回りの円 (右)

$$\dot{\boldsymbol{p}}(\theta) = a^\theta \begin{pmatrix} \log a \cdot \cos\theta - \sin\theta \\ \log a \cdot \sin\theta + \cos\theta \end{pmatrix}$$

となり，

$$\langle \dot{\boldsymbol{p}}, \dot{\boldsymbol{p}} \rangle = a^{2\theta} \left((\log a)^2 + 1 \right)$$

となるので，弧長パラメータでない．ここで弧長パラメータとは限らない平面曲線の曲率を求める式 (演習問題，問 2.2 の式 (2.6) を参照)

$$\kappa(\theta) = \frac{\det(\dot{\boldsymbol{p}}, \ddot{\boldsymbol{p}})}{|\dot{\boldsymbol{p}}|^3}$$

を用いる．$\ddot{\boldsymbol{p}}$ は

$$\ddot{\boldsymbol{p}} = a^\theta \begin{pmatrix} ((\log a)^2 - 1)\cos\theta - 2\log a \cdot \sin\theta \\ ((\log a)^2 - 1)\sin\theta + 2\log a \cdot \cos\theta \end{pmatrix}$$

と計算できるから，曲率は結局

$$\kappa(\theta) = \frac{1}{\sqrt{a^{2\theta}\left((\log a)^2 + 1\right)}}$$

となる．概形を描いてみると，図 2.6 のようになる．　□

2.4　曲率の意味

前節では，曲率 κ を弧長パラメータで表される平面曲線 $\boldsymbol{p} = \boldsymbol{p}(s)$ の 2 階微分から定めた．ここでは，もう少し幾何学的に曲率を捉えてみよう．そのために，

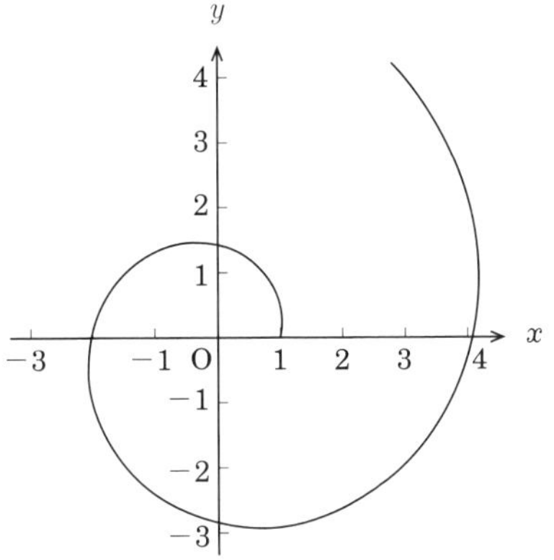

図 2.6　対数螺旋 $\left(a=\dfrac{5}{4}\right)$

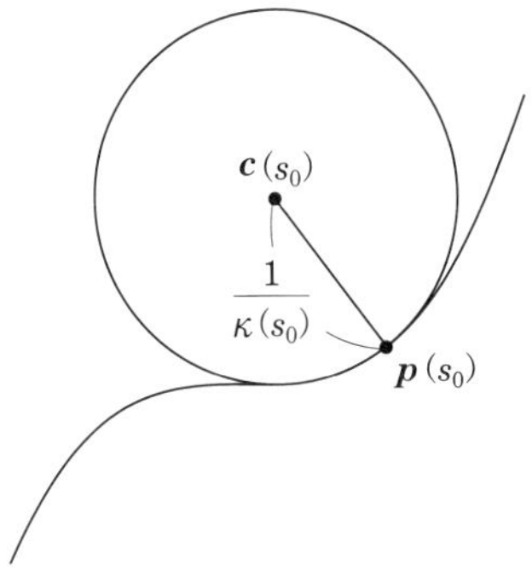

図 2.7　曲線とその曲率円

平面曲線 $\boldsymbol{p}(s)$ の点 $\boldsymbol{p}(s_0)$ での曲率を $\kappa(s_0)\neq 0$ として，点 $\boldsymbol{p}(s_0)$ を始点にし，方向がその点での単位法ベクトル $\boldsymbol{n}(s_0)$ であって，長さが $\dfrac{1}{\kappa(s_0)}$ である位置に終点を定め，それを $\boldsymbol{c}(s_0)$ と表すことにする．この点 $\boldsymbol{c}(s_0)$ を中心として半径が $\dfrac{1}{\kappa(s_0)}$ の円 C_κ を描けば，C_κ は点 $\boldsymbol{p}(s_0)$ で $\boldsymbol{p}$ に接することがわかる．この円 C_κ のことを点 $\boldsymbol{p}(s_0)$ における**曲率円**と呼ぼう (図 2.7 参照).

曲率円の性質を調べる．まず，C_κ のパラメータ表示を

$$C_\kappa : \boldsymbol{q}(s)=\boldsymbol{c}(s_0)+\frac{1}{\kappa(s_0)}\begin{pmatrix}\cos\kappa(s_0)s\\ \sin\kappa(s_0)s\end{pmatrix}$$

とすると，$\boldsymbol{q}(s)$ は半径 $\dfrac{1}{\kappa(s_0)}$ の円でかつ弧長パラメータを持つことがわかる．その曲率は例題 2.9 で計算したように，$\kappa(s_0)$ になる．また $\boldsymbol{q}(s)$ の s_0 での接ベクトル $\boldsymbol{q}'(s_0)$ は平面曲線 $\boldsymbol{p}(s)$ の s_0 での単位法ベクトル $\boldsymbol{n}(s_0)$ と直交するので，C_κ は $\boldsymbol{p}(s)$ と点 $\boldsymbol{p}(s_0)$ で接している．さらに，$\boldsymbol{p}'(s_0)$ と $\boldsymbol{q}'(s_0)$ は共に単位接ベクトルでかつ同じ方向なので，

$$\boldsymbol{p}'(s_0)=\boldsymbol{q}'(s_0)$$

である．したがって，$\boldsymbol{n}_{C_\kappa}$ を C_κ の単位法ベクトルとすれば，$\boldsymbol{n}(s_0)=\boldsymbol{n}_{C_\kappa}(s_0)$ も成り立つ．さらに $s=s_0$ で平面曲線 $\boldsymbol{p}(s)$, $\boldsymbol{q}(s)$ の曲率は一致していることから，

$$\boldsymbol{p}''(s_0) = \boldsymbol{q}''(s_0)$$

もわかる．したがって，曲率円 C_κ は点 $\boldsymbol{p}(s_0)$ で，もとの平面曲線 $\boldsymbol{p}$ と 2 **次の接触**をする円ということになる．

さて，半径をいろいろ変えた円を考えてみよう．すると小さい円ほどよく曲がっていることに気づく (円の上に立つことを想像してみると，大きい円ほどなだらかである)．小さい円の場合，曲率は半径の逆数なので大きくなり，大きい円の場合，曲率は逆に小さくなるのである．したがって曲率とは，曲線の曲がり具合を表していることがわかる．直線，つまり曲率 $\kappa = 0$ の場合は，半径が無限大の円と思えば自然に理解できる．

2.5 空間曲線

平面曲線と同様に空間曲線を考えよう．**空間曲線**とは $\mathbb{R}$ の区間 I 上で定義されたベクトル値関数

$$\boldsymbol{p} : I \to \mathbb{R}^3 \tag{2.4}$$

である．また，$\boldsymbol{p}$ による I の像 $C = \boldsymbol{p}(I) \subset \mathbb{R}^3$ のことも空間曲線と呼ぶ．このとき，空間曲線 C を表すベクトル値関数 $\boldsymbol{p} = \boldsymbol{p}(t)\ (t \in I)$ をパラメータ表示，t はパラメータと言う．空間曲線を具体的に書くと次のようになる．

$$\boldsymbol{p}(t) = \begin{pmatrix} x(t) \\ y(t) \\ z(t) \end{pmatrix} \in \mathbb{R}^3 \quad (t \in I \subset \mathbb{R}).$$

このままでは，空間曲線はかどがあるものも含んでいるので，平面曲線と同様に $\boldsymbol{p}'(t) \neq \boldsymbol{0}\ (t \in I)$ となる空間曲線を**正則な空間曲線**と呼ぶ．さらに平面曲線と同じ議論で，空間曲線に対しても弧長パラメータが存在することがわかる．今後は弧長パラメータで径数付けられた正則な空間曲線 $\boldsymbol{p} = \boldsymbol{p}(s)$ のみを考えよう．

さて，平面曲線のときと同様に，曲率を定めるために $|\boldsymbol{p}'(s)| = 1$ を 2 乗して，s で微分してみる．すると，

$$\left(|\boldsymbol{p}'(s)|^2\right)' = \left\langle \boldsymbol{p}'(s), \boldsymbol{p}'(s) \right\rangle' = 2\left\langle \boldsymbol{p}''(s), \boldsymbol{p}'(s) \right\rangle = 0$$

となる．これは平面曲線のときとまったく同じである．つまり，$\boldsymbol{p}''$ は $\boldsymbol{p}'$ と直交

している．平面曲線では，このことから $\boldsymbol{p}''$ が単位法ベクトルの方向になることがわかって，曲率を定めることができた．一方，空間曲線の場合は，接ベクトルに直交する単位法ベクトルの候補は無数にある．したがって，平面曲線のときのように単位法ベクトルを決めて，それを $\boldsymbol{p}''$ と比較して，曲率 κ を定めることはできない．曲線が $\mathbb{R}^3$ に入っていることから，接ベクトルに直交するベクトルは平面をなすということがわかるが，これは**法平面** (図 2.8 参照) と呼ばれている．次節では，空間曲線に対する曲率と捩率(れいりつ)を定める．

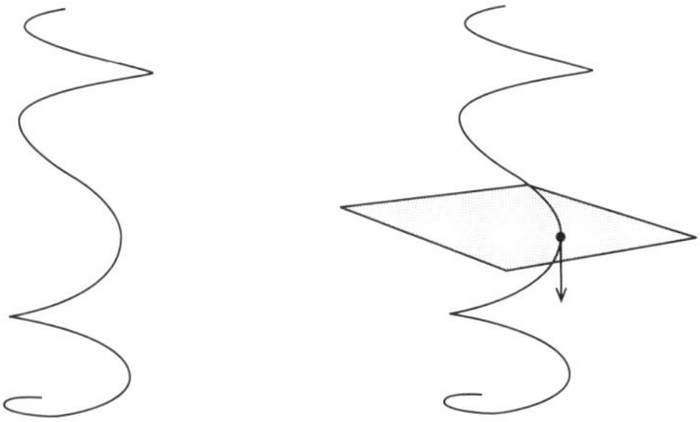

図 2.8　空間曲線 (左) と，その単位接ベクトルおよび法平面 (右)

2.6　フレネ–セレの公式 (空間曲線の場合)

空間曲線に対しては，単位法ベクトルより先に曲率を定める．

定義 2.11　弧長パラメータで径数付けられた空間曲線 $\boldsymbol{p} = \boldsymbol{p}(s)$ の**曲率** $\kappa = \kappa(s)$ は次で与えられる．

$$\kappa = |\boldsymbol{p}''|.$$

定義から明らかなように，曲率 κ は $\kappa \geqq 0$ を満たす．注意してほしいのは，平面曲線の曲率は負の場合もあるが，空間曲線の場合は定義から 0 以上になるということである．つまりある平面曲線の曲率を κ_p とすると，その平面曲線を空間曲線とみなしたときの曲率 κ は $\kappa = |\kappa_p|$ となる．もし曲率が $\kappa > 0$ であれば，次のように単位法ベクトルと単位従法ベクトルを定めることができる．

定義 2.12 弧長パラメータで径数付けられた空間曲線 $\boldsymbol{p} = \boldsymbol{p}(s)$ の曲率 $\kappa = \kappa(s)$ が $\kappa > 0$ を満たすと仮定する．このとき**単位法ベクトル** $\boldsymbol{n} = \boldsymbol{n}(s)$ と**単位従法ベクトル** $\boldsymbol{b} = \boldsymbol{b}(s)$ は次で定まる単位ベクトルである．

$$\boldsymbol{n} = \frac{1}{\kappa}\boldsymbol{p}'',$$
$$\boldsymbol{b} = \boldsymbol{p}' \times \boldsymbol{n}.$$

ここで，$\times$ は式 (1.1) で定めた $\mathbb{R}^3$ の外積を表す．

以降，空間曲線の曲率 κ は $\kappa > 0$ を満たすとしよう．平面曲線のときと同様に，空間曲線に対して フレネ–セレの公式を導くことができる．

定理 2.13 弧長パラメータで径数付けられた空間曲線 $\boldsymbol{p} = \boldsymbol{p}(s)$ に対して，単位接ベクトル，曲率，単位法ベクトル，単位従法ベクトルをそれぞれ $\boldsymbol{t} = \boldsymbol{p}'$, $\kappa = \kappa(s) > 0$, $\boldsymbol{n} = \boldsymbol{n}(s)$ および $\boldsymbol{b} = \boldsymbol{b}(s)$ とする．さらに，3 行 3 列の行列 $F = F(s)$ を

$$F = (\boldsymbol{t}, \boldsymbol{n}, \boldsymbol{b})$$

で定める．このとき，ある滑らかな関数 $\tau = \tau(s)$ が定まって，F は次の式を満たす．

$$F' = F \begin{pmatrix} 0 & -\kappa & 0 \\ \kappa & 0 & -\tau \\ 0 & \tau & 0 \end{pmatrix}. \tag{2.5}$$

式 (2.5) を空間曲線の**フレネ–セレ**の公式といい，τ を**捩率**（れいりつ）と呼ぶ．

証明 まず第 1 列は $\boldsymbol{t}' = \kappa\boldsymbol{n}$ からしたがう．単位法ベクトル $\boldsymbol{n}$ は長さ 1 であり，$\langle \boldsymbol{n}, \boldsymbol{n} \rangle = 1$ という関係式を満たす．この両辺を微分すると，命題 1.17 より

$$\langle \boldsymbol{n}, \boldsymbol{n} \rangle' = 2 \langle \boldsymbol{n}', \boldsymbol{n} \rangle = 0$$

を得る．つまり $\boldsymbol{n}'$ は $\boldsymbol{n}$ に直交している．したがって，$\boldsymbol{n}'$ は単位接ベクトル $\boldsymbol{t}$, 単位従法ベクトル $\boldsymbol{b}$ と，ある滑らかな関数 $a = a(s)$ および $\tau = \tau(s)$ を用いて

$$\boldsymbol{n}' = a\boldsymbol{t} + \tau\boldsymbol{b}$$

と書くことができる．ここで，上の式と $\boldsymbol{t}$ との内積を考えよう．まず定義からわかるように $\langle \boldsymbol{t}, \boldsymbol{t} \rangle = 1, \langle \boldsymbol{b}, \boldsymbol{t} \rangle = 0$ であり，したがって $\langle \boldsymbol{n}', \boldsymbol{t} \rangle = a$ である．また

$\langle \boldsymbol{n}, \boldsymbol{t} \rangle = 0$ を微分することにより $\langle \boldsymbol{n}', \boldsymbol{t} \rangle + \langle \boldsymbol{n}, \boldsymbol{t}' \rangle = \boldsymbol{0}$ を得る．結局，$\boldsymbol{t}' = \kappa \boldsymbol{n}$ に注意すれば

$$a = \left\langle \boldsymbol{n}', \boldsymbol{t} \right\rangle = -\left\langle \boldsymbol{n}, \boldsymbol{t}' \right\rangle = -\kappa$$

となる．

単位法ベクトル $\boldsymbol{n}$ のときと同様に，$\langle \boldsymbol{b}, \boldsymbol{b} \rangle = 1$ を微分すると，$\langle \boldsymbol{b}', \boldsymbol{b} \rangle = 0$ がわかることから，$\boldsymbol{b}$ を微分したベクトルを

$$\boldsymbol{b}' = c\boldsymbol{t} + d\boldsymbol{n}$$

とおくことができる．一方，式 $\langle \boldsymbol{b}, \boldsymbol{t} \rangle = 0$ の両辺を微分すると $\langle \boldsymbol{b}', \boldsymbol{t} \rangle + \langle \boldsymbol{b}, \boldsymbol{t}' \rangle = 0$, つまり $\langle \boldsymbol{b}', \boldsymbol{t} \rangle = -\langle \boldsymbol{b}, \boldsymbol{t}' \rangle$ である．$\boldsymbol{b} = \boldsymbol{t} \times \boldsymbol{n}$ と $\boldsymbol{n} = \dfrac{1}{\kappa}\boldsymbol{t}'$ に注意して，定義 1.10 と例題 1.11 を $\langle \boldsymbol{b}, \boldsymbol{t}' \rangle$ に用いると

$$\left\langle \boldsymbol{b}, \boldsymbol{t}' \right\rangle = \left\langle \boldsymbol{t}', \boldsymbol{t} \times \boldsymbol{n} \right\rangle = \det\left(\boldsymbol{t}', \boldsymbol{t}, \frac{1}{\kappa}\boldsymbol{t}'\right) = 0$$

となり，結局，$c = \langle \boldsymbol{b}', \boldsymbol{t} \rangle = 0$ が導かれる．したがって，

$$\boldsymbol{b}' = d\boldsymbol{n}$$

となる．上の式と $\boldsymbol{n}$ の内積を取ることを考えよう．左辺は $\langle \boldsymbol{b}', \boldsymbol{n} \rangle$, 右辺は $\langle d\boldsymbol{n}, \boldsymbol{n} \rangle = d$ である．左辺を計算するために $\langle \boldsymbol{b}, \boldsymbol{n} \rangle = 0$ を微分しよう．すると $\langle \boldsymbol{b}', \boldsymbol{n} \rangle = -\langle \boldsymbol{b}, \boldsymbol{n}' \rangle$ であるので，$\boldsymbol{n}' = -\kappa \boldsymbol{t} + \tau \boldsymbol{b}$ を用いると

$$\left\langle \boldsymbol{b}', \boldsymbol{n} \right\rangle = -\left\langle \boldsymbol{b}, \boldsymbol{n}' \right\rangle = -\tau$$

となる．したがって，$d = -\tau$ であることがわかった．最後にこれらの計算結果をまとめると式 (2.5) が得られる． ■

例題 2.14 空間曲線 C を $\boldsymbol{p}(s) = \left(\cos\dfrac{s}{2}, \sin\dfrac{s}{2}, \dfrac{\sqrt{3}}{2}s\right)$ で与えたとき，曲率と捩率を求め，概形を描け．この空間曲線 C は，**常螺旋**と呼ばれる．

解 簡単に計算できるように，

$$\boldsymbol{p}'(s) = \frac{1}{2}\begin{pmatrix} -\sin\dfrac{s}{2} \\ \cos\dfrac{s}{2} \\ \sqrt{3} \end{pmatrix}, \quad \boldsymbol{p}''(s) = \frac{1}{4}\begin{pmatrix} -\cos\dfrac{s}{2} \\ -\sin\dfrac{s}{2} \\ 0 \end{pmatrix}$$

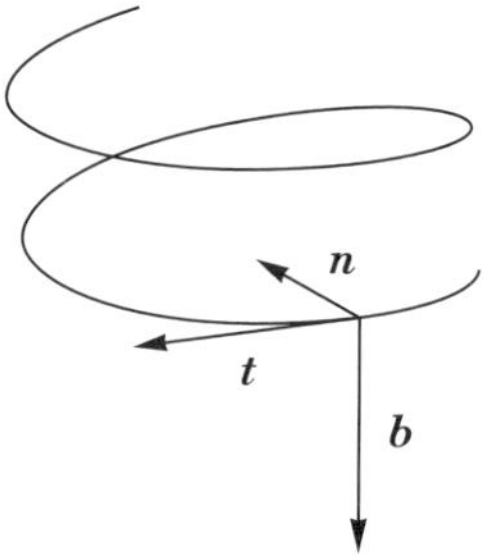

図 2.9　単位接ベクトル $\boldsymbol{t}$, 単位法ベクトル $\boldsymbol{n}$, および単位従法ベクトル $\boldsymbol{b}$

となる．したがって，$|\boldsymbol{p}'(s)| = 1$, つまり $\boldsymbol{p} = \boldsymbol{p}(s)$ は弧長パラメータで径数付けられている．また，$|\boldsymbol{p}''(s)| = \dfrac{1}{4}$ である．したがって曲率が $\kappa(s) = \dfrac{1}{4}$ であり，単位法ベクトルは

$$\boldsymbol{n}(s) = \begin{pmatrix} -\cos\dfrac{s}{2} \\ -\sin\dfrac{s}{2} \\ 0 \end{pmatrix}$$

となる．さらに，単位従法ベクトル $\boldsymbol{b}$ とその微分 $\boldsymbol{b}'$ も $\boldsymbol{b} = \boldsymbol{p}' \times \boldsymbol{n}$ を用いて計算すれば，

$$\boldsymbol{b}(s) = \frac{1}{2}\begin{pmatrix} \sqrt{3}\sin\dfrac{s}{2} \\ -\sqrt{3}\cos\dfrac{s}{2} \\ 1 \end{pmatrix}, \quad \boldsymbol{b}'(s) = \frac{\sqrt{3}}{4}\begin{pmatrix} \cos\dfrac{s}{2} \\ \sin\dfrac{s}{2} \\ 0 \end{pmatrix}$$

となる．したがって $\boldsymbol{b}' = -\dfrac{\sqrt{3}}{4}\boldsymbol{n}$ となり，捩率が $\tau(s) = \dfrac{\sqrt{3}}{4}$ と計算できる．この空間曲線の概形は図 2.10 のようになる． □

さて，平面曲線のときと同じように，$\kappa = \kappa(s)$ と $\tau = \tau(s)$ を与えて，それを曲率と捩率にもつ空間曲線の存在を考えてみよう．式 (2.5) を行列 F に関する常微分方程式と考えると，ある初期条件の下で解の存在と一意性がわかる (たとえば参考文献 [5] 参照)．F の第 1 列をさらに s で積分することによって，空間曲線を得ることができる．すなわち，次の定理が成立することが知られている．

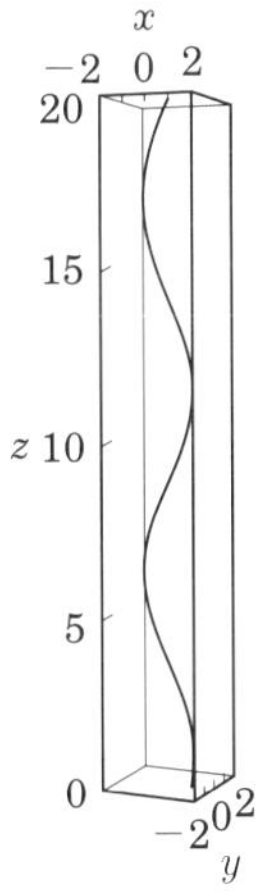

図 2.10 常螺旋

定理 2.15 関数 $\kappa = \kappa(s) \geqq 0$ と $\tau = \tau(s)$ を与えると，それらを曲率と捩率にもつ空間曲線 $\boldsymbol{p} = \boldsymbol{p}(s)$ が $\mathbb{R}^3$ の回転と平行移動を除き一意的に存在する．

詳細な証明は参考文献 [9] を参照していただきたい．

注意 平面曲線とは違って，空間曲線の明示的な積分公式は知られてはいない．

2.7 空間曲線の捩率の意味

空間曲線の曲率 κ が，平面曲線の曲率と同じように曲線の曲がり方を表していることは明らかであろう．それでは，捩率 τ はどのような量なのであろうか？ そのことを見るために $b \in \mathbb{R}$ で径数付けられる常螺旋の族 $C_b : \boldsymbol{p}_b(t) = (\cos t, \sin t, bt)$ を考えてみよう．$b = 0$ のときは C_0 は xy–平面上の円になる．さて $b > 0$ として空間曲線を描くと，図 2.11 のようになる．ここで，常螺旋の族の曲率と捩率を計算してみる．$\boldsymbol{p}_b'(t) = (-\sin t, \cos t, b)$ より，$|\boldsymbol{p}_b'(t)| = \sqrt{1+b^2}$ である．したがって $c = \sqrt{1+b^2}$ として，C_b のパラメータ表示を $s = ct$ と取り直すと

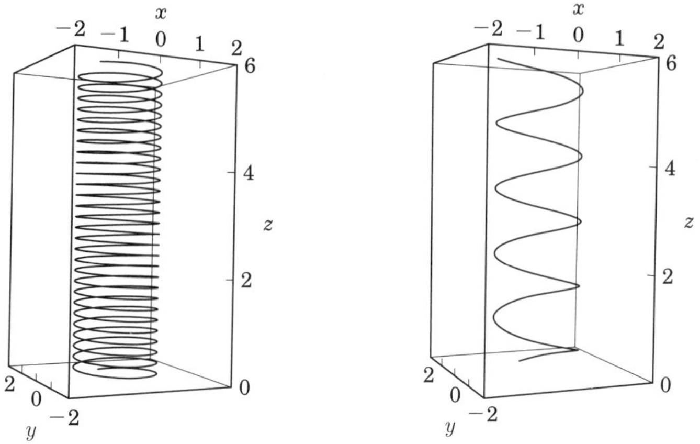

図 2.11　捩率がそれぞれ $\tau = \dfrac{30}{901} \fallingdotseq 0.03$ (左) と $\tau = \dfrac{5}{26} \fallingdotseq 0.19$ (右) の常螺旋

$$\boldsymbol{p}(s) = \begin{pmatrix} \cos\dfrac{s}{c} \\ \sin\dfrac{s}{c} \\ \dfrac{bs}{c} \end{pmatrix}$$

となり，$|\boldsymbol{p}'(s)| = 1$ を満たす．さて，曲率 $\kappa = |\boldsymbol{p}''|$ は，

$$\kappa(s) = |\boldsymbol{p}''(s)| = \sqrt{\left(\frac{1}{c^2}\cos\frac{s}{c}\right)^2 + \left(\frac{1}{c^2}\sin\frac{s}{c}\right)^2} = \frac{1}{c^2} = \frac{1}{1+b^2} > 0$$

となる．単位法ベクトル $\boldsymbol{n} = \dfrac{1}{\kappa}\boldsymbol{p}''$ と単位従法線ベクトル $\boldsymbol{b} = \boldsymbol{p}' \times \boldsymbol{n}$ も簡単に計算できて，それぞれ

$$\boldsymbol{n} = \begin{pmatrix} -\cos\dfrac{s}{c} \\ -\sin\dfrac{s}{c} \\ 0 \end{pmatrix}, \quad \boldsymbol{b} = \begin{pmatrix} \dfrac{b}{c}\sin\dfrac{s}{c} \\ -\dfrac{b}{c}\cos\dfrac{s}{c} \\ \dfrac{1}{c} \end{pmatrix}$$

となる．最後にフレネ–セレの公式 (2.5) から $\boldsymbol{b}' = -\tau\boldsymbol{n}$ を用いると捩率が

$$\tau = \frac{b}{c^2} = \frac{b}{1+b^2}$$

となる．したがって $b=0$ のとき，すなわち C_0 が xy–平面上の単位円であるとき，捩率は $\tau=0$ となる．この例からわかるように捩率とは，平面曲線からの離れ具合を表している．すなわち次の定理が成り立つことが知られている (参考文献 [9] 参照).

定理 2.16 曲率が $\kappa>0$ となる空間曲線 $\boldsymbol{p}$ に対して，捩率 τ が恒等的に 0 になるのは $\boldsymbol{p}$ が一つの平面に含まれているときに限る．

2.8 曲線の長さ ★

この節では，平面曲線 $\boldsymbol{p}=\boldsymbol{p}(t)$ の弧の長さ，つまり弧長が

$$s=\int_a^b |\dot{\boldsymbol{p}}(t)|\,\mathrm{d}t$$

で与えられていることを確かめる．簡単のため，$a=0, b=1$ として考えよう．区間 $[0,1]$ を n 等分して，その i 番目 $(i=1,\ldots,n)$ の閉区間を $[t_i, t_{i+1}]$ で表すことにする．ここで $t_i=\dfrac{i-1}{n}$ と書けることに注意しよう．このとき，曲線上の各点 $\boldsymbol{p}(t_i)=(p_x(t_i), p_y(t_i))$ $(i=1,\ldots,n)$ を結んで得られる折れ線の長さは，三平方の定理を用いると

$$\begin{aligned}
&\sum_{i=1}^n |\boldsymbol{p}(t_{i+1})-\boldsymbol{p}(t_i)| \\
&=\sum_{i=1}^n \sqrt{(p_x(t_{i+1})-p_x(t_i))^2+(p_y(t_{i+1})-p_y(t_i))^2} \\
&=\sum_{i=1}^n \sqrt{\left(\frac{p_x(t_{i+1})-p_x(t_i)}{t_{i+1}-t_i}\right)^2+\left(\frac{p_y(t_{i+1})-p_y(t_i)}{t_{i+1}-t_i}\right)^2}(t_{i+1}-t_i)
\end{aligned}$$

で与えられる．ここで，平均値の定理を平方根の中身のそれぞれの項に用いると，ある $s_i, \tilde{s}_i \in [t_i, t_{i+1}]$ が存在して

$$\sqrt{\left(\frac{p_x(t_{i+1})-p_x(t_i)}{t_{i+1}-t_i}\right)^2+\left(\frac{p_y(t_{i+1})-p_y(t_i)}{t_{i+1}-t_i}\right)^2}=\sqrt{(\dot{p}_x(s_i))^2+(\dot{p}_y(\tilde{s}_i))^2}$$

となる． $t_{i+1}-t_i=\dfrac{1}{n}$ を用いれば，

$$\sum_{i=1}^{n} |\boldsymbol{p}(t_{i+1}) - \boldsymbol{p}(t_i)| = \sum_{i=1}^{n} \frac{1}{n}\sqrt{(\dot{p}_x(s_i))^2 + (\dot{p}_y(\tilde{s}_i))^2}$$

となる．ここで，閉区間 $[0,1]$ 上の関数の定積分の考え方

$$\int_0^1 f(x)\,\mathrm{d}x = \lim_{n\to\infty}\sum_{i=1}^{n}\frac{1}{n} f\left(\frac{i-1}{n}\right)$$

を思い出すと，弧長は結局，

$$s = \lim_{n\to\infty}\sum_{i=1}^{n} |\boldsymbol{p}(t_{i+1}) - \boldsymbol{p}(t_i)| = \int_0^1 \sqrt{(\dot{p}_x(t))^2 + (\dot{p}_y(t))^2}\,\mathrm{d}t = \int_0^1 |\dot{\boldsymbol{p}}(t)|\,\mathrm{d}t$$

となる．

演習問題

問 2.1　双曲線正弦関数 $\sinh t$ と双曲線余弦関数 $\cosh t$ は

$$\sinh t = \frac{e^t - e^{-t}}{2}, \quad \cosh t = \frac{e^t + e^{-t}}{2}$$

で与えられる．それぞれの逆関数を逆双曲線正弦関数 $\sinh^{-1} t$ と逆双曲線余弦関数 $\cosh^{-1} t$ $(t \geqq 1)$ とする．このとき次の等式を示せ．

(1)　$\cosh^2 t - \sinh^2 t = 1.$

(2)　$\dfrac{\mathrm{d}\,\sinh t}{\mathrm{d}t} = \cosh t, \quad \dfrac{\mathrm{d}\,\cosh t}{\mathrm{d}t} = \sinh t.$

(3)　$\sinh\left(\cosh^{-1} t\right) = \sqrt{t^2-1}, \quad \cosh\left(\sinh^{-1} t\right) = \sqrt{t^2+1}.$

(4)　$\dfrac{\mathrm{d}\,\sinh^{-1} t}{\mathrm{d}t} = \dfrac{1}{\sqrt{t^2+1}}, \quad \dfrac{\mathrm{d}\,\cosh^{-1} t}{\mathrm{d}t} = \dfrac{1}{\sqrt{t^2-1}}.$

問 2.2　弧長パラメータとは限らない平面曲線 $\boldsymbol{p} = \boldsymbol{p}(t)$ の曲率 $\kappa = \kappa(t)$ は

$$\kappa = \frac{\det(\dot{\boldsymbol{p}}, \ddot{\boldsymbol{p}})}{|\dot{\boldsymbol{p}}|^3} \tag{2.6}$$

であることを示せ．

問 2.3　弧長パラメータとは限らない空間曲線 $\boldsymbol{p} = \boldsymbol{p}(t)$ の曲率 $\kappa = \kappa(t)$ および捩率 $\tau = \tau(t)$ は

$$\kappa = \frac{|\dot{\boldsymbol{p}} \times \ddot{\boldsymbol{p}}|}{|\dot{\boldsymbol{p}}|^3}, \quad \tau = \frac{\det(\dot{\boldsymbol{p}}, \ddot{\boldsymbol{p}}, \dddot{\boldsymbol{p}})}{|\dot{\boldsymbol{p}} \times \ddot{\boldsymbol{p}}|^2} \tag{2.7}$$

であることを示せ．

第3章

曲面

この章では，曲面の基本的なことについて述べる．曲面の曲がり方を表す主曲率を定義し，これを用いて基本的な幾何学的な量であるガウス曲率と平均曲率を定める．

3.1　曲面

曲線は 1 次元の曲がった線であったが，曲面は 2 次元の “曲がった面” である．まず，関数 $f(x, y) = x^2 + y^2$ のグラフ $(x, y, f(x, y))$ として表される曲面について考えてみよう．

この曲面の形状は，次のようにすればわかる．高さが $c > 0$ である xy–平面と平行な平面を考える．これは $z = c$ と表される．この平面と曲面の交わりは半径 $\sqrt{c}$ の円になる．平面の高さを少しずつ大きくしていくと，それにつれて円の半径もだんだん大きくなるので，曲面の形状がわかるのである (図 3.1 参照).

曲線と同じように考えれば，**曲面**とは，$\mathbb{R}^2$ の領域 D 上で定義されたベクトル値関数

$$\boldsymbol{p} : D \to \mathbb{R}^3$$

である．また，$\boldsymbol{p}$ による D の像 $S = \boldsymbol{p}(D) \subset \mathbb{R}^3$ のことも曲面と呼び，S を表すベクトル値関数 $\boldsymbol{p} = \boldsymbol{p}(u, v)$ $((u, v) \in D)$ をパラメータ表示，(u, v) をパラメータと言う．曲面を具体的に表せば

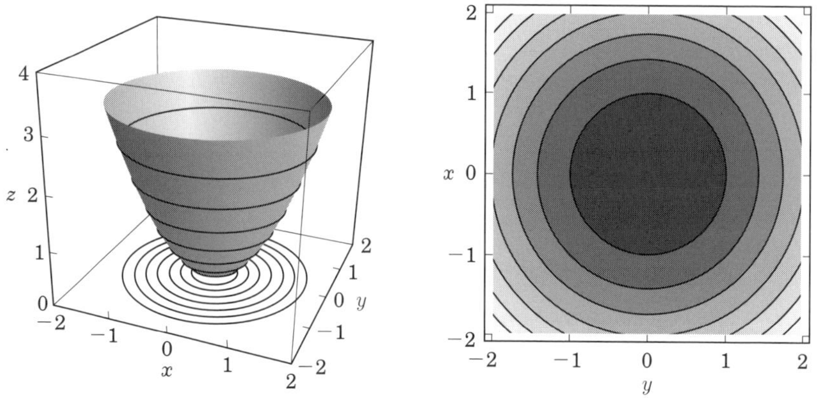

図 3.1　曲面とその等高線

$$\boldsymbol{p}(u,v)=\begin{pmatrix} x(u,v)\\ y(u,v)\\ z(u,v)\end{pmatrix}\in\mathbb{R}^3\quad((u,v)\in D\subset\mathbb{R}^2)$$

となる．ここで $x(u,v)$, $y(u,v)$, $z(u,v)$ は D 上の滑らかな 2 変数の関数である．上の定義では，曲面も曲線のように，尖っていたりかどがある場合や，曲面ではなくて 1 次元の曲線になってしまっている場合も含んでいる．

かどがある曲面はどうなっているか調べてみよう．たとえば曲面 $\boldsymbol{p}(u,v)=(u^2,u^3,v)$ を考えてみると，点 $(u,v)=(0,0)$ の行き先は，曲面の尖った部分に行く (図 3.2 参照)．このような点でなにが起こっているかを少し考えてみよう．$\boldsymbol{p}$ の u と v の偏微分は $\dfrac{\partial\boldsymbol{p}}{\partial u}=(2u,3u^2,0)$, $\dfrac{\partial\boldsymbol{p}}{\partial v}=(0,0,1)$ となるので，$(u,v)=(0,0)$ のとき

$$\left.\frac{\partial\boldsymbol{p}}{\partial u}\times\frac{\partial\boldsymbol{p}}{\partial v}\right|_{(u,v)=(0,0)}=\boldsymbol{0}$$

となることがわかる．ここで $\times$ は $\mathbb{R}^3$ のベクトルの外積である．

そこで，かどなどがない曲面 (正則な曲面) を次のように定義することは自然である．

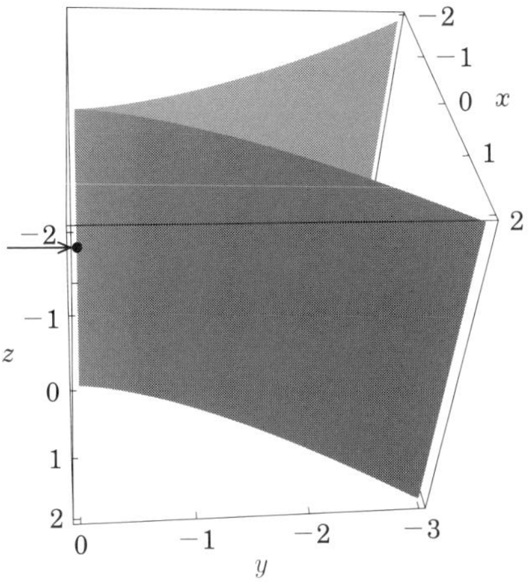

図 3.2　かどのある曲面．矢印で示した黒丸が点 $(u,v)=(0,0)$ の行き先．

定義 3.1　曲面 $S\subset\mathbb{R}^3$ が次の条件を満たすパラメータ表示 $\boldsymbol{p}:D\to\mathbb{R}^3$ を持つとき，**正則**であるという．

$$\frac{\partial \boldsymbol{p}}{\partial u}\times\frac{\partial \boldsymbol{p}}{\partial v}\neq\mathbf{0}.$$

注意　(1)　補題 1.22 を使うと，曲面が正則であることは $\dfrac{\partial \boldsymbol{p}}{\partial u}$ と $\dfrac{\partial \boldsymbol{p}}{\partial v}$ が 1 次独立であるということと同値である．1 次独立なベクトルは，平面を定めるので，正則な曲面とは各点で接平面が引ける曲面と言っても同じである．

(2)　正則曲線の定義 2.1 と同じで,「$\cdots$ 条件を満たすパラメータ表示 $\cdots$」という点に注意する．

以下では，正則な曲面のみを考えることとする．曲線と同じように，曲面にもさまざまな表示方法がある．ここでは曲面の**陰関数表示**を考えてみよう．3 変数関数 $f(x,y,z)=x^3-3xyz+z^2$ に対して次の方程式を考える．

$$f(x,y,z)=1.$$

これを満たす点 (x,y,z) の全体は正則な曲面になる (図 3.3 参照)．より正確には陰関数の定理を用いることによりこのことが示される (p.194 参照)．

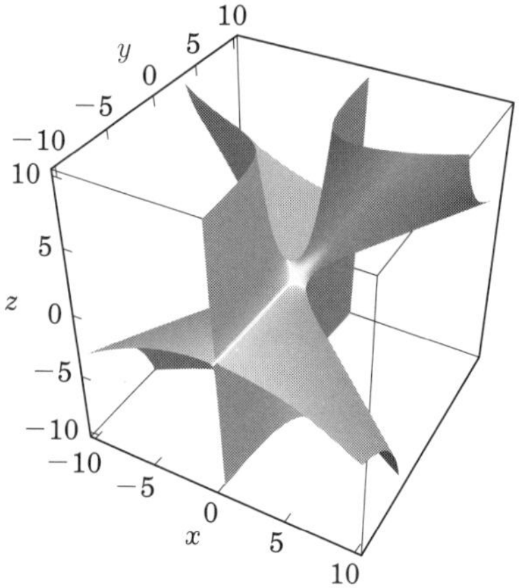

図 3.3 $x^3 - 3xyz + z^2 = 1$ と陰関数表示される曲面

3.2 曲面の面積

曲線に対する基本的な幾何学的量は，長さであった．曲面に対する基本的な幾何学的な量は**面積**である．ここでは，曲面の面積について調べていこう．接ベクトル $\dfrac{\partial \boldsymbol{p}}{\partial u}$ と $\dfrac{\partial \boldsymbol{p}}{\partial v}$ の外積の長さ

$$\left|\frac{\partial \boldsymbol{p}}{\partial u} \times \frac{\partial \boldsymbol{p}}{\partial v}\right|$$

を考えてみよう．正則な曲面の定義 3.1 からこれは 0 にならない．また，定理 1.12 で示したように，これはベクトル $\dfrac{\partial \boldsymbol{p}}{\partial u}, \dfrac{\partial \boldsymbol{p}}{\partial v}$ のなす平行四辺形の面積になることもわかる．これを曲面が定義される領域 D 上で重積分した

$$A_D = \iint_D \left|\frac{\partial \boldsymbol{p}}{\partial u} \times \frac{\partial \boldsymbol{p}}{\partial v}\right| \mathrm{d}u\mathrm{d}v$$

を考えよう．これは，曲面の各点での微小な面積を与える関数の領域 D 上での重積分であるから，**曲面の面積**と呼ぶのは自然である．特に，曲面 S を (x, y) に平行な高さ 1 の平面，つまり $\boldsymbol{p}(u, v) = (u, v, 1)$ としたとき，その面積が A_D で与えられることを確認してみよう．$\dfrac{\partial \boldsymbol{p}}{\partial u} = (1, 0, 0)$, $\dfrac{\partial \boldsymbol{p}}{\partial v} = (0, 1, 0)$．したがって，$\dfrac{\partial \boldsymbol{p}}{\partial u} \times \dfrac{\partial \boldsymbol{p}}{\partial v} = (0, 0, 1)$ で，結局

$$\left|\frac{\partial \boldsymbol{p}}{\partial u} \times \frac{\partial \boldsymbol{p}}{\partial v}\right| = 1$$

であり，

$$A_D = \iint_D 1\,\mathrm{d}u\mathrm{d}v = \text{領域 } D \text{ の面積}$$

となる．確かに曲面 S (この場合は，uv–平面に平行で高さ 1 の平面が S である) の面積である．

注意 曲面の面積を 2.8 節の曲線のときと同様に，多角形 (たとえば三角形) で近似しておいて，極限を取るという操作は注意が必要である．実は極限の取り方によっては，面積が無限大になってしまう例が知られている．

曲面の面積は，曲線に対する弧長のように基本的な幾何学的な量である．曲線に対しては，弧長を使って曲線の弧長パラメータによる表現を考え，これを使って曲線の曲率，捩率を定義したのである．残念ながら曲面に対しては，弧長パラメータのような表示はない．それでは，曲面を調べるにはどうしたらよいだろうか？ 実は**曲面上の曲線**を用いて，曲面を調べるのである．

3.3 主曲率とガウス曲率および平均曲率

正則な曲面に対しては，曲面上の各点で接平面が引ける．それゆえ，接平面に直交する単位ベクトルが向きを除いて一意的に定まる．このことは 3 次元の空間の中に平面をイメージすれば，直感的には明らかであろう．例題 1.9 の性質を用いれば，この単位ベクトルは，$\dfrac{\partial \boldsymbol{p}}{\partial u} \times \dfrac{\partial \boldsymbol{p}}{\partial v}$ と同じ向きか，または逆向きであることがわかる．

定義 3.2 曲面の接ベクトル $\dfrac{\partial \boldsymbol{p}}{\partial u}$ および $\dfrac{\partial \boldsymbol{p}}{\partial v}$ に直交する単位ベクトル

$$\boldsymbol{n} = \frac{\dfrac{\partial \boldsymbol{p}}{\partial u} \times \dfrac{\partial \boldsymbol{p}}{\partial v}}{\left|\dfrac{\partial \boldsymbol{p}}{\partial u} \times \dfrac{\partial \boldsymbol{p}}{\partial v}\right|}$$

を曲面の**単位法ベクトル** (図 3.4 参照) と呼ぶ．ここで，$\times$ は $\mathbb{R}^3$ の外積である．

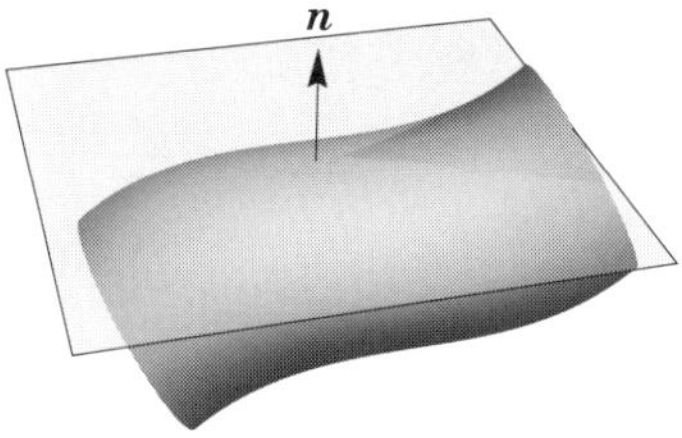

図 3.4 接平面と単位法ベクトル $\boldsymbol{n}$

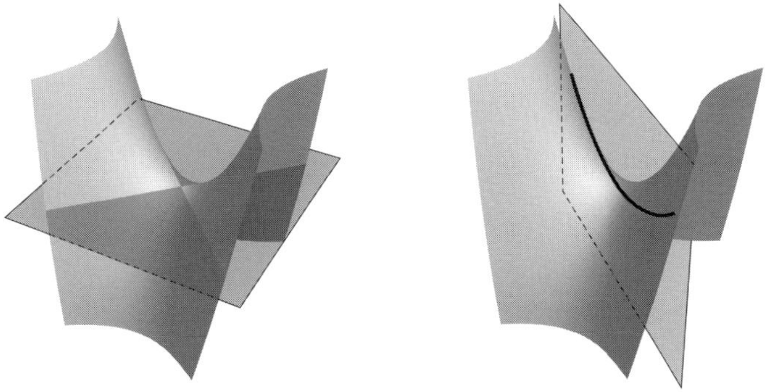

図 3.5 (左) 接平面，(右) 法平面および直截口 (太線)

別の言い方をすれば，単位法ベクトル $\boldsymbol{n}$ は $\mathbb{R}^3$ のベクトルの組

$$\left\{\frac{\partial \boldsymbol{p}}{\partial u}, \frac{\partial \boldsymbol{p}}{\partial v}, \boldsymbol{n}\right\}$$

が右手系 (定義 1.15 および例題 1.24) となるような，単位ベクトルである．

さて，曲面上の点を一つ止めて，その点での単位法ベクトル $\boldsymbol{n}$ を考え，それを含む平面 (**法平面**と言う) を一つ決める．この平面と曲面の交わりを考えよう (**直截口**(ちょくさいこう)と呼ばれる (図 3.5 参照))．するとこれは正則な平面曲線になる．これも直感的には明らかであろう．

さて，平面曲線に対しては，その曲率 κ を考えることができた．したがって，単位法ベクトルを含む法平面を一つ考えるごとに，平面曲線が一つ得られてその曲率が定まる．法平面の取り方は，ぐるっと 1 周分 (360 度) あるので無数の平面

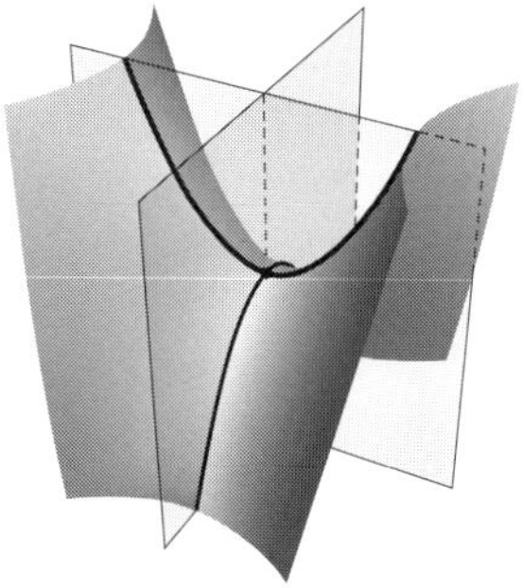

図 3.6 主方向を与える直截口 (太線)

曲線が得られ，その曲率 κ が定まる．この κ は回転のパラメータ t $(0 \leqq t \leqq 2\pi)$ に関する滑らかな関数になる．

$$\kappa = \kappa(t) \quad (t \in [0, 2\pi]).$$

ここで，微分積分学の最大値・最小値の定理 (p.193 参照) を用いれば，κ は閉区間 $[0, 2\pi]$ で最大値と最小値を持つことがわかる．それを

$$k_1 = \kappa(t_1), \quad k_2 = \kappa(t_2) \quad (t_1, t_2 \in [0, 2\pi]) \tag{3.1}$$

と書くことにする．曲面の点を動かすと，k_1, k_2 も変化する．すなわち $(u, v) \in D$ の関数

$$k_1 = k_1(u, v), \quad k_2 = k_2(u, v) \tag{3.2}$$

である．

定義 3.3 式 (3.2) で定義される滑らかな関数 $k_1 = k_1(u, v)$ と $k_2 = k_2(u, v)$ を**主曲率**という．さらに，主曲率を定める接ベクトルの方向を**主方向**と言う．

注意 (1) 当然のことであるが $k_1 = k_2$ となる場合もある．このとき，曲面はその点で**臍点**(せいてん)であるという．また $k_1 \neq k_2$ のときは最大値と最小値を与える t_1 と t_2 は一意的に定まり，さらに最大値と最小値を与える法平面は直交する (図 3.6 参照)．詳しくは 3.4 節で述べる．

(2) 直截口で与えられた平面曲線よりその点を通る任意の曲面上の (空間) 曲線を考えて主曲率を定めるほうが，より一般的と思うかもしれないが，実はこれは直截口で与えたものと変わりない．このことも詳しくは，3.4 節で述べる．

さて，主曲率は曲面上の各点で定まる二つの関数であるが，この主曲率を用いて曲面上の幾何学的な量を二つ定めよう．

定義 3.4 $\mathbb{R}^3$ の曲面 S の**ガウス曲率** $K = K(u,v)$ とは主曲率 k_1 と k_2 の積，すなわち次の関数である．

$$K = k_1 k_2.$$

$\mathbb{R}^3$ の曲面 S の**平均曲率** $H = H(u,v)$ は主曲率 k_1 と k_2 の平均，すなわち次の関数である．

$$H = \frac{k_1 + k_2}{2}.$$

ガウス曲率も平均曲率も，曲面の曲がり具合を表しているが，それぞれの意味は異なる．また，上で述べた説明を用いて，主曲率を求めて，ガウス曲率や平均曲率を計算するのは困難である．その計算方法は 3.4 節で詳しく述べることにする．ここでは具体例を通して，ガウス曲率および平均曲率と曲面の形状の関係を見てみよう．

例題 3.5 次のパラメータ表示を持つ曲面 S のガウス曲率 K と平均曲率 H は，以下で与えられる (実際の計算は例題 3.10 で行う)．曲面の概形を描き，それぞれのガウス曲率と平均曲率の間の関係を見よ．

(1) 平面；$S : \boldsymbol{p}(u,v) = (u, v, 3u + 5v)$, ガウス曲率 $K = 0$, 平均曲率 $H = 0$,

(2) 円柱面；$S : \boldsymbol{p}(u,v) = \left(\dfrac{1}{2}\cos u, \dfrac{1}{2}\sin u, \dfrac{1}{2}v\right)$, ガウス曲率 $K = 0$, 平均曲率 $H = -1$,

(3) 球面の一部；$S : \boldsymbol{p}(u,v) = (\cos v \cos u, \cos v \sin u, \sin v)$, ガウス曲率 $K = 1$, 平均曲率 $H = -1$.

解 (1) と (2) の例からガウス曲率のみでは曲面は決まらないことがわかる．同様に (2) と (3) の例から平均曲率のみでも曲面は決まらないことがわかる．実は平均曲率とガウス曲率の両方が決まると曲面の形が決まる．概形は図 3.7 のようになる． □

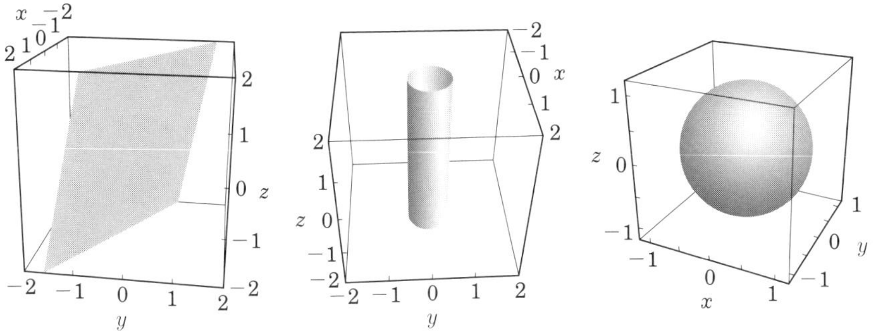

図 3.7 例題3.5の曲面．平面 (左)，円柱面 (中央) および球面 (右).

3.4 基本形式 ★

主曲率 k_1, k_2 は，単位法ベクトルを含む法平面で曲面を切って，その交わりの平面曲線 (直截口と呼んだ) の曲率を定め，その最大と最小を求めることによって得られた．この説明は，幾何学的にはわかりやすいが実際に主曲率を求める場合には，手間がかかりすぎるので通常考えない．ここでは，第 1 基本形式および第 2 基本形式を定義し，それを用いて主曲率，ガウス曲率，平均曲率を求める方法を説明する．まず曲面 S のパラメータ表示

$$\boldsymbol{p} = \boldsymbol{p}(u, v) \quad ((u, v) \in D \subset \mathbb{R}^2)$$

に対して，次のような 2 行 2 列の行列 $\widetilde{\mathrm{I}}$ を考える．

$$\widetilde{\mathrm{I}} = \begin{pmatrix} E & F \\ F & G \end{pmatrix}.$$

ここで E, F, G は次で与えられる関数である．

$$E = \left\langle \frac{\partial \boldsymbol{p}}{\partial u}, \frac{\partial \boldsymbol{p}}{\partial u} \right\rangle, \quad F = \left\langle \frac{\partial \boldsymbol{p}}{\partial u}, \frac{\partial \boldsymbol{p}}{\partial v} \right\rangle = \left\langle \frac{\partial \boldsymbol{p}}{\partial v}, \frac{\partial \boldsymbol{p}}{\partial u} \right\rangle, \quad G = \left\langle \frac{\partial \boldsymbol{p}}{\partial v}, \frac{\partial \boldsymbol{p}}{\partial v} \right\rangle.$$

行列 $\widetilde{\mathrm{I}}$ を**第 1 基本行列**と呼ぶ．さらに

$$\mathrm{I} = E\mathrm{d}u^2 + 2F\mathrm{d}u\mathrm{d}v + G\mathrm{d}v^2 = \begin{pmatrix} \mathrm{d}u & \mathrm{d}v \end{pmatrix} \widetilde{\mathrm{I}} \begin{pmatrix} \mathrm{d}u \\ \mathrm{d}v \end{pmatrix}$$

のことを**第 1 基本形式**という．とりあえず $\mathrm{d}u, \mathrm{d}v$ やその掛け算は単なる記号と思っておいて良いが，微分形式と呼ばれるものであることだけを注意しておく．

補題 3.6 第 1 基本行列 $\widetilde{\mathrm{I}}$ に対して，$E>0$ かつ $EG-F^2>0$ である．すなわち，第 1 基本形式は**正値 2 次形式** (p.196 の定義参照) である．特に，第 1 基本行列 $\widetilde{\mathrm{I}}$ は逆行列 $\widetilde{\mathrm{I}}^{-1}$ を持つ．

証明 S は曲面であるから，$\dfrac{\partial \boldsymbol{p}}{\partial u}\times\dfrac{\partial \boldsymbol{p}}{\partial v}\neq\mathbf{0}$ である．特に $\dfrac{\partial \boldsymbol{p}}{\partial u}\neq\mathbf{0}, \dfrac{\partial \boldsymbol{p}}{\partial v}\neq\mathbf{0}$ であり，したがって $E=\left\langle\dfrac{\partial \boldsymbol{p}}{\partial u}, \dfrac{\partial \boldsymbol{p}}{\partial u}\right\rangle>0$ は明らかである．いま，$\dfrac{\partial \boldsymbol{p}}{\partial u}\times\dfrac{\partial \boldsymbol{p}}{\partial v}$ の長さの 2 乗をラグランジュの恒等式 (命題 1.25) を用いて計算すると，

$$
\begin{aligned}
\left\langle\frac{\partial \boldsymbol{p}}{\partial u}\times\frac{\partial \boldsymbol{p}}{\partial v}, \frac{\partial \boldsymbol{p}}{\partial u}\times\frac{\partial \boldsymbol{p}}{\partial v}\right\rangle &= \left\langle\frac{\partial \boldsymbol{p}}{\partial u}, \frac{\partial \boldsymbol{p}}{\partial u}\right\rangle\left\langle\frac{\partial \boldsymbol{p}}{\partial v}, \frac{\partial \boldsymbol{p}}{\partial v}\right\rangle-\left\langle\frac{\partial \boldsymbol{p}}{\partial u}, \frac{\partial \boldsymbol{p}}{\partial v}\right\rangle^2 \\
&= EF-G^2>0
\end{aligned}
$$

である．したがって，結論が従う． ■

次に曲面 S の単位法ベクトルを $\boldsymbol{n}$ とする．このとき，次のような 2 行 2 列の行列 $\widetilde{\mathrm{II}}$ を考える．

$$
\widetilde{\mathrm{II}}=\begin{pmatrix} L & M \\ M & N \end{pmatrix}.
$$

ここで L, M, N は次で与えられる関数である．

$$
L=-\left\langle\frac{\partial \boldsymbol{p}}{\partial u}, \frac{\partial \boldsymbol{n}}{\partial u}\right\rangle,\quad M=-\left\langle\frac{\partial \boldsymbol{p}}{\partial u}, \frac{\partial \boldsymbol{n}}{\partial v}\right\rangle=-\left\langle\frac{\partial \boldsymbol{p}}{\partial v}, \frac{\partial \boldsymbol{n}}{\partial u}\right\rangle,\quad N=-\left\langle\frac{\partial \boldsymbol{p}}{\partial v}, \frac{\partial \boldsymbol{n}}{\partial v}\right\rangle.
$$

行列 $\widetilde{\mathrm{II}}$ を**第 2 基本行列**と呼ぶ．さらに

$$
\mathrm{II}=L\mathrm{d}u^2+2M\mathrm{d}u\mathrm{d}v+N\mathrm{d}v^2=\begin{pmatrix}\mathrm{d}u & \mathrm{d}v\end{pmatrix}\widetilde{\mathrm{II}}\begin{pmatrix}\mathrm{d}u \\ \mathrm{d}v\end{pmatrix}
$$

とおき，**第 2 基本形式**という．第 1 基本形式と同様に，とりあえず $\mathrm{d}u, \mathrm{d}v$ やその掛け算は単なる記号と思っておいて良い．

定義 3.7 曲面 S の**形状作用素**は，第 1 基本行列 $\widetilde{\mathrm{I}}$ と第 2 基本行列 $\widetilde{\mathrm{II}}$ から定まる次の 2 行 2 列の行列である．

$$
\mathrm{A}=\widetilde{\mathrm{I}}^{-1}\widetilde{\mathrm{II}}.
$$

定理 3.8 形状作用素 A の固有値は主曲率に一致する．

証明 曲面 S 上の曲線

$$\boldsymbol{p}(s) = \begin{pmatrix} x(u(s), v(s)) \\ y(u(s), v(s)) \\ z(u(s), v(s)) \end{pmatrix}$$

を考え，その曲率を求めよう．$\boldsymbol{p} = \boldsymbol{p}(s)$ は弧長パラメータで径数づけされているとする．いま，$\boldsymbol{p}$ の 2 階微分 $\boldsymbol{p}''$ は $\mathbb{R}^3$ のベクトルであり，$\boldsymbol{p}''$ は曲面に接するベクトル $\boldsymbol{k}_g$ と曲面に直交するベクトル $\boldsymbol{k}_n$ にわけることができる．すなわち，

$$\boldsymbol{p}'' = \boldsymbol{k}_g + \boldsymbol{k}_n$$

であり，$\langle \boldsymbol{k}_g, \boldsymbol{k}_n \rangle = 0$ となる．$\boldsymbol{k}_n$ は単位法ベクトル $\boldsymbol{n}$ を用いて，

$$\boldsymbol{k}_n = \kappa_n \boldsymbol{n}$$

と書ける．κ_n を曲面上の曲線の**法曲率**と呼ぶ．いま，法曲率は

$$\kappa_n = \langle \kappa_n \boldsymbol{n}, \boldsymbol{n} \rangle = \langle \boldsymbol{k}_n, \boldsymbol{n} \rangle = \left\langle \boldsymbol{p}'' - \boldsymbol{k}_g, \boldsymbol{n} \right\rangle = \left\langle \boldsymbol{p}'', \boldsymbol{n} \right\rangle$$

を満たし，$\langle \boldsymbol{p}', \boldsymbol{n} \rangle = 0$ を微分した関係式 $\langle \boldsymbol{p}'', \boldsymbol{n} \rangle + \langle \boldsymbol{p}', \boldsymbol{n}' \rangle = 0$ を用いると，

$$\kappa_n = -\left\langle \boldsymbol{p}', \boldsymbol{n}' \right\rangle$$

と表すことができる．合成関数の偏微分を用いて $\boldsymbol{p}'$ と $\boldsymbol{n}'$ を計算すると，

$$\begin{aligned} \kappa_n &= -\left\langle \frac{\partial \boldsymbol{p}}{\partial u}\frac{\mathrm{d}u}{\mathrm{d}s} + \frac{\partial \boldsymbol{p}}{\partial v}\frac{\mathrm{d}v}{\mathrm{d}s}, \frac{\partial \boldsymbol{n}}{\partial u}\frac{\mathrm{d}u}{\mathrm{d}s} + \frac{\partial \boldsymbol{n}}{\partial v}\frac{\mathrm{d}v}{\mathrm{d}s} \right\rangle \\ &= L\left(\frac{\mathrm{d}u}{\mathrm{d}s}\right)^2 + 2M\frac{\mathrm{d}u}{\mathrm{d}s}\frac{\mathrm{d}v}{\mathrm{d}s} + N\left(\frac{\mathrm{d}v}{\mathrm{d}s}\right)^2 \end{aligned} \tag{3.3}$$

となる．

さてここで，曲線 $\boldsymbol{p} = \boldsymbol{p}(s)$ の単位接ベクトル $\boldsymbol{p}'$ が合成関数の偏微分を用いて

$$\frac{\mathrm{d}\boldsymbol{p}}{\mathrm{d}s} = \frac{\partial \boldsymbol{p}}{\partial u}\frac{\mathrm{d}u}{\mathrm{d}s} + \frac{\partial \boldsymbol{p}}{\partial v}\frac{\mathrm{d}v}{\mathrm{d}s} \tag{3.4}$$

と表せることに注意すると，法曲率 κ_n は式 (3.3) から，曲線 $\boldsymbol{p}(s)$ の単位接ベクトルにしか依存していないことがわかる (L, M, N は第 2 基本形式から定まるもので，これは曲面が与えられれば定まり，$\dfrac{\mathrm{d}u}{\mathrm{d}s}$ や $\dfrac{\mathrm{d}v}{\mathrm{d}s}$ は，接ベクトル $\boldsymbol{p}'$ から定まる)．このことに着目して，曲面上の空間曲線 $\boldsymbol{p}$ と同じ接ベクトルをもつ平面曲線を次のようにして与える．単位接ベクトル $\boldsymbol{p}'$ と単位法ベクトル $\boldsymbol{n}$ が作る平面 (これは法平面の一つである) と曲面の交わりを考えると，それは平面曲線になる (直

截口，3.3 節参照)．この平面曲線を $\boldsymbol{q}$ と書くことにすれば，$\boldsymbol{q}$ は $\boldsymbol{p}$ と同じ接ベクトルをもつ．すると，法曲率 κ_n が単位接ベクトルにしか依存しないことにより，この平面曲線 $\boldsymbol{q}$ から定まる法曲率と曲線 $\boldsymbol{p}$ から定まる法曲率は一致する．特に

$$\kappa_n = \langle \boldsymbol{p}'', \boldsymbol{n} \rangle = \langle \boldsymbol{q}'', \boldsymbol{n} \rangle$$

が成り立つ．一方，$\boldsymbol{q}$ は平面曲線であり，その平面曲線としての曲率 κ_p が定まる．平面曲線としての単位法ベクトルが曲面の単位法ベクトル $\boldsymbol{n}$ と同じになるように考えれば，$\boldsymbol{q}'' = \kappa_p \boldsymbol{n}$ から，

$$\kappa_n = \kappa_p$$

となる．すなわち，$\boldsymbol{q}$ の平面曲線としての曲率 κ_p は法曲率 κ_n と一致する．したがって，曲面上の曲線 $\boldsymbol{p}$ の法曲率を考えることと，同じ接ベクトルをもつ平面曲線 $\boldsymbol{q}$ の曲率を考えることは同じである．さらに，主曲率が法曲率の最大・最小に対応していることもわかる．

次に法曲率の最大値・最小値すなわち主曲率が，形状作用素 $A = \widetilde{\mathrm{I}}^{-1}\widetilde{\mathrm{II}}$ の固有値になることを見る．正確には，式 (3.3) でみたように，法曲率は単位接ベクトルにしかよらず，$\boldsymbol{p}'$ を取り替えたときの法曲率の最大・最小を調べるということである．すなわち，

$$\begin{aligned} 1 = |\boldsymbol{p}'|^2 &= \left\langle \frac{\partial \boldsymbol{p}}{\partial u}\frac{\mathrm{d}u}{\mathrm{d}s} + \frac{\partial \boldsymbol{p}}{\partial v}\frac{\mathrm{d}v}{\mathrm{d}s}, \frac{\partial \boldsymbol{p}}{\partial u}\frac{\mathrm{d}u}{\mathrm{d}s} + \frac{\partial \boldsymbol{p}}{\partial v}\frac{\mathrm{d}v}{\mathrm{d}s} \right\rangle \\ &= E\left(\frac{\mathrm{d}u}{\mathrm{d}s}\right)^2 + 2F\frac{\mathrm{d}u}{\mathrm{d}s}\frac{\mathrm{d}v}{\mathrm{d}s} + G\left(\frac{\mathrm{d}v}{\mathrm{d}s}\right)^2 \end{aligned}$$

という条件のもとでの κ_n の最大・最小を調べる．これは条件付きの最大・最小を求める問題と同じであるので，ラグランジュの未定乗数法 (p.195 参照) を用いればよい．すなわち x, y の 2 変数関数を

$$\kappa_n(x,y) = Lx^2 + 2Mxy + Ny^2, \quad g(x,y) = Ex^2 + 2Fxy + Gy^2 - 1$$

と定め，条件 $g(x,y) = 0$ のもとでの法曲率 $\kappa_n(x,y)$ の最大・最小を調べるということである (ここで E, F, G および L, M, N は定数として考える)．補助的な関数

$$f(x,y,\lambda) = \kappa_n(x,y) - \lambda g(x,y)$$

を用いれば，$\dfrac{\partial f}{\partial x} = \dfrac{\partial f}{\partial y} = \dfrac{\partial f}{\partial \lambda} = 0$ を満たす x, y, λ を求めればよい．第 1 基本形式

は，$EG-F^2>0$ なので $\left(\dfrac{\partial g}{\partial x},\dfrac{\partial g}{\partial y}\right)=(0,0)$ となるのは $(x,y)=(0,0)$ のときであり，このことに注意すれば，

$$\frac{\partial f}{\partial x}=2(Lx+My-\lambda(Ex+Fy))=0,$$
$$\frac{\partial f}{\partial y}=2(Mx+Ny-\lambda(Fx+Gy))=0$$

を満たす $(x,y)\neq(0,0)$ は，連立 1 次方程式

$$\begin{pmatrix} L-\lambda E & M-\lambda F \\ M-\lambda F & N-\lambda G \end{pmatrix}\begin{pmatrix} x \\ y \end{pmatrix}=\begin{pmatrix} 0 \\ 0 \end{pmatrix} \tag{3.5}$$

が非自明な解を持つことと同じである．そのためには，λ が

$$(EG-F^2)\lambda^2-(EN+GL-2FM)\lambda+LN-M^2=0$$

を満たさねばならない．これは，形状作用素

$$\mathrm{A}=\widetilde{\mathrm{I}}^{-1}\widetilde{\mathrm{II}}$$

の固有値と一致する．実際，λ_0 を形状作用素 A の固有値として，$(x_0,y_0)\neq(0,0)$ を極値の候補，すなわち式 (3.5) と $g(x_0,y_0)=0$ を満たすとする．このとき，法曲率 κ_n は

$$\begin{aligned}\kappa_n&=\begin{pmatrix} x_0 & y_0 \end{pmatrix}\begin{pmatrix} L & M \\ M & N \end{pmatrix}\begin{pmatrix} x_0 \\ y_0 \end{pmatrix}\\&=\lambda_0\begin{pmatrix} x_0 & y_0 \end{pmatrix}\begin{pmatrix} E & F \\ F & G \end{pmatrix}\begin{pmatrix} x_0 \\ y_0 \end{pmatrix}\\&=\lambda_0\end{aligned}$$

と計算できる．ここで，2 番目の等式で式 (3.5) を用い，3 番目の等式で $g(x_0,y_0)=0$ を用いた．一方，λ_0 は 2 次方程式の解として求められるので，それは重複を含めてちょうど二つ存在し，それぞれが最大値と最小値に対応していることがわかる．したがって結論が従う． ■

この定理から，主曲率を実現する接ベクトルの幾何学的な状況もわかる．

系 3.9 曲面の主曲率が相異なるとする．このとき主方向は互いに直交している．

証明 曲面の接ベクトルは実数の組 $(x,y)\neq(0,0)$ を用いて

$$\frac{\partial \boldsymbol{p}}{\partial u}x+\frac{\partial \boldsymbol{p}}{\partial v}y$$

と表現できる．特に主曲率 λ を与える (x,y) は，連立方程式 (3.5) と $g(x,y)=0$ を満たす解である．λ は主曲率が相異なれば，二つ存在するので，そのような解 (x,y) は，符号を除いてちょうど 2 組だけ存在する．それぞれを (λ_0,x_0,y_0) および (λ_1,x_1,y_1) とする．いま，式 (3.5) を用いれば，

$$\begin{aligned}\lambda_0\begin{pmatrix}x_0 & y_0\end{pmatrix}\begin{pmatrix}E & F\\ F & G\end{pmatrix}\begin{pmatrix}x_1\\ y_1\end{pmatrix}&=\begin{pmatrix}x_0 & y_0\end{pmatrix}\begin{pmatrix}L & M\\ M & N\end{pmatrix}\begin{pmatrix}x_1\\ y_1\end{pmatrix}\\ &=\lambda_1\begin{pmatrix}x_0 & y_0\end{pmatrix}\begin{pmatrix}E & F\\ F & G\end{pmatrix}\begin{pmatrix}x_1\\ y_1\end{pmatrix}\end{aligned}$$

となる．$\lambda_0\neq\lambda_1$ であったので，これより，

$$\left\langle\frac{\partial \boldsymbol{p}}{\partial u}x_0+\frac{\partial \boldsymbol{p}}{\partial v}y_0,\ \frac{\partial \boldsymbol{p}}{\partial u}x_1+\frac{\partial \boldsymbol{p}}{\partial v}y_1\right\rangle=\begin{pmatrix}x_0 & y_0\end{pmatrix}\begin{pmatrix}E & F\\ F & G\end{pmatrix}\begin{pmatrix}x_1\\ y_1\end{pmatrix}=0$$

となる．つまり，主方向は二つ存在し直交することがわかる． ■

例題 3.10 例題 3.5 で与えた曲面の第 1 基本形式および，第 2 基本形式を用いてガウス曲率 K および平均曲率 H を計算し，それらが正しいことを確認せよ．

解 まず (1) の平面について：簡単にわかるように

$$\frac{\partial \boldsymbol{p}}{\partial u}=\begin{pmatrix}1\\0\\3\end{pmatrix},\quad \frac{\partial \boldsymbol{p}}{\partial v}=\begin{pmatrix}0\\1\\5\end{pmatrix},\quad \frac{\partial^2 \boldsymbol{p}}{\partial u^2}=\frac{\partial^2 \boldsymbol{p}}{\partial u\partial v}=\frac{\partial^2 \boldsymbol{p}}{\partial v^2}=\boldsymbol{0}$$

であり，

$$E=\left\langle\frac{\partial \boldsymbol{p}}{\partial u},\frac{\partial \boldsymbol{p}}{\partial u}\right\rangle=10,\quad F=\left\langle\frac{\partial \boldsymbol{p}}{\partial u},\frac{\partial \boldsymbol{p}}{\partial v}\right\rangle=15,\quad G=\left\langle\frac{\partial \boldsymbol{p}}{\partial u},\frac{\partial \boldsymbol{p}}{\partial u}\right\rangle=26$$

となる．また単位法ベクトル $\boldsymbol{n}$ は

$$\boldsymbol{n}=\frac{\dfrac{\partial \boldsymbol{p}}{\partial u}\times\dfrac{\partial \boldsymbol{p}}{\partial v}}{\left|\dfrac{\partial \boldsymbol{p}}{\partial u}\times\dfrac{\partial \boldsymbol{p}}{\partial v}\right|}=\frac{1}{\sqrt{35}}\begin{pmatrix}-3\\-5\\1\end{pmatrix}$$

である．明らかなように $L=M=N=0$ である．したがって第 1 基本行列 $\widetilde{\mathrm{I}}$ および第 2 基本行列 $\widetilde{\mathrm{II}}$ は次のように計算される．

$$\widetilde{\mathrm{I}} = \begin{pmatrix} 10 & 15 \\ 15 & 26 \end{pmatrix}, \quad \widetilde{\mathrm{II}} = O.$$

したがってガウス曲率 K と平均曲率 H は

$$K = \det(\widetilde{\mathrm{I}}^{-1}\widetilde{\mathrm{II}}) = 0, \quad H = \frac{1}{2}\operatorname{tr}(\widetilde{\mathrm{I}}^{-1}\widetilde{\mathrm{II}}) = 0$$

である．

同様に (2) の円柱面について，

$$\frac{\partial \boldsymbol{p}}{\partial u} = \begin{pmatrix} -\dfrac{1}{2}\sin u \\ \dfrac{1}{2}\cos u \\ 0 \end{pmatrix}, \quad \frac{\partial \boldsymbol{p}}{\partial v} = \begin{pmatrix} 0 \\ 0 \\ \dfrac{1}{2} \end{pmatrix}, \quad \frac{\partial^2 \boldsymbol{p}}{\partial u^2} = \begin{pmatrix} -\dfrac{1}{2}\cos u \\ -\dfrac{1}{2}\sin u \\ 0 \end{pmatrix},$$

および

$$\frac{\partial^2 \boldsymbol{p}}{\partial u \partial v} = \frac{\partial^2 \boldsymbol{p}}{\partial v^2} = \boldsymbol{0}$$

であり，

$$E = \left\langle \frac{\partial \boldsymbol{p}}{\partial u}, \frac{\partial \boldsymbol{p}}{\partial u} \right\rangle = \frac{1}{4}, \quad F = \left\langle \frac{\partial \boldsymbol{p}}{\partial u}, \frac{\partial \boldsymbol{p}}{\partial v} \right\rangle = 0, \quad G = \left\langle \frac{\partial \boldsymbol{p}}{\partial u}, \frac{\partial \boldsymbol{p}}{\partial u} \right\rangle = \frac{1}{4}$$

となる．また単位法ベクトル $\boldsymbol{n}$ は

$$\boldsymbol{n} = \frac{\dfrac{\partial \boldsymbol{p}}{\partial u} \times \dfrac{\partial \boldsymbol{p}}{\partial v}}{\left| \dfrac{\partial \boldsymbol{p}}{\partial u} \times \dfrac{\partial \boldsymbol{p}}{\partial v} \right|} = \begin{pmatrix} \cos u \\ \sin u \\ 0 \end{pmatrix}$$

である．これより，

$$L = \left\langle \frac{\partial^2 \boldsymbol{p}}{\partial u^2}, \boldsymbol{n} \right\rangle = -\frac{1}{2}, \quad M = \left\langle \frac{\partial^2 \boldsymbol{p}}{\partial u \partial v}, \boldsymbol{n} \right\rangle = 0, \quad N = \left\langle \frac{\partial^2 \boldsymbol{p}}{\partial v^2}, \boldsymbol{n} \right\rangle = 0.$$

したがって，第 1 基本行列 $\widetilde{\mathrm{I}}$ および第 2 基本行列 $\widetilde{\mathrm{II}}$ は次のように計算される．

$$\widetilde{\mathrm{I}} = \begin{pmatrix} \dfrac{1}{4} & 0 \\ 0 & \dfrac{1}{4} \end{pmatrix}, \quad \widetilde{\mathrm{II}} = \begin{pmatrix} -\dfrac{1}{2} & 0 \\ 0 & 0 \end{pmatrix}$$

である．最終的に，ガウス曲率 K と平均曲率 H は

$$K = \det(\widetilde{\mathrm{I}}^{-1}\widetilde{\mathrm{II}}) = 0, \quad H = \frac{1}{2}\operatorname{tr}(\widetilde{\mathrm{I}}^{-1}\widetilde{\mathrm{II}}) = -1$$

となる．

最後に(3)の球面について，

$$\frac{\partial \boldsymbol{p}}{\partial u} = \begin{pmatrix} -\cos v \sin u \\ \cos v \cos u \\ 0 \end{pmatrix}, \quad \frac{\partial \boldsymbol{p}}{\partial v} = \begin{pmatrix} -\sin v \cos u \\ -\sin v \sin u \\ \cos v \end{pmatrix},$$

および

$$\frac{\partial^2 \boldsymbol{p}}{\partial u^2} = \begin{pmatrix} -\cos v \cos u \\ -\cos v \sin u \\ 0 \end{pmatrix}, \quad \frac{\partial^2 \boldsymbol{p}}{\partial u \partial v} = \begin{pmatrix} \sin v \sin u \\ -\sin v \cos u \\ 0 \end{pmatrix}, \quad \frac{\partial^2 \boldsymbol{p}}{\partial v^2} = \begin{pmatrix} -\cos v \cos u \\ -\cos v \sin u \\ -\sin v \end{pmatrix}$$

であり

$$E = \left\langle \frac{\partial \boldsymbol{p}}{\partial u}, \frac{\partial \boldsymbol{p}}{\partial u} \right\rangle = \cos^2 v, \quad F = \left\langle \frac{\partial \boldsymbol{p}}{\partial u}, \frac{\partial \boldsymbol{p}}{\partial v} \right\rangle = 0, \quad G = \left\langle \frac{\partial \boldsymbol{p}}{\partial u}, \frac{\partial \boldsymbol{p}}{\partial u} \right\rangle = 1$$

となる．また単位法ベクトル $\boldsymbol{n}$ は

$$\boldsymbol{n} = \frac{\dfrac{\partial \boldsymbol{p}}{\partial u} \times \dfrac{\partial \boldsymbol{p}}{\partial v}}{\left| \dfrac{\partial \boldsymbol{p}}{\partial u} \times \dfrac{\partial \boldsymbol{p}}{\partial v} \right|} = \begin{pmatrix} \cos v \cos u \\ \cos v \sin u \\ \sin v \end{pmatrix}$$

である．これより，

$$L = \left\langle \frac{\partial^2 \boldsymbol{p}}{\partial u^2}, \boldsymbol{n} \right\rangle = -\cos^2 v, \quad M = \left\langle \frac{\partial^2 \boldsymbol{p}}{\partial u \partial v}, \boldsymbol{n} \right\rangle = 0, \quad N = \left\langle \frac{\partial^2 \boldsymbol{p}}{\partial v^2}, \boldsymbol{n} \right\rangle = -1.$$

したがって第1基本行列 $\widetilde{\mathrm{I}}$ および第2基本行列 $\widetilde{\mathrm{II}}$ は次のように計算される．

$$\widetilde{\mathrm{I}} = \begin{pmatrix} \cos^2 v & 0 \\ 0 & 1 \end{pmatrix}, \quad \widetilde{\mathrm{II}} = \begin{pmatrix} -\cos^2 v & 0 \\ 0 & -1 \end{pmatrix}$$

である．したがって，ガウス曲率 K と平均曲率 H は

$$K = \det(\widetilde{\mathrm{I}}^{-1}\widetilde{\mathrm{II}}) = 1, \quad H = \frac{1}{2}\operatorname{tr}(\widetilde{\mathrm{I}}^{-1}\widetilde{\mathrm{II}}) = -1$$

である． □

演習問題

問 3.1 円錐面

$$x^2 + y^2 = a^2 z^2 \quad (a > 0)$$

に対して，次の問いに答えよ．

(1) 円錐面のパラメータ表示が

$$\boldsymbol{p}(u, v) = \begin{pmatrix} av\cos u \\ av\sin u \\ v \end{pmatrix} \quad (0 \leqq u \leqq 2\pi,\ v \geqq 0)$$

で与えられることを確かめよ．

(2) 正則でない点があれば求めよ．

(3) 第 1 基本行列，第 2 基本行列を求めよ．

(4) $0 \leqq z \leqq h$ における表面積を求めよ．

(5) ガウス曲率，平均曲率を求めよ．

問 3.2 輪環面

$$\left(\sqrt{x^2 + y^2} - b\right)^2 + z^2 = a^2 \quad (b > a > 0)$$

に対して，次の問いに答えよ．

(1) 輪環面のパラメータ表示が

$$\boldsymbol{p}(u, v) = \begin{pmatrix} \cos u(b + a\cos v) \\ \sin u(b + a\cos v) \\ a\sin v \end{pmatrix} \quad (0 \leqq u, v \leqq 2\pi)$$

で与えられることを確かめよ．

(2) 正則でない点があれば求めよ．

(3) 第 1 基本形式，第 2 基本形式を求めよ．

(4) 表面積を求めよ．

(5) ガウス曲率，平均曲率を求めよ．

第4章

ベクトル場とその演算

この章では，ベクトル場とその演算について学んでいくことにする．勾配ベクトル場，ベクトル場の発散および回転などについて基本的なことを理解し，さらにベクトル場のさまざまな演算についても説明する．

4.1　ベクトル場とは

ベクトル場の一番身近な例は，天気予報のニュースでよくみる風の向きと大きさを表した次の図 4.1 であろう．

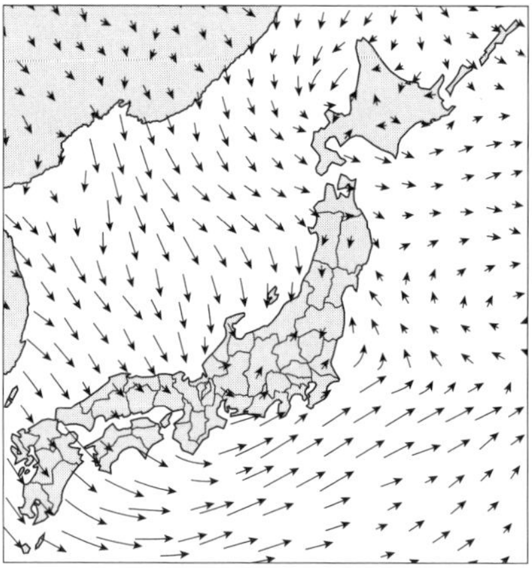

図 4.1　ベクトル場の例

まず，定義を与えよう．

定義 4.1 平面内の領域 $D \subset \mathbb{R}^2$ 上の**ベクトル場**とは，D からベクトル空間 $\mathbb{R}^2$ へのベクトル値関数

$$\boldsymbol{v} : D \to \mathbb{R}^2$$

のことである．

これを先の天気予報の図に当てはめると次のようになる．領域 D は日本の周りで，$\mathbb{R}^2$ は平面ベクトルの集合である．つまり，$\boldsymbol{v}$ は D の各点で風の向きと大きさを与えている．ここで，天気予報で現れるベクトル場は，時刻に依存している (すなわち，ベクトル場は刻々と変化している) が，ここでは，ベクトル場は時刻に依存していないと仮定していることに注意する．時刻に依存するベクトル場は第 6 章で扱う．

さてここで，ベクトル場の記法を導入しよう．平面のベクトル場 $\boldsymbol{v}$ は $\mathbb{R}^2$ への写像であるので

$$\boldsymbol{v}(x, y) = \begin{pmatrix} v_x(x, y) \\ v_y(x, y) \end{pmatrix}$$

と表現できる．しかし，これでは曲線や曲面で考えた表示と見分けがつかない (ベクトル場はその点を始点とするベクトルを対応させていると考える)．そこで，ベクトル場は次の偏微分の記号 $\dfrac{\partial}{\partial x}, \dfrac{\partial}{\partial y}$ を用いて表現する．すなわち，

$$\boldsymbol{v}(x, y) = \begin{pmatrix} v_x(x, y) \\ v_y(x, y) \end{pmatrix} \longleftrightarrow \boldsymbol{v}(x, y) = v_x(x, y)\frac{\partial}{\partial x} + v_y(x, y)\frac{\partial}{\partial y}$$

と表示する．とりあえずは，$\dfrac{\partial}{\partial x}, \dfrac{\partial}{\partial y}$ は単なる記号であると考えておいて差し支えない．

さて，ここでさまざまなベクトル場を図示してみよう．

例題 4.2 次で与えられる平面の領域 D 上のベクトル場 $\boldsymbol{v}$ を図示せよ．

(1) $\boldsymbol{v}(x, y) = \dfrac{\partial}{\partial x}$.

(2) $\boldsymbol{v}(x, y) = 2x\dfrac{\partial}{\partial x} + y\dfrac{\partial}{\partial y}$.

(3)　$\boldsymbol{v}(x,y) = y\dfrac{\partial}{\partial x} + x\dfrac{\partial}{\partial y}$.

(4)　$\boldsymbol{v}(x,y) = \cos(x+y)\dfrac{\partial}{\partial x} + \sin(x-y)\dfrac{\partial}{\partial y}$.

解　図は，それぞれ次のように与えられる．

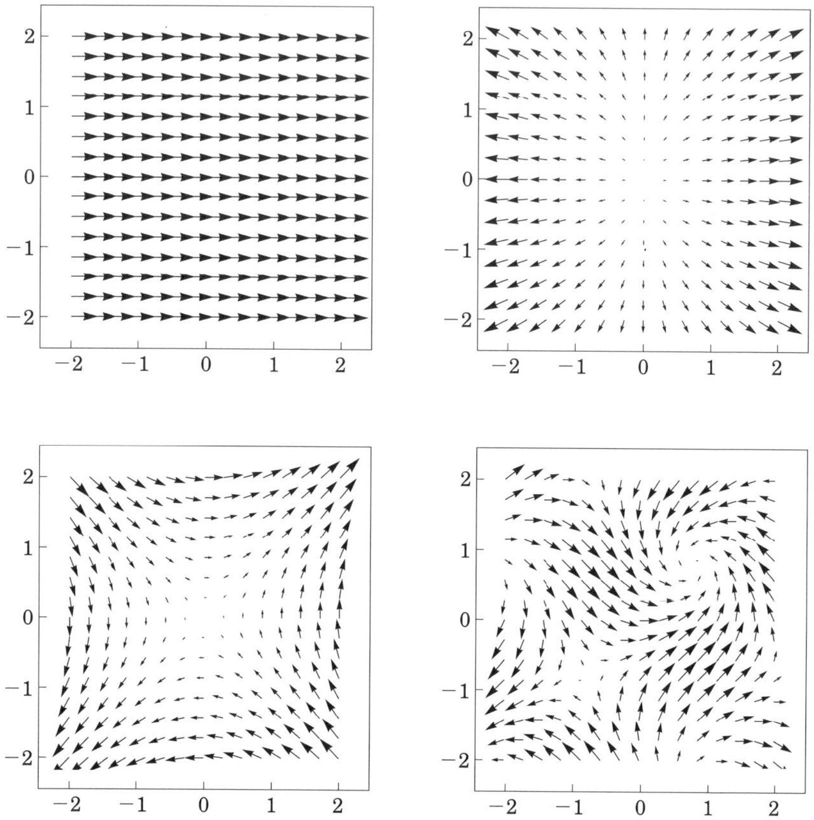

図 4.2　平面のベクトル場の図示 (左上から (1), (2), (3), (4) に対応)

□

次に，空間のベクトル場を考える．定義は同じである．

定義 4.3　空間内の領域 $D \subset \mathbb{R}^3$ 上の**ベクトル場**とは，D からベクトル空間 $\mathbb{R}^3$ へのベクトル値関数

$$\boldsymbol{v} : D \to \mathbb{R}^3$$

のことである．

空間上のベクトル場の身近な例としては水の流れなどがある．ある時刻を止めて，空間の各点に対して，その点に働く水の流れの向きと強さを対応させると 3 次元のベクトル場になる．前に注意したように，本当の水の流れは時間に依存するのだが，ここでは時間に依存するベクトル場は考えない．平面と同様に，空間のベクトル場 $\boldsymbol{v}$ は次のように偏微分の記号 $\dfrac{\partial}{\partial x}, \dfrac{\partial}{\partial y}, \dfrac{\partial}{\partial z}$ を用いて表現する．すなわち，

$$\boldsymbol{v}(x, y, z) = \begin{pmatrix} v_x(x, y, z) \\ v_y(x, y, z) \\ v_z(x, y, z) \end{pmatrix}$$

$$\longleftrightarrow \boldsymbol{v}(x, y, z) = v_x(x, y, z)\frac{\partial}{\partial x} + v_y(x, y, z)\frac{\partial}{\partial y} + v_z(x, y, z)\frac{\partial}{\partial z}$$

と表示する．平面のベクトル場と違って，空間のベクトル場を図示するのは困難である．ここでは，雰囲気をつかむために，コンピュータを用いた図を示しておく (図 4.3)．

例 4.4　次で与えられる空間のベクトル場 $\boldsymbol{v}$ は図 4.3 で与えられる．

(1)　$\boldsymbol{v}(x, y, z) = (x + y + z)\dfrac{\partial}{\partial x} + (y - z)\dfrac{\partial}{\partial y} + z^2\dfrac{\partial}{\partial x}$.

(2)　$\boldsymbol{v}(x, y, z) = 2(x + y + z)\dfrac{\partial}{\partial x} - x\dfrac{\partial}{\partial y} + y\dfrac{\partial}{\partial z}$.

平面や空間のベクトル場を，曲線や曲面の上に制限する (曲線や曲面の上で定義されていると考える) ことはしばしば行われる．まず曲線への制限を考えてみる．ベクトル場 $\boldsymbol{v}$ と曲線 $\boldsymbol{p}$ に対して，曲線上のベクトル場 $\boldsymbol{v} \circ \boldsymbol{p}$ (合成写像 $(\boldsymbol{v} \circ \boldsymbol{p})(s)$ は，$\boldsymbol{v}(\boldsymbol{p}(s))$ を意味している) を考えることができる．たとえば，平面のベクトル場を

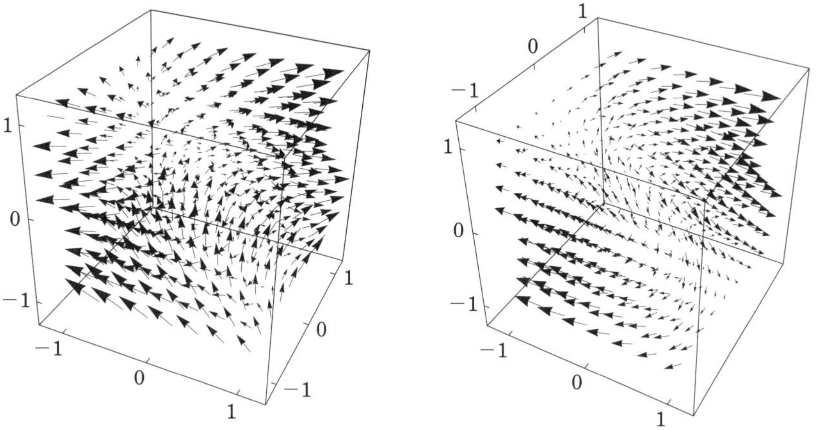

図 4.3　空間のベクトル場の図示 (左から (1), (2) に対応)

$$\boldsymbol{v}(x,y) = v_x(x,y)\frac{\partial}{\partial x} + v_y(x,y)\frac{\partial}{\partial y}$$

とし，平面曲線を $\boldsymbol{p}(t) = (x(t), y(t))$ とすると，曲線上のベクトル場 $\boldsymbol{v} \circ \boldsymbol{p}$ は

$$(\boldsymbol{v} \circ \boldsymbol{p})(t) = v_x(x(t), y(t))\frac{\partial}{\partial x} + v_y(x(t), y(t))\frac{\partial}{\partial y}$$

となる．曲線上のベクトル場として一番身近な例は，接ベクトル場である．2.1 節で平面曲線 $\boldsymbol{p} : I \to \mathbb{R}^2$ に対して，接ベクトル $\dfrac{\mathrm{d}\boldsymbol{p}}{\mathrm{d}l}$ を考えた．これは，ベクトル場の記号を用いれば

$$\frac{\mathrm{d}\boldsymbol{p}}{\mathrm{d}t}(t) = \begin{pmatrix} \dfrac{\mathrm{d}x}{\mathrm{d}t}(t) \\ \dfrac{\mathrm{d}y}{\mathrm{d}t}(t) \end{pmatrix} \longleftrightarrow \frac{\mathrm{d}x}{\mathrm{d}t}\frac{\partial}{\partial x} + \frac{\mathrm{d}y}{\mathrm{d}t}\frac{\partial}{\partial y}$$

と書け，曲線の**接ベクトル場**と呼ばれる．

また，同様にして，空間曲線 $\boldsymbol{p}(t) = (x(t), y(t), z(t))$ に対して接ベクトル

$$\frac{\mathrm{d}\boldsymbol{p}}{\mathrm{d}t} = \left(\frac{\mathrm{d}x}{\mathrm{d}t}, \frac{\mathrm{d}y}{\mathrm{d}t}, \frac{\mathrm{d}z}{\mathrm{d}t}\right)$$

をベクトル場と考えると，次のように空間曲線上の**接ベクトル場**

$$\frac{\mathrm{d}x}{\mathrm{d}t}\frac{\partial}{\partial x} + \frac{\mathrm{d}y}{\mathrm{d}t}\frac{\partial}{\partial y} + \frac{\mathrm{d}z}{\mathrm{d}t}\frac{\partial}{\partial z}$$

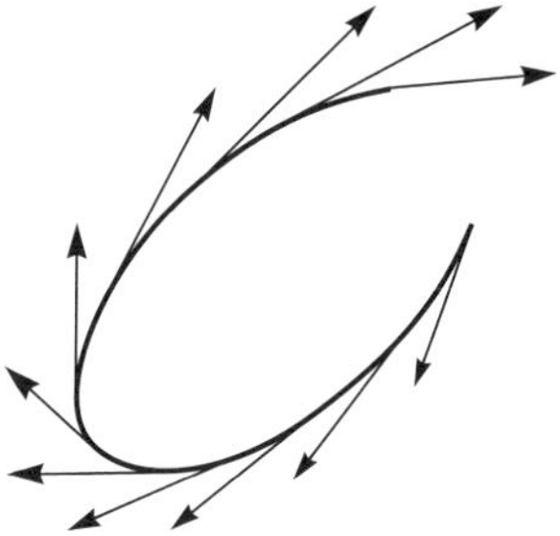

図 4.4　接ベクトル場

を与えることができる．

また接ベクトル場と同じように法ベクトルを与えるベクトル場を考えることもできる．曲線 $\boldsymbol{p}(t) = (x(t), y(t))$ の接ベクトル

$$\frac{\mathrm{d}\boldsymbol{p}}{\mathrm{d}t} = \left(\frac{\mathrm{d}x}{\mathrm{d}t}, \frac{\mathrm{d}y}{\mathrm{d}t}\right)$$

に対する法ベクトルは

$$\begin{pmatrix} 0 & -1 \\ 1 & 0 \end{pmatrix} \frac{\mathrm{d}\boldsymbol{p}}{\mathrm{d}t} = \begin{pmatrix} -\dfrac{\mathrm{d}y}{\mathrm{d}t} \\ \dfrac{\mathrm{d}x}{\mathrm{d}t} \end{pmatrix}$$

で与えられている．これをベクトル場とみなすと，

$$-\frac{\mathrm{d}y}{\mathrm{d}t}\frac{\partial}{\partial x} + \frac{\mathrm{d}x}{\mathrm{d}t}\frac{\partial}{\partial y}$$

であり，**法ベクトル場**と呼ばれる．

曲面上のベクトル場も曲線上のベクトル場と同じように考えることができる．たとえば，ベクトル場を

$$\boldsymbol{v} = v_x \frac{\partial}{\partial x} + v_y \frac{\partial}{\partial y} + v_z \frac{\partial}{\partial z}$$

とし，曲面を $\boldsymbol{p}(u, v) = (x(u, v), y(u, v), z(u, v))$ とすると，曲面上のベクトル場 $\boldsymbol{v} \circ \boldsymbol{p}$ は

$$(\boldsymbol{v} \circ \boldsymbol{p})(u, v) = \tilde{v}_x(u, v)\frac{\partial}{\partial x} + \tilde{v}_y(u, v)\frac{\partial}{\partial y} + \tilde{v}_z(u, v)\frac{\partial}{\partial z}$$

となる．ここで $\tilde{v}_a(u, v) = v_a(x(u, v), y(u, v), z(u, v))$ $(a = x, y, z)$ とした．たとえ

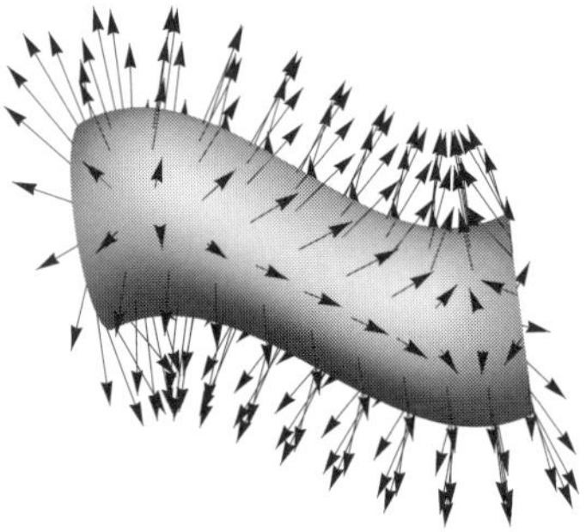

図 4.5　曲面上のベクトル場 (法ベクトル場)

ば曲面の単位法ベクトル

$$\boldsymbol{n}(u,v) = (n_1(u,v), n_2(u,v), n_3(u,v))$$

を考え，これを空間のベクトル場の曲面への制限と考えれば曲面上のベクトル場は

$$n_1(u,v)\frac{\partial}{\partial x} + n_2(u,v)\frac{\partial}{\partial y} + n_3(u,v)\frac{\partial}{\partial z}$$

で与えられて，図 4.5 のようになる．これは曲面上の**単位法ベクトル場**である．もちろん，曲面上の接ベクトルを与えるベクトル場を考えることもでき，それらは曲面上の**接ベクトル場**になる．

最後にスカラー場について説明しよう．D を $\mathbb{R}^2$ または，$\mathbb{R}^3$ の領域として写像 (関数)

$$f : D \to \mathbb{R}$$

を考える．これは 2 変数または 3 変数の実数値関数のことを述べているに過ぎないが，**スカラー場**と呼ぶ．スカラー場は，ベクトル場のように特別な記号を使って表さないことに注意する．

4.2　勾配ベクトル場

まず，平面の場合に勾配ベクトル場の定義を与えよう．

定義 4.5 平面のスカラー場 $f = f(x, y)$ の**勾配ベクトル場**とは，次で定義される平面のベクトル場である．

$$\operatorname{grad} f = \frac{\partial f}{\partial x}\frac{\partial}{\partial x} + \frac{\partial f}{\partial y}\frac{\partial}{\partial y}.$$

注意 勾配ベクトル場の記号 grad は英語の gradient (勾配) から定めたものである．物理の教科書では grad のかわりに ∇ (ナブラと読む) という記号をよく使う．すなわち

$$\nabla f = \operatorname{grad} f$$

である．

勾配ベクトル場の意味を考えてみよう．まずスカラー場 f のグラフ $(x, y, f(x, y))$ の等高線を考えてみる (たとえば，簡単な関数 $f(x, y) = x^2 + y^2$ を考えてみれば良い)．これは，$f(x, y) = c$ となる平面上の曲線をみつけることと同じである．

この等高線を表す平面曲線を $\boldsymbol{p}(t) = (x(t), y(t))$ とパラメータ t で表示すれば，当然ながら

$$f(x(t), y(t)) = c$$

を満たす．ここで，両辺を t について微分してみると，合成関数の偏微分の公式から

$$0 = \frac{\mathrm{d}}{\mathrm{d}t} f(x(t), y(t)) = \frac{\partial f}{\partial x}\frac{\mathrm{d}x}{\mathrm{d}t} + \frac{\partial f}{\partial y}\frac{\mathrm{d}y}{\mathrm{d}t} = \langle \operatorname{grad} f,\, \dot{\boldsymbol{p}} \rangle$$

となる．ここで $\dot{\boldsymbol{p}}$ は，等高線 $\boldsymbol{p}$ の接ベクトルであったので，勾配ベクトル場 $\operatorname{grad} f$ が等高線に直交していることがわかる．いま，単位ベクトル $\boldsymbol{v} = (v_x, v_y)$ を考えて，方向微分

$$\left.\frac{\mathrm{d}}{\mathrm{d}t} f(x + tv_x, y + tv_y)\right|_{t=0}$$

を考えてみよう．すると上と同様の合成関数の偏微分の計算をして，内積の性質 (命題 1.4) を用いれば

$$\left.\frac{\mathrm{d}}{\mathrm{d}t} f(x + tv_x, y + tv_y)\right|_{t=0} = \langle \operatorname{grad} f,\, \boldsymbol{v} \rangle = |\operatorname{grad} f| \cos\theta$$

である．ここで，θ は $\operatorname{grad} f$ と $\boldsymbol{v} = (v_x, v_y)$ の間のなす角とした．したがって，もし $\boldsymbol{v}$ として勾配ベクトル場の方向の単位ベクトル，すなわち $\boldsymbol{v} = \pm\dfrac{\operatorname{grad} f}{|\operatorname{grad} f|}$ を

取れば,

$$\left.\frac{\mathrm{d}}{\mathrm{d}t}f(x+tv_x, y+tv_y)\right|_{t=0} = \langle \operatorname{grad} f,\, \boldsymbol{v}\rangle = \pm|\operatorname{grad} f|$$

となる．すなわち，勾配ベクトル場の方向はスカラー場 f が最も速く増加 (または減少) する方向に一致する．これがこの勾配ベクトル場の “勾配” という意味である．

例題 4.6 スカラー場 $f(x,y)=x^2+y^2$ の勾配ベクトル場 $\operatorname{grad} f$ を求めよ．また平面上に勾配ベクトル場と等高線を描き，等高線の接ベクトルと勾配ベクトル場が直交することを確かめよ．

解 f を x と y でそれぞれ偏微分すれば良いので,

$$\operatorname{grad} f = 2x\frac{\partial}{\partial x} + 2y\frac{\partial}{\partial y}$$

となる．$f(x,y)=c$ の等高線は，$c>0$ のとき円を表す．これらを同一平面上に描くと確かに直交していることがわかる (図 4.6 参照).

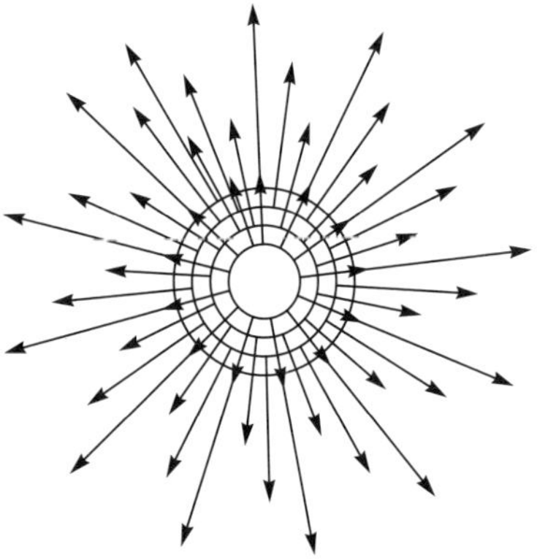

図 4.6　等高線と勾配ベクトル場 (2 次元)

□

次に，空間の場合に勾配ベクトル場の定義を与えよう．

定義 4.7 空間のスカラー場 $f = f(x, y, z)$ の**勾配ベクトル場**とは，次で定義される空間のベクトル場である．

$$\operatorname{grad} f = \frac{\partial f}{\partial x}\frac{\partial}{\partial x} + \frac{\partial f}{\partial y}\frac{\partial}{\partial y} + \frac{\partial f}{\partial z}\frac{\partial}{\partial z}.$$

3 次元の勾配ベクトル場の意味も考えてみよう．スカラー場の $f(x, y, z)$ の等高面 $f(x, y, z) = c$ を考える．この等高面のパラメータ表示を

$$\boldsymbol{p}(u, v) = (x(u, v), y(u, v), z(u, v))$$

とする (厳密には c の取り方によっては，空集合になるかもしれない)．つまり，

$$f(x(u, v), y(u, v), z(u, v)) = c$$

を満たす．また等高面は，正則な曲面であるとしておく．ここで，両辺を u と v について偏微分すると，連鎖律から

$$0 = \frac{\partial f}{\partial u} = \frac{\partial f}{\partial x}\frac{\partial x}{\partial u} + \frac{\partial f}{\partial y}\frac{\partial y}{\partial u} + \frac{\partial f}{\partial z}\frac{\partial z}{\partial u} = \left\langle \operatorname{grad} f,\ \frac{\partial \boldsymbol{p}}{\partial u} \right\rangle,$$
$$0 = \frac{\partial f}{\partial v} = \frac{\partial f}{\partial x}\frac{\partial x}{\partial v} + \frac{\partial f}{\partial y}\frac{\partial y}{\partial v} + \frac{\partial f}{\partial z}\frac{\partial z}{\partial v} = \left\langle \operatorname{grad} f,\ \frac{\partial \boldsymbol{p}}{\partial v} \right\rangle$$

がわかる．$\dfrac{\partial \boldsymbol{p}}{\partial u}$ と $\dfrac{\partial \boldsymbol{p}}{\partial v}$ は等高面の接平面を表しているので，結局 $\operatorname{grad} f$ は接平面と直交する．これはつまり，単位法ベクトル $\boldsymbol{n}$ の方向に等しいことを表している．また，平面の場合と同様に，勾配ベクトル場の方向は，関数 f が最も速く増加 (または減少) する方向に一致する．

例題 4.8 スカラー場 $f(x, y, z) = x^2 + y^2 - z$ の勾配ベクトル場 $\operatorname{grad} f$ を求めよ．

解 f を x, y, z でそれぞれ偏微分すれば良いので，勾配ベクトル場は，

$$\operatorname{grad} f = 2x\frac{\partial}{\partial x} + 2y\frac{\partial}{\partial y} - \frac{\partial}{\partial z}$$

となる．$f(x, y, z) = c$ の等高面は，c で径数付けされた放物面の族である．勾配ベクトル場と等高面の図を描くと，図 4.7 のようになっており，等高面の接平面と勾配ベクトル場が直交している様子がわかる． □

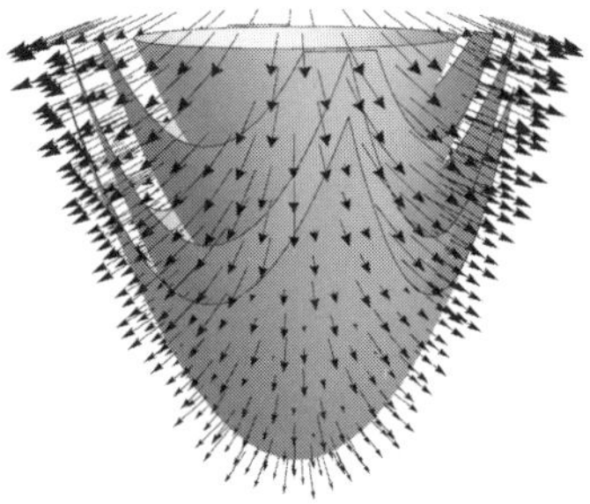

図 4.7　等高面と勾配ベクトル場 (3 次元)

4.3 ベクトル場の発散

まず，平面の場合のベクトル場の発散の定義を与えよう．

定義 4.9 平面のベクトル場 $\boldsymbol{v}(x,y) = v_x(x,y)\dfrac{\partial}{\partial x} + v_y(x,y)\dfrac{\partial}{\partial y}$ に対して，ベクトル場の**発散**は次で定義される平面のスカラー場である．

$$\operatorname{div}\boldsymbol{v} = \frac{\partial v_x}{\partial x} + \frac{\partial v_y}{\partial y}.$$

注意 発散の記号 div は英語の divergence (発散) から定めたものである．記号 ∇ を用いるとベクトル場 $\boldsymbol{v}$ の発散は，

$$\operatorname{div}\boldsymbol{v} = \nabla\cdot\boldsymbol{v} \quad \text{または} \quad \langle\nabla, \boldsymbol{v}\rangle$$

と書く．ここで，第 1 項目の「$\cdot$」は内積を表していることに注意されたい．

勾配ベクトル場は，スカラー場からベクトル場を作る操作であったが，逆に発散はベクトル場からスカラー場を作る操作である．

発散の物理的意味を考えてみる．平面上のベクトル場 $\boldsymbol{v}(x,y)$ を水の流れだと考える．すなわち，各点 (x,y) でのベクトルは，水の流れの向きと大きさを表しているとする．ある点 (x_0,y_0) を左下の点とする微小正方形 (x_0,y_0), (x_0+h,y_0), (x_0+h,y_0+h), (x_0,y_0+h) を考えて，図 4.8 のようにそれぞれの辺に E_u, E_d, E_r, E_l と名前をつける．

まず辺 E_r から出て行く水の量は，大体，辺 E_r の長さ h にベクトル場 $\boldsymbol{v}(x_0+h,y_0)$ の x 成分を掛けた量

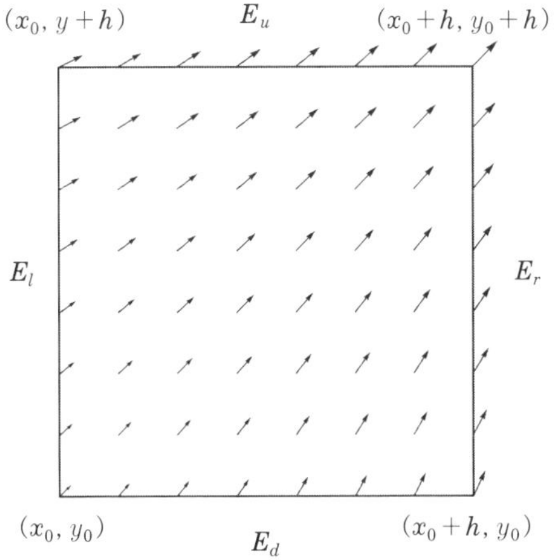

図 4.8　ある点 (x_0, y_0) の周りでの微小正方形とその水の変化量

$$v_x(x_0+h, y_0)h$$

である．同様に辺 E_u, E_d, E_l に対しても出て行く (もしくは入っていく) 水の量を計算するとそれぞれ，

$$v_y(x_0, y_0+h)h, \quad -v_y(x_0, y_0)h, \quad -v_x(x_0, y_0)h$$

となる．ここで，E_d, E_l の量がマイナスになっているのは，微小正方形の上では，ベクトル場 $\boldsymbol{v}(x, y)$ の x 成分および y 成分の符号は同じであり，一方の辺で水が出て行く (つまりプラス)，向かいの辺では水は入っていく (つまりマイナス) からである．すべてを足し合わせると，

$$v_x(x_0+h, y_0)h - v_x(x_0, y_0)h + v_y(x_0, y_0+h)h - v_y(x_0, y_0)h \tag{4.1}$$

となる．

ここで 2 変数関数に対するテイラーの定理 (p.194 参照) を用いると $v_x(x_0+h, y_0)$ と $v_y(x_0, y_0+h)$ はそれぞれ

$$v_x(x_0+h, y_0) = v_x(x_0, y_0) + \frac{\partial v_x}{\partial x}(x_0, y_0)h + \cdots,$$
$$v_y(x_0, y_0+h) = v_y(x_0, y_0) + \frac{\partial v_y}{\partial y}(x_0, y_0)h + \cdots$$

と書ける.「$+\cdots$」は h の高次の項であり，これを無視して，式 (4.1) に代入すると結局，微小正方形を流れる水の量は

$$\left(\frac{\partial v_x}{\partial x}(x_0,y_0)+\frac{\partial v_y}{\partial y}(x_0,y_0)\right)h^2$$

となる．つまり発散は，ある点からの水の湧出量を表していると考えることができる.

例題 4.10 次のベクトル場を図示し，その発散 $\operatorname{div}\boldsymbol{v}$ を求めよ．また，発散から上で述べた説明 (発散は水の湧出量である) が正しいことを確認せよ.

(1) $\boldsymbol{v}=x\dfrac{\partial}{\partial x}+y\dfrac{\partial}{\partial y}$.

(2) $\boldsymbol{v}=(x-y)\dfrac{\partial}{\partial x}+(x+y)\dfrac{\partial}{\partial y}$.

(3) $\boldsymbol{v}=x\dfrac{\partial}{\partial x}-y\dfrac{\partial}{\partial y}$.

(4) $\boldsymbol{v}=-y\dfrac{\partial}{\partial x}+x\dfrac{\partial}{\partial y}$.

解 ベクトル場は図 4.9 の通りである.

それぞれの発散は

$$(1)\ \operatorname{div}\boldsymbol{v}=2,\quad (2)\ \operatorname{div}\boldsymbol{v}=2,\quad (3)\ \operatorname{div}\boldsymbol{v}=0,\quad (4)\ \operatorname{div}\boldsymbol{v}=0$$

と計算できる．原点 $(x,y)=(0,0)$ の周りで考える．ベクトル場 $\boldsymbol{v}$ を水の流れだと考えれば，発散 $\operatorname{div}\boldsymbol{v}$ の符号により，それぞれ，水が湧きだしている様子 ((1), (2) の場合)，水が湧きだしもせず，吸い込まれもしない様子 ((3), (4) の場合) がわかるであろう．(1), (2) で与えたベクトル場 $\boldsymbol{v}$ を $-\boldsymbol{v}$ に変更すると，水が吸い込まれる様子に対応することも簡単にわかるであろう. □

空間の場合の発散も同様に定義できる.

定義 4.11 空間のベクトル場 $\boldsymbol{v}(x,y,z)=v_x(x,y,z)\dfrac{\partial}{\partial x}+v_y(x,y,z)\dfrac{\partial}{\partial y}+v_z(x,y,z)\dfrac{\partial}{\partial z}$ に対して，ベクトル場の**発散**は次で定義される空間のスカラー場である.

$$\operatorname{div}\boldsymbol{v}=\frac{\partial v_x}{\partial x}+\frac{\partial v_y}{\partial y}+\frac{\partial v_z}{\partial z}.$$

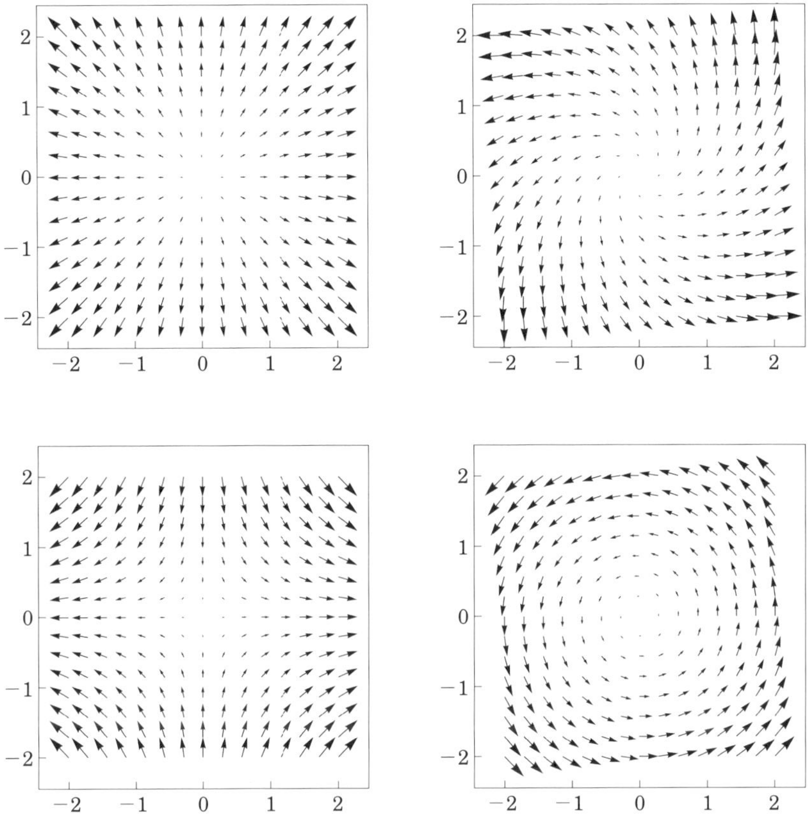

図 4.9 それぞれのベクトル場 (左上から (1), (2), (3), (4) に対応)

3 次元のベクトル場について発散の意味を想像するのは難しいが，2 次元の場合と同じである．つまりベクトル場 $\boldsymbol{v}$ を水の流れとすると，発散 $\operatorname{div}\boldsymbol{v}$ は水の湧出量として考えることができる．

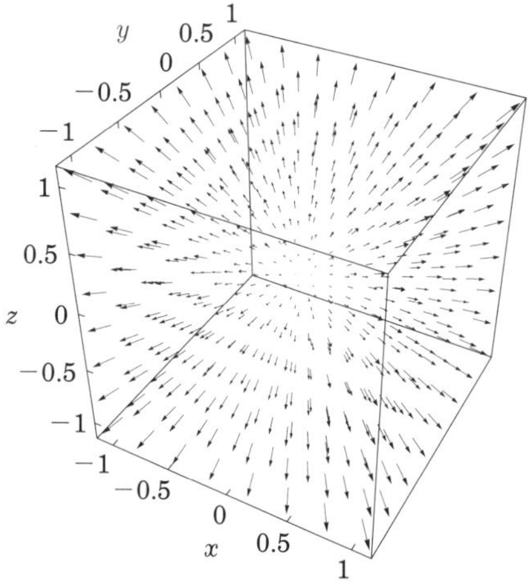

図 4.10　空間のベクトル場 $\boldsymbol{v} = x\dfrac{\partial}{\partial x} + y\dfrac{\partial}{\partial y} + z\dfrac{\partial}{\partial z}$. その発散は $\operatorname{div}\boldsymbol{v} = 3 > 0$ であり，たとえば，原点で水が湧出している様子がわかる．

4.4　ベクトル場の回転

まず，平面の場合に，ベクトル場の回転についての定義を与えよう．

定義 4.12　平面のベクトル場 $\boldsymbol{v}(x,y) = v_x(x,y)\dfrac{\partial}{\partial x} + v_y(x,y)\dfrac{\partial}{\partial y}$ に対してその**回転** (rotation) は次で定義される平面のスカラー場である．

$$\operatorname{rot}\boldsymbol{v} = \frac{\partial v_y}{\partial x} - \frac{\partial v_x}{\partial y}.$$

注意　回転の記号 rot は英語の rotation (回転) から定めたものである．記号 ∇ を用いると，ベクトル場の回転 $\operatorname{rot}\boldsymbol{v}$ は

$$\mathrm{rot}\,\boldsymbol{v} = [\nabla\ \boldsymbol{v}]$$

などとも表される．

ここでベクトル場の回転の物理的な意味を考えてみる．ベクトル場の発散で考えたように，平面のベクトル場 $\boldsymbol{v}$ を水の流れ，すなわち各点で水の流れの向きと強さを表しているとする．ある点 (x_0, y_0) を左下の点とする微小正方形を考え，それぞれの辺に E_r, E_l, E_u, E_d と名前をつける (図 4.8 (p.71) 参照)．このとき，辺の周を流れる水の量を計算してみる．まず，微小正方形の辺の向きを反時計回りにとっておく．

辺 E_r に沿って流れる水の量は，大体辺 E_r の長さ h にベクトル場 $\boldsymbol{v}(x_0+h, y_0)$ の y 成分を掛けた量

$$v_y(x_0+h, y_0)h$$

である．同様に辺 E_u, E_d, E_l に沿って流れる水の量を計算するとそれぞれ，

$$-v_x(x_0, y_0+h)h, \quad v_x(x_0, y_0)h, \quad -v_y(x_0, y_0)h$$

となる．ここで E_u と E_l に対応する辺に沿って流れる水の量がマイナスになっているのは，周の辺の向きと反対になっているからである．すべてを足し合わせると，

$$v_y(x_0+h, y_0)h - v_y(x_0, y_0)h - v_x(x_0, y_0+h)h + v_x(x_0, y_0)h \tag{4.2}$$

となる．ここで 2 変数関数に対するテイラーの定理 (p.194 参照) を用いると $v_y(x_0+h, y_0)$ と $v_x(x_0, y_0+h)$ はそれぞれ

$$v_y(x_0+h, y_0) = v_y(x_0, y_0) + \frac{\partial v_y}{\partial x}(x_0, y_0)h + \cdots,$$
$$v_x(x_0, y_0+h) = v_x(x_0, y_0) + \frac{\partial v_x}{\partial y}(x_0, y_0)h + \cdots$$

と書ける.「$+\cdots$」は h の高次の項であり，これを無視して，式 (4.2) に代入すると結局，微小正方形の辺に沿って流れる水の量は

$$\left(\frac{\partial v_y}{\partial x}(x_0, y_0) - \frac{\partial v_x}{\partial y}(x_0, y_0)\right) h^2$$

となる．

注意 平面上のベクトル場の回転は**渦度**とも呼ばれる．これは，渦の周りでは物体が回転しており，スカラー場 $\operatorname{rot}\boldsymbol{v}$ は物体の回転する強さを表しているということである．

例題 4.13 例題 4.10 で与えたベクトル場の回転を求めよ．また，得られた結果から上で述べた説明 (辺に沿って流れる水の量) が正しいことを確認せよ．

解 回転は次のように計算できる．

$$(1)\ \operatorname{rot}\boldsymbol{v}=0,\quad (2)\ \operatorname{rot}\boldsymbol{v}=2,\quad (3)\ \operatorname{rot}\boldsymbol{v}=0,\quad (4)\ \operatorname{rot}\boldsymbol{v}=2.$$

原点 $(0,0)$ に対して考えてみると，これらの計算結果から，(1), (3) がベクトル場の回転がない場合に対応し，(2), (4) がベクトル場の回転が正の場合に対応していることがわかる．ベクトル場の図 4.9 (p.73) からもそれが正しいことがわかる． □

次に，空間のベクトル場の回転について考えてみよう．

定義 4.14 空間のベクトル場 $\boldsymbol{v}(x,y,z)=v_x(x,y,z)\dfrac{\partial}{\partial x}+v_y(x,y,z)\dfrac{\partial}{\partial y}+v_z(x,y,z)\dfrac{\partial}{\partial z}$ に対してその**回転**は次で定義される空間のベクトル場である．

$$\operatorname{rot}\boldsymbol{v}=\left(\frac{\partial v_z}{\partial y}-\frac{\partial v_y}{\partial z}\right)\frac{\partial}{\partial x}+\left(\frac{\partial v_x}{\partial z}-\frac{\partial v_z}{\partial x}\right)\frac{\partial}{\partial y}+\left(\frac{\partial v_y}{\partial x}-\frac{\partial v_x}{\partial y}\right)\frac{\partial}{\partial z}.$$

注意 平面のベクトル場の回転と違い，空間のベクトル場の回転はまたベクトル場になる．記号 ∇ を用いると

$$\operatorname{rot}\boldsymbol{v}=\nabla\times\boldsymbol{v}$$

などとも書かれる．ここで $\times$ は外積の記号であり，$\nabla\times\boldsymbol{v}$ は，∇ をあたかもベクトル $\nabla=\left(\dfrac{\partial}{\partial x},\dfrac{\partial}{\partial y},\dfrac{\partial}{\partial z}\right)$ と考えてベクトル場 $\boldsymbol{v}$ との外積を取ったものが回転になるという意味である．行列式を用いて書けば，

$$\operatorname{rot}\boldsymbol{v}=\nabla\times\boldsymbol{v}=\det\begin{pmatrix} i & \dfrac{\partial}{\partial x} & v_x \\ j & \dfrac{\partial}{\partial y} & v_y \\ k & \dfrac{\partial}{\partial z} & v_z \end{pmatrix}$$

$$= \left(\frac{\partial v_z}{\partial y} - \frac{\partial v_y}{\partial z}\right) i + \left(\frac{\partial v_x}{\partial z} - \frac{\partial v_z}{\partial x}\right) j + \left(\frac{\partial v_y}{\partial x} - \frac{\partial v_x}{\partial y}\right) k$$

として書ける．ここで i, j, k は，記号 $\dfrac{\partial}{\partial x}, \dfrac{\partial}{\partial y}, \dfrac{\partial}{\partial z}$ に対応している．

ベクトル場の回転の物理的な意味を考えてみる．ベクトル場の回転の各成分は，2 次元のベクトル場の回転に対応している．たとえば $\dfrac{\partial}{\partial x}$ 成分は yz–平面のベクトル場 $v_y \dfrac{\partial}{\partial y} + v_z \dfrac{\partial}{\partial z}$ の回転である．したがって，空間のベクトル場の回転はそれぞれの軸ごとの物体の回転する強さを合わせた量になっている．

4.5 ベクトル場の演算

これまで，勾配ベクトル場，ベクトル場の発散およびベクトル場の回転について学んできた．ここでは，これらの操作を組み合わせることを考える．

空間のスカラー場 $f = f(x, y, z)$ から勾配ベクトル場 $\mathrm{grad}\, f$ を得た．それでは，勾配ベクトル場の発散はどうなっているのであろうか？ 簡単な計算から

$$\mathrm{div}(\mathrm{grad}\, f) = \mathrm{div}\left(\frac{\partial f}{\partial x}\frac{\partial}{\partial x} + \frac{\partial f}{\partial y}\frac{\partial}{\partial y} + \frac{\partial f}{\partial z}\frac{\partial}{\partial z}\right) = \left(\frac{\partial^2}{\partial x^2} + \frac{\partial^2}{\partial y^2} + \frac{\partial^2}{\partial z^2}\right) f$$

となることがわかる．f が平面のスカラー場の場合は z の項がない形になることに注意しよう．最後に出てきた作用素は**ラプラシアン**と呼ばれ，記号 Δ を用いて表す．つまり

$$\Delta = \frac{\partial^2}{\partial x^2} + \frac{\partial^2}{\partial y^2} + \frac{\partial^2}{\partial z^2}.$$

偏微分方程式 $\Delta f = 0$ を満たす関数 f は**調和関数**と呼ばれ数学のあらゆる分野で使われている．特に f が平面のスカラー場であるときは $\Delta = \dfrac{\partial^2}{\partial x^2} + \dfrac{\partial^2}{\partial y^2}$ であり，調和関数は複素函数論の正則関数と深い繋がりがある (正則関数については [8] 参照)．

注意 記号 ∇ を用いれば，ラプラシアン Δ は

$$\Delta f = \nabla \cdot \nabla f = \nabla^2 f$$

などとも書かれる．

次に勾配ベクトル場 $\mathrm{grad}\, f$ (f は 3 変数関数とする) に対して回転を考えてみよう．すると

$$
\begin{aligned}
&\mathrm{rot}(\mathrm{grad}\, f)\\
&= \mathrm{rot}\left(\frac{\partial f}{\partial x}\frac{\partial}{\partial x} + \frac{\partial f}{\partial y}\frac{\partial}{\partial y} + \frac{\partial f}{\partial z}\frac{\partial}{\partial z}\right)\\
&= \left(\frac{\partial^2 f}{\partial z \partial y} - \frac{\partial^2 f}{\partial y \partial z}\right)\frac{\partial}{\partial x} + \left(\frac{\partial^2 f}{\partial x \partial z} - \frac{\partial^2 f}{\partial z \partial x}\right)\frac{\partial}{\partial y} + \left(\frac{\partial^2 f}{\partial y \partial x} - \frac{\partial^2 f}{\partial x \partial y}\right)\frac{\partial}{\partial z}\\
&= \mathbf{0}
\end{aligned}
$$

となることがわかる．同様に，2 変数の場合も勾配ベクトル場の回転は常に零ベクトルになる．

さて最後にベクトル場 $\mathrm{rot}\, \boldsymbol{v}$ の回転に対して発散を考えよう．ベクトル場

$$
\boldsymbol{v} = v_x \frac{\partial}{\partial x} + v_y \frac{\partial}{\partial y} + v_z \frac{\partial}{\partial z}
$$

に対して，

$$
\mathrm{rot}\, \boldsymbol{v} = \left(\frac{\partial v_z}{\partial y} - \frac{\partial v_y}{\partial z}\right)\frac{\partial}{\partial x} + \left(\frac{\partial v_x}{\partial z} - \frac{\partial v_z}{\partial x}\right)\frac{\partial}{\partial y} + \left(\frac{\partial v_y}{\partial x} - \frac{\partial v_x}{\partial y}\right)\frac{\partial}{\partial z}
$$

となるので，

$$
\begin{aligned}
\mathrm{div}(\mathrm{rot}\, \boldsymbol{v}) &= \frac{\partial}{\partial x}\left(\frac{\partial v_z}{\partial y} - \frac{\partial v_y}{\partial z}\right) + \frac{\partial}{\partial y}\left(\frac{\partial v_x}{\partial z} - \frac{\partial v_z}{\partial x}\right) + \frac{\partial}{\partial z}\left(\frac{\partial v_y}{\partial x} - \frac{\partial v_x}{\partial y}\right)\\
&= 0
\end{aligned}
$$

となる．平面のベクトル場 $\boldsymbol{v}$ に対しても同様の計算で $\mathrm{div}(\mathrm{rot}\, \boldsymbol{v}) = 0$ がわかる．したがって，ベクトル場の回転の発散は 0 になる．まとめると，次の定理を得る．

定理 4.15 スカラー場 f とベクトル場 $\boldsymbol{v}$ に対して次が成り立つ．

$$
\begin{aligned}
&\mathrm{div}(\mathrm{grad}\, f) = \Delta f,\\
&\mathrm{rot}(\mathrm{grad}\, f) = \mathbf{0},\\
&\mathrm{div}(\mathrm{rot}\, \boldsymbol{v}) = 0.
\end{aligned}
$$

例題 4.16 スカラー場 $f(x, y, z) = \dfrac{1}{5}(x^2 - y^2) - z$ に対して，勾配ベクトル場 $\mathrm{grad}\, f$ を求めて，それぞれ $\mathrm{rot}(\mathrm{grad}\, f) = \mathbf{0}$，および $\mathrm{div}(\mathrm{grad}\, f) = \Delta f$ となっていることを確かめよ．また，等高線 $f = 0$ とその上の勾配ベクトル場 $\mathrm{grad}\, f$ の図を

描け.

解　勾配ベクトル場は

$$\operatorname{grad} f = \frac{2}{5}\left(x\frac{\partial}{\partial x} - y\frac{\partial}{\partial y}\right) - \frac{\partial}{\partial z}$$

で与えられ，また，計算してみると

$$\operatorname{rot}(\operatorname{grad} f) = \mathbf{0}, \quad \operatorname{div}(\operatorname{grad} f) = \Delta f = 0$$

もわかる．$f = 0$ の等高面と直交するベクトル場は図 4.11 のようになる.

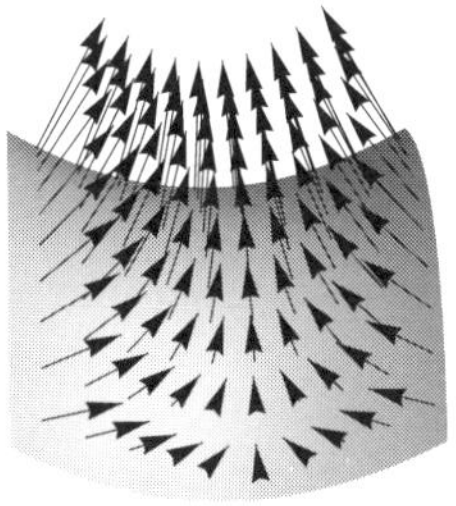

図 4.11　勾配ベクトル場と直交する等高面　□

4.6　ベクトル場の種々の公式 ★

さて，次にベクトル場に対するもう少し複雑な演算について考えてみる．まず，ベクトル場の外積について定義しよう.

定義 4.17　空間の二つのベクトル場 $\boldsymbol{v} = v_x\frac{\partial}{\partial x} + v_y\frac{\partial}{\partial y} + v_z\frac{\partial}{\partial z}$ および $\boldsymbol{w} = w_x\frac{\partial}{\partial x} + w_y\frac{\partial}{\partial y} + w_z\frac{\partial}{\partial z}$ の**外積** $\boldsymbol{v} \times \boldsymbol{w}$ は次で定まる空間のベクトル場である.

$$\boldsymbol{v} \times \boldsymbol{w} = (v_y w_z - v_z w_y)\frac{\partial}{\partial x} + (v_z w_x - v_x w_z)\frac{\partial}{\partial y} + (v_x w_y - v_y w_x)\frac{\partial}{\partial z}.$$

また，内積 $\langle \boldsymbol{v}, \boldsymbol{w} \rangle$ は次で定まる空間のスカラー場である.

$$\langle \boldsymbol{v}, \boldsymbol{w} \rangle = v_x w_x + v_y w_y + v_z w_z.$$

さらに記述を簡単にするために，次の定義を導入しておこう．

定義 4.18　空間のベクトル場 $\boldsymbol{v}$ に対して，ラプラシアン $\Delta = \dfrac{\partial^2}{\partial x^2} + \dfrac{\partial^2}{\partial y^2} + \dfrac{\partial^2}{\partial z^2}$ および勾配 grad を用いて，空間のベクトル場を次のように定める．

$$\Delta \boldsymbol{v} = (\Delta v_x)\frac{\partial}{\partial x} + (\Delta v_y)\frac{\partial}{\partial y} + (\Delta v_z)\frac{\partial}{\partial z},$$

$$\langle \boldsymbol{v}, \operatorname{grad}\rangle \boldsymbol{w} = \langle \boldsymbol{v}, \operatorname{grad} w_x\rangle \frac{\partial}{\partial x} + \langle \boldsymbol{v}, \operatorname{grad} w_y\rangle \frac{\partial}{\partial y} + \langle \boldsymbol{v}, \operatorname{grad} w_z\rangle \frac{\partial}{\partial z}.$$

定理 4.19　空間のベクトル場 $\boldsymbol{v}, \boldsymbol{w}$ およびスカラー場 f に対し，次の公式が成立する．

$$\operatorname{rot}(\operatorname{rot}\boldsymbol{v}) = \operatorname{grad}(\operatorname{div}\boldsymbol{v}) - \Delta\boldsymbol{v}, \tag{4.3}$$

$$\operatorname{div}(f\boldsymbol{v}) = \langle \operatorname{grad} f, \boldsymbol{v}\rangle + f\operatorname{div}\boldsymbol{v}, \tag{4.4}$$

$$\operatorname{rot}(f\boldsymbol{v}) = \operatorname{grad} f \times \boldsymbol{v} + f\operatorname{rot}\boldsymbol{v}, \tag{4.5}$$

$$\operatorname{div}(\boldsymbol{v}\times\boldsymbol{w}) = \langle \operatorname{rot}\boldsymbol{v}, \boldsymbol{w}\rangle - \langle \boldsymbol{v}, \operatorname{rot}\boldsymbol{w}\rangle, \tag{4.6}$$

$$\operatorname{grad}\langle \boldsymbol{v}, \boldsymbol{w}\rangle = \langle \boldsymbol{v}, \operatorname{grad}\rangle \boldsymbol{w} + \langle \boldsymbol{w}, \operatorname{grad}\rangle \boldsymbol{v} + \boldsymbol{w}\times(\operatorname{rot}\boldsymbol{v}) + \boldsymbol{v}\times(\operatorname{rot}\boldsymbol{w}), \tag{4.7}$$

$$\operatorname{rot}(\boldsymbol{v}\times\boldsymbol{w}) = -\langle \boldsymbol{v}, \operatorname{grad}\rangle \boldsymbol{w} + \langle \boldsymbol{w}, \operatorname{grad}\rangle \boldsymbol{v} + \boldsymbol{v}\operatorname{div}\boldsymbol{w} - \boldsymbol{w}\operatorname{div}\boldsymbol{v}. \tag{4.8}$$

証明　定義通り計算していくだけである．ここでは公式 (4.3), (4.4), (4.5) および (4.6) を示す．公式 (4.7), (4.8) は演習問題 (問 4.1) とする．

$$\begin{aligned}
\operatorname{rot}(\operatorname{rot}\boldsymbol{v}) &= \operatorname{rot}\left\{\left(\frac{\partial v_z}{\partial y} - \frac{\partial v_y}{\partial z}\right)\frac{\partial}{\partial x} + \left(\frac{\partial v_x}{\partial z} - \frac{\partial v_z}{\partial x}\right)\frac{\partial}{\partial y} + \left(\frac{\partial v_y}{\partial x} - \frac{\partial v_x}{\partial y}\right)\frac{\partial}{\partial z}\right\} \\
&= \left\{\frac{\partial}{\partial y}\left(\frac{\partial v_y}{\partial x} - \frac{\partial v_x}{\partial y}\right) - \frac{\partial}{\partial z}\left(\frac{\partial v_x}{\partial z} - \frac{\partial v_z}{\partial x}\right)\right\}\frac{\partial}{\partial x} \\
&\quad + \left\{\frac{\partial}{\partial z}\left(\frac{\partial v_z}{\partial y} - \frac{\partial v_y}{\partial z}\right) - \frac{\partial}{\partial x}\left(\frac{\partial v_y}{\partial x} - \frac{\partial v_x}{\partial y}\right)\right\}\frac{\partial}{\partial y} \\
&\quad + \left\{\frac{\partial}{\partial x}\left(\frac{\partial v_x}{\partial z} - \frac{\partial v_z}{\partial x}\right) - \frac{\partial}{\partial y}\left(\frac{\partial v_z}{\partial y} - \frac{\partial v_y}{\partial z}\right)\right\}\frac{\partial}{\partial z}
\end{aligned}$$

となる．一方，

$$\begin{aligned}
\operatorname{grad}(\operatorname{div}\boldsymbol{v}) - \Delta\boldsymbol{v} &= \left\{\frac{\partial}{\partial x}\left(\frac{\partial v_x}{\partial x} + \frac{\partial v_y}{\partial y} + \frac{\partial v_z}{\partial z}\right) - \Delta v_x\right\}\frac{\partial}{\partial x} \\
&\quad + \left\{\frac{\partial}{\partial y}\left(\frac{\partial v_x}{\partial x} + \frac{\partial v_y}{\partial y} + \frac{\partial v_z}{\partial z}\right) - \Delta v_y\right\}\frac{\partial}{\partial y}
\end{aligned}$$

$$+\left\{\frac{\partial}{\partial z}\left(\frac{\partial v_x}{\partial x}+\frac{\partial v_y}{\partial y}+\frac{\partial v_z}{\partial z}\right)-\Delta v_z\right\}\frac{\partial}{\partial z}$$

である．それぞれの係数を見比べると等式 (4.3) が従う．

次に，等式 (4.4) は簡単に次のように示せる．

$$\begin{aligned}\operatorname{div}(f\boldsymbol{v}) &= \frac{\partial(fv_x)}{\partial x}+\frac{\partial(fv_y)}{\partial y}+\frac{\partial(fv_z)}{\partial z}\\ &= \frac{\partial f}{\partial x}v_x+\frac{\partial f}{\partial y}v_y+\frac{\partial f}{\partial z}v_z+f\left(\frac{\partial v_x}{\partial x}+\frac{\partial v_y}{\partial y}+\frac{\partial v_z}{\partial z}\right)\\ &= \langle \operatorname{grad} f,\, \boldsymbol{v}\rangle + f\operatorname{div}\boldsymbol{v}.\end{aligned}$$

さらに，

$$\begin{aligned}\operatorname{rot}(f\boldsymbol{v}) &= \left(\frac{\partial(fv_z)}{\partial y}-\frac{\partial(fv_y)}{\partial z}\right)\frac{\partial}{\partial x}+\left(\frac{\partial(fv_x)}{\partial z}-\frac{\partial(fv_z)}{\partial x}\right)\frac{\partial}{\partial y}\\ &\quad+\left(\frac{\partial(fv_y)}{\partial x}-\frac{\partial(fv_x)}{\partial y}\right)\frac{\partial}{\partial z}\\ &= \left(\frac{\partial f}{\partial y}v_z-\frac{\partial f}{\partial z}v_y\right)\frac{\partial}{\partial x}+\left(\frac{\partial f}{\partial z}v_x-\frac{\partial f}{\partial x}v_z\right)\frac{\partial}{\partial y}\\ &\quad+\left(\frac{\partial f}{\partial x}v_y-\frac{\partial f}{\partial y}v_x\right)\frac{\partial}{\partial z}+f\operatorname{rot}\boldsymbol{v}\\ &= \operatorname{grad} f\times\boldsymbol{v}+f\operatorname{rot}\boldsymbol{v}\end{aligned}$$

となり，等式 (4.5) が従う．

最後に

$$\operatorname{div}(\boldsymbol{v}\times\boldsymbol{w}) = \operatorname{div}\left((v_yw_z-v_zw_y)\frac{\partial}{\partial x}+(v_zw_x-v_xw_z)\frac{\partial}{\partial y}+(v_xw_y-v_yw_x)\frac{\partial}{\partial z}\right)$$

となる．それぞれの項の偏微分を計算すると，

$$\begin{aligned}\frac{\partial(v_yw_z-v_zw_y)}{\partial x} &= \frac{\partial v_y}{\partial x}w_z-\frac{\partial v_z}{\partial x}w_y+\frac{\partial w_z}{\partial x}v_y-\frac{\partial w_y}{\partial x}v_z,\\ \frac{\partial(v_zw_x-v_xw_z)}{\partial y} &= \frac{\partial v_z}{\partial y}w_x-\frac{\partial v_x}{\partial y}w_z+\frac{\partial w_x}{\partial y}v_z-\frac{\partial w_z}{\partial y}v_x,\\ \frac{\partial(v_xw_y-v_yw_x)}{\partial z} &= \frac{\partial v_x}{\partial z}w_y-\frac{\partial v_y}{\partial z}w_x+\frac{\partial w_y}{\partial z}v_x-\frac{\partial w_x}{\partial z}v_y\end{aligned}$$

となる．一方

$$\langle \operatorname{rot}\boldsymbol{v},\, \boldsymbol{w}\rangle = \left(\frac{\partial v_z}{\partial y}-\frac{\partial v_y}{\partial z}\right)w_x+\left(\frac{\partial v_x}{\partial z}-\frac{\partial v_z}{\partial x}\right)w_y+\left(\frac{\partial v_y}{\partial x}-\frac{\partial v_x}{\partial y}\right)w_z,$$

$$-\langle \boldsymbol{v}, \operatorname{rot} \boldsymbol{w} \rangle = -\left(\frac{\partial w_z}{\partial y} - \frac{\partial w_y}{\partial z}\right) v_x - \left(\frac{\partial w_x}{\partial z} - \frac{\partial w_z}{\partial x}\right) v_y - \left(\frac{\partial w_y}{\partial x} - \frac{\partial w_x}{\partial y}\right) v_z$$

となるので，等式 (4.6) が従う． ■

演習問題

問 4.1 定理 4.19 の最後の二つの公式 (4.7)(4.8) を証明せよ．

問 4.2 次のスカラー場の勾配を求めよ．

(1) $f(x, y) = \tan^{-1}(x + y)$.

(2) $f(x, y, z) = \sqrt{x^2 + y^2 + z^2}$.

問 4.3 スカラー場 r を $r(x, y, z) = \sqrt{x^2 + y^2 + z^2}$ とする．次のベクトル場の発散を求めよ．

$$\boldsymbol{v} = \operatorname{grad}(r^n) \quad (n \text{ は整数}).$$

特に，$\boldsymbol{v} = \operatorname{grad}\left(\dfrac{1}{r}\right)$ の発散が 0 になることを確かめよ．

問 4.4 次のベクトル場の回転を求めよ．

(1) $\boldsymbol{v} = xe^{x+y+z}\dfrac{\partial}{\partial x} + ye^{x+y+z}\dfrac{\partial}{\partial y} + ze^{x+y+z}\dfrac{\partial}{\partial z}$.

(2) $\boldsymbol{v} = \boldsymbol{\omega} \times \left(x\dfrac{\partial}{\partial x} + y\dfrac{\partial}{\partial y} + z\dfrac{\partial}{\partial z}\right)$.

ここで，c_x, c_y, c_z を定数として，$\boldsymbol{\omega} = c_x\dfrac{\partial}{\partial x} + c_y\dfrac{\partial}{\partial y} + c_z\dfrac{\partial}{\partial z}$ と定めた．

第5章

ベクトル場の積分

この章では，ベクトル場の線積分，面積分について学んでいくことにする．

5.1 線積分

まずは曲線の向きについて考えよう．空間曲線 $C \subset \mathbb{R}^3$ のパラメータ表示

$$\boldsymbol{p} : I = [a,b] \subset \mathbb{R} \to \mathbb{R}^3$$

に対して，区間 I は a から b への向きが自然に定まっている．したがって，曲線の始点 $\boldsymbol{p}(a)$ から $\boldsymbol{p}(b)$ への向きが定まる．もし別のパラメータ表示 $\tilde{\boldsymbol{p}} : \tilde{I} = [c,d] \subset \mathbb{R} \to \mathbb{R}^3$ があったときに，**同じ向き**を定めているとは，曲線上の各点で接ベクトルが同じ方向を向いているということにする．反対の方向を向いている場合は，**逆の向き**という．これ以降，同じ向きを定めている曲線を同じ曲線とみなし，逆の向きを定めている曲線は違うものと考える．まず最初に，スカラー場の線積分について考えてみよう．

定義 5.1 空間のスカラー場 $f = f(x,y,z)$ が空間曲線 $C : \boldsymbol{p} = \boldsymbol{p}(s)$ $(s \in I = [a,b])$ の周りで定義されているとする．このとき，スカラー場の**線積分**は次で定義される．

$$\int_C f \, \mathrm{d}C = \int_a^b f(s)|\boldsymbol{p}'(s)| \, \mathrm{d}s.$$

ここで，$f(s) = f(x(s), y(s), z(s))$ とし，右辺は定積分を意味する．

注意 (1) 平面のスカラー場 $f = f(x, y)$ の平面曲線 $C : \boldsymbol{p} = \boldsymbol{p}(s)$ $(s \in I = [a, b])$ に沿った線積分は同様に

$$\int_C f \, \mathrm{d}C = \int_a^b f(s)|\boldsymbol{p}'(s)| \, \mathrm{d}s$$

と定義される．ここで，$f(s) = f(x(s), y(s))$ のこととした．

(2) $\boldsymbol{p}(s) = (x(s), y(s), z(s))$ とパラメータ表示を具体的に与えておけば，ベクトルの長さは $|\boldsymbol{p}'(s)| = \sqrt{x'(s)^2 + y'(s)^2 + z'(s)^2}$ なので，スカラー場の C に沿った線積分は

$$\int_C f \, \mathrm{d}C = \int_a^b f(s)\sqrt{x'(s)^2 + y'(s)^2 + z'(s)^2} \, \mathrm{d}s$$

である． 平面の場合は z 成分を 0 にしたものと考える．

(3) スカラー場 f が恒等的に 1 であるならば，線積分は曲線 $\boldsymbol{p}$ の長さを与えているので，スカラー場の線積分は長さを与える積分の拡張になっている．

(4) 曲線が弧長パラメータ，すなわち $|\boldsymbol{p}'(s)| = 1$ であるとき，線積分は関数 f の定積分である．このことから，スカラー場の線積分は関数の定積分の拡張にもなっていることがわかる．

スカラー場の線積分の定義は一見すると曲線 C のパラメータ表示 $\boldsymbol{p} = \boldsymbol{p}(s)$ $(s \in [a, b])$ に依存しているように見える．しかし次のことがわかる．

補題 5.2 スカラー場の線積分は，曲線 C のパラメータ表示にはよらない．すなわち，曲線 C の別のパラメータ表示 $\tilde{p} = \tilde{p}(t)$ $(t \in [c, d])$ があったとき，

$$\int_C f \, \mathrm{d}C = \int_a^b f(s)|\boldsymbol{p}'(s)| \, \mathrm{d}s = \int_c^d f(t)|\dot{\tilde{\boldsymbol{p}}}(t)| \, \mathrm{d}t$$

が成り立つ．

証明 曲線 C が別のパラメータ表示 $\tilde{p} = \tilde{p}(t)$ $(t \in [c, d])$ で書けるということは元のパラメータ表示 $\boldsymbol{p} = \boldsymbol{p}(s)$ $(s \in [a, b])$ に対して，s が t の関数として書けていて，$s(c) = a, s(d) = b$ となるということである (同じ向きの曲線を考えていることに注意する)．すなわち，

$$\tilde{\boldsymbol{p}}(t) = \boldsymbol{p}(s(t))$$

となる．このとき，合成関数の微分を用いれば，

$$\dot{\tilde{\boldsymbol{p}}}(t) = \boldsymbol{p}'(s)\dot{s}(t)$$

であり，$|\dot{s}(t)| = \dot{s}(t)$ に注意して，置換積分を用いれば

$$\int_c^d f(t)|\dot{\boldsymbol{p}}(t)|\,\mathrm{d}t = \int_c^d f(t)|\boldsymbol{p}'(s)||\dot{s}(t)|\,\mathrm{d}t = \int_a^b f(s)|\boldsymbol{p}'(s)|\,\mathrm{d}s$$

となる．したがって，スカラー場の線積分はパラメータの取り方によらない． ■

例題 5.3 次の空間曲線 C とスカラー場 f に対し，線積分 $\displaystyle\int_C f\,\mathrm{d}C$ を計算せよ．

(1) $C : \boldsymbol{p}(s) = (s, 1, 3s-1)\ \left(0 \leqq s \leqq \dfrac{\pi}{2}\right)$, $\quad f(x, y, z) = \cos x$.

(2) $C : \boldsymbol{p}(s) = (\cos s, \sin s, s)\ \left(0 \leqq s \leqq \dfrac{\pi}{4}\right)$, $\quad f(x, y, z) = xyz$.

解 (1) について：$\boldsymbol{p}'(s) = (1, 0, 3)$ であり，$f(s) = \cos s$ である．したがって $|\boldsymbol{p}'(s)| = \sqrt{10}$ であり，

$$\int_C f\,\mathrm{d}C = \int_0^{\frac{\pi}{2}} \sqrt{10}\cos s\,\mathrm{d}s = \sqrt{10}\sin s\,\Big|_0^{\frac{\pi}{2}} = \sqrt{10}$$

となる．

(2) について：$\boldsymbol{p}'(s) = (-\sin s, \cos s, 1)$ であり，$f(s) = s\,\cos s\,\sin s$ である．したがって $|\boldsymbol{p}'(s)| = \sqrt{2}$ であり，

$$\begin{aligned}\int_C f\,\mathrm{d}C &= \int_0^{\frac{\pi}{4}} \sqrt{2}s\,\cos s\,\sin s\,\mathrm{d}s = \frac{\sqrt{2}}{2}\int_0^{\frac{\pi}{4}} s\,\sin 2s\,\mathrm{d}s \\ &= \frac{\sqrt{2}}{2}\left(-\frac{s}{2}\cos 2s\,\Big|_0^{\frac{\pi}{4}} + \frac{1}{2}\int_0^{\frac{\pi}{4}}\cos 2s\,\mathrm{d}s\right) \\ &= \frac{\sqrt{2}}{8}\end{aligned}$$

となる． □

スカラー場の線積分の特別な場合として，ベクトル場の接線方向の線積分が定義される．

定義 5.4 空間のベクトル場 $\boldsymbol{v}$ が空間曲線 $C : \boldsymbol{p} = \boldsymbol{p}(s)$ $(s \in [a, b])$ の周りで定義されているとし，さらに C の単位接ベクトルを $\boldsymbol{t}$, すなわち $\boldsymbol{t} = \dfrac{\boldsymbol{p}'}{|\boldsymbol{p}'|}$ とする．このとき，$\boldsymbol{v}$ の曲線 C に沿った**接線方向の線積分**（単に線積分ともいう）が次で定義される．

$$\int_C \langle \boldsymbol{v}, \boldsymbol{t} \rangle \, \mathrm{d}C = \int_a^b \langle \boldsymbol{v}(s), \boldsymbol{t}(s) \rangle \, |\boldsymbol{p}'(s)| \, \mathrm{d}s. \tag{5.1}$$

ここで $\boldsymbol{v}(s) = (v_x(x(s), y(s), z(s)), v_y(x(s), y(s), z(s)), v_z(x(s), y(s), z(s)))$ とし，右辺は定積分を意味する．

注意 (1) 平面の場合もまったく同様にできる．すなわち平面曲線 C に沿ったベクトル場 $\boldsymbol{v}$ に対して，式 (5.1) で接線方向の線積分を定義する．

(2) これはスカラー場の線積分の特別な場合にあたる．すなわち，曲線に沿ったスカラー場を $f(s) = \langle \boldsymbol{v}(s), \boldsymbol{t}(s) \rangle$ で定めれば良い．$f(s) = \langle \boldsymbol{v}(s), \boldsymbol{t}(s) \rangle$ は，ベクトル場と曲線の単位接ベクトルから定まり，曲線のパラメータ表示によらないことに注意する．このことから，接線方向の線積分も曲線 C のパラメータ表示によらない．

空間曲線 $\boldsymbol{p} = \boldsymbol{p}(s)$ とベクトル場 $\boldsymbol{v} = \boldsymbol{v}(x, y, z)$ をそれぞれ

$$\boldsymbol{p}(s) = \begin{pmatrix} x(s) \\ y(s) \\ z(s) \end{pmatrix}, \quad \boldsymbol{v}(x, y, z) = v_x(x, y, z) \frac{\partial}{\partial x} + v_y(x, y, z) \frac{\partial}{\partial y} + v_z(x, y, z) \frac{\partial}{\partial z}$$

と与えれば，単位接ベクトルは $\boldsymbol{t} = \dfrac{1}{|\boldsymbol{p}'|}(x', y', z')$ であり，接線方向の線積分は

$$\begin{aligned} \int_C \langle \boldsymbol{v}, \boldsymbol{t} \rangle \, \mathrm{d}C &= \int_a^b \left\langle \boldsymbol{v}(s), \frac{1}{|\boldsymbol{p}'(s)|}(x'(s), y'(s), z'(s)) \right\rangle |\boldsymbol{p}'(s)| \, \mathrm{d}s \\ &= \int_a^b (v_x(s) x'(s) + v_y(s) y'(s) + v_z(s) z'(s)) \, \mathrm{d}s \end{aligned}$$

となる．ここで v_a $(a = x, y, z)$ は $v_a(s) = v_a(x(s), y(s), z(s))$ で定めた．このことから，接線方向の線積分を次のように定義しても良い．

定義 5.5 記号を定義 5.4 の通りとする．ベクトル場 $\boldsymbol{v}$ の接線方向の線積分は次のようにも定義できる．

$$\int_C \langle \boldsymbol{v}, \boldsymbol{t} \rangle \, \mathrm{d}C = \int_a^b \langle \boldsymbol{v}(s), \boldsymbol{p}'(s) \rangle \, \mathrm{d}s.$$

右辺を $\displaystyle\int_C \langle \boldsymbol{v}, \mathrm{d}C \rangle$ と書くこともある．すなわち，

$$\int_C \langle \boldsymbol{v}, \boldsymbol{t} \rangle \, \mathrm{d}C = \int_C \langle \boldsymbol{v}, \mathrm{d}C \rangle$$

と表すこともある．

例題 5.6 (1) 次のベクトル場 $\boldsymbol{v}$ の曲線 C に沿った線積分を求めよ．

$$\boldsymbol{v}(x,y,z) = x\frac{\partial}{\partial x} + y\frac{\partial}{\partial y} + z\frac{\partial}{\partial z}, \quad C : \boldsymbol{p}(s) = \begin{pmatrix} s \\ s^2 \\ e^s \end{pmatrix} \quad (0 \leqq s \leqq 2).$$

(2) 次の平面のベクトル場 $\boldsymbol{v}$ に対して，曲線 C_1 と曲線 C_2 に沿った線積分をそれぞれ求め，線積分が端点だけでなく曲線に依存することを確かめよ．

$$\boldsymbol{v}(x,y) = (x+y)\frac{\partial}{\partial x} + y\frac{\partial}{\partial y},$$

$$C_1 : \boldsymbol{p}(s) = \begin{pmatrix} \cos s \\ \sin s \end{pmatrix} \quad (0 \leqq s \leqq \pi), \quad C_2 : \boldsymbol{p}(s) = \begin{pmatrix} \cos s \\ -\sin s \end{pmatrix} \quad (0 \leqq s \leqq \pi).$$

解 (1) について：$\boldsymbol{v}(s) = s\frac{\partial}{\partial x} + s^2\frac{\partial}{\partial y} + e^s\frac{\partial}{\partial z}$ であり，$\boldsymbol{p}'(s) = (1, 2s, e^s)$ である．したがって

$$\int_C \langle \boldsymbol{v}, \boldsymbol{t} \rangle \, \mathrm{d}C = \int_0^2 (s + 2s^3 + e^{2s}) \, \mathrm{d}s = \frac{1}{2}(19 + e^4)$$

となる．

(2) について：曲線 C_1 に沿って，$\boldsymbol{v}(s) = (\cos s + \sin s)\frac{\partial}{\partial x} + \sin s\frac{\partial}{\partial y}$ であり，$\boldsymbol{p}'(s) = (-\sin s, \cos s)$ となる．したがって

$$\int_{C_1} \langle \boldsymbol{v}, \boldsymbol{t} \rangle \, \mathrm{d}C_1 = \int_0^\pi -\sin^2 s \, \mathrm{d}s = \frac{1}{2}\int_0^\pi (\cos 2s - 1) \, \mathrm{d}s = -\frac{1}{2}\pi.$$

同様に，曲線 C_2 に沿って

$$\boldsymbol{v}(s) = (\cos s - \sin s)\frac{\partial}{\partial x} - \sin s\frac{\partial}{\partial y}$$

であり，$\boldsymbol{p}'(s) = (-\sin s, -\cos s)$ となる．したがって

$$\int_{C_2} \langle \boldsymbol{v}, \boldsymbol{t} \rangle \, \mathrm{d}C_2 = \int_0^\pi \sin^2 s \, \mathrm{d}s = \frac{1}{2}\int_0^\pi (1 - \cos 2s) \, \mathrm{d}s = \frac{1}{2}\pi$$

となる．C_1 と C_2 はそれぞれ，上半円と下半円であり，始点と終点は一致している．しかしながら，$\displaystyle\int_{C_1} \langle \boldsymbol{v}, \boldsymbol{t} \rangle \, \mathrm{d}C_1 \neq \int_{C_2} \langle \boldsymbol{v}, \boldsymbol{t} \rangle \, \mathrm{d}C_2$ であり，線積分の値が曲線の選び方によって異なることがわかる． □

例題 5.7 スカラー場 $f = f(x, y, z)$ の勾配ベクトル場 $\mathrm{grad}\, f$ の線積分は曲線の選び方によらず，始点と終点のみに依存することを示せ．

解 スカラー場 $f = f(x, y, z)$ の勾配ベクトル場 $\boldsymbol{v}$ は

$$\boldsymbol{v} = \mathrm{grad}\, f = \frac{\partial f}{\partial x}\frac{\partial}{\partial x} + \frac{\partial f}{\partial y}\frac{\partial}{\partial y} + \frac{\partial f}{\partial z}\frac{\partial}{\partial z}$$

となる．このとき，曲線 $C : \boldsymbol{p}(s) = (x(s), y(s), z(s))$ $(a \leqq s \leqq b)$ に沿った線積分は次のようになる．

$$\int_C \langle \boldsymbol{v}, \boldsymbol{t} \rangle \, \mathrm{d}C = \int_a^b \left(\frac{\partial f}{\partial x} x'(s) + \frac{\partial f}{\partial y} y'(s) + \frac{\partial f}{\partial z} z'(s) \right) \mathrm{d}s$$

いま，合成関数の偏微分 $\dfrac{\mathrm{d}}{\mathrm{d}s} f(x(s), y(s), z(s)) = \dfrac{\partial f}{\partial x} x'(s) + \dfrac{\partial f}{\partial y} y'(s) + \dfrac{\partial f}{\partial z} z'(s)$ を用いると，

$$\int_a^b \frac{\mathrm{d}}{\mathrm{d}s} f(\boldsymbol{p}(s)) \, \mathrm{d}s$$

となる．ここで，1 変数関数の微分積分学の基本定理 (p.195 参照) を用いると，

$$\int_a^b \frac{\mathrm{d}}{\mathrm{d}s} f(\boldsymbol{p}(s)) \, \mathrm{d}s = f(\boldsymbol{p}(b)) - f(\boldsymbol{p}(a))$$

と計算できる．したがって，勾配ベクトル場の場合，その線積分は曲線 $\boldsymbol{p}$ の選び方によらず始点と終点のみによって定まることがわかる． □

上の例題から，勾配ベクトル場の線積分は，始点と終点の高さの差を表していることがわかる．これは，ベクトル場のなす**仕事**とみなすことができる．一般のベクトル場の線積分も，ベクトル場の**曲線 $\boldsymbol{p}$ に沿った仕事**を与えていると考えることができる．すなわち質点に力 $\boldsymbol{F}$ が働くとき，曲線 C に沿った仕事 w は

$$w = \int_C \langle \boldsymbol{F}, \boldsymbol{t} \rangle \, \mathrm{d}C$$

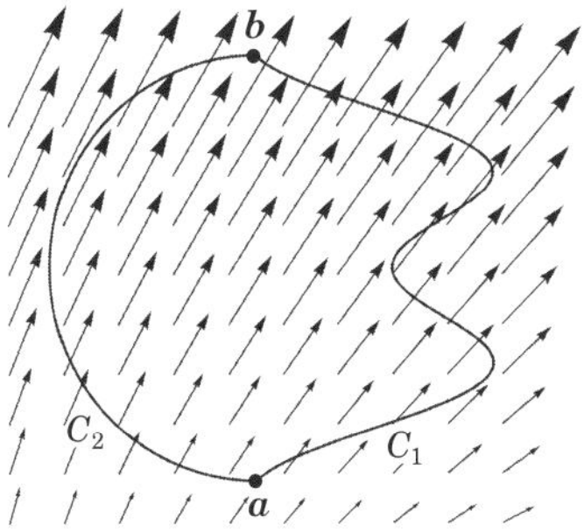

図 5.1 ベクトル場の線積分 (さまざまな径路)

で与えられる．これは，力 $\boldsymbol{F}$ が一定で曲線 C が直線の場合，定義 1.7 で与えたベクトルのなす仕事 w になっている．

接線方向の線積分があるのだから，当然法線方向の線積分もある．ただし，空間曲線に対しては法線方向が無数にあるので，平面曲線の場合のみを考える．まず平面曲線 C の単位法ベクトル $\boldsymbol{n}$ は $\{\boldsymbol{n}, \boldsymbol{p}'\}$ が右手系になるように，すなわち

$$\boldsymbol{n}(s) = \frac{1}{|\boldsymbol{p}'(s)|}\begin{pmatrix} 0 & 1 \\ -1 & 0 \end{pmatrix}\boldsymbol{p}'(s) \tag{5.2}$$

で定める．これは，式 (2.1) で定めた平面曲線の単位法ベクトル $\boldsymbol{n}$ の -1 倍，つまり**反対向き**であることに注意しておく！

定義 5.8 平面のベクトル場 $\boldsymbol{v}$ が平面曲線 $C : \boldsymbol{p} : [a, b] \to \mathbb{R}^2$ の周りで定義されているとし，曲線 C の単位法ベクトル場を $\boldsymbol{n}$ とする．このとき，ベクトル場 $\boldsymbol{v}$ の曲線 C に沿った**法線方向の線積分**を次で定義する．

$$\int_C \langle \boldsymbol{v}, \boldsymbol{n} \rangle \, \mathrm{d}C = \int_a^b \langle \boldsymbol{v}(s), \boldsymbol{n}(s) \rangle \, |\boldsymbol{p}'(s)| \, \mathrm{d}s.$$

ここで $\boldsymbol{v}(s) = (v_x(x(s), y(s)), v_y(x(s), y(s)))$,$\boldsymbol{n}(s) = (n_x(x(s), y(s)), n_y(x(s), y(s)))$ とし，右辺は定積分を意味する．

注意 (1) 法線方向の線積分もスカラー場の線積分の特別な場合である．すなわち曲線に沿ったスカラー場を $f(s) = \langle \boldsymbol{v}(s), \boldsymbol{n}(s) \rangle$ で定めれば良い．したがって，法線方向の線積分もパラメータ表示によらない．

(2) 曲線 C のパラメータ表示とベクトル場 $\boldsymbol{v}$ をそれぞれ

$$\boldsymbol{p}(s) = \begin{pmatrix} x(s) \\ y(s) \end{pmatrix}, \quad \boldsymbol{v}(x,y) = v_x(x,y)\frac{\partial}{\partial x} + v_y(x,y)\frac{\partial}{\partial y}$$

とする．単位法ベクトル $\boldsymbol{n}$ が (5.2) で与えられていることに注意すれば，法線方向の線積分は

$$\int_C \langle \boldsymbol{v},\, \boldsymbol{n}\rangle\, \mathrm{d}C = \int_a^b (v_x(s)p'_y(s) - v_y(s)p'_x(s))\,\mathrm{d}s \tag{5.3}$$

と計算できる．ここで $v_a(s) = v_a(x(s), y(s))$ $(a = x, y)$ とした．

この平面曲線 C に沿ったベクトル場 $\boldsymbol{v}$ の法線方向の線積分は，ベクトル場 $\boldsymbol{v}$ の法線方向への強さを与えるスカラー場の線積分である．

例題 5.9 次のパラメータ表示 $\boldsymbol{p}(s)$ で与えられる曲線 C とベクトル場 $\boldsymbol{v}$ に対して，$\boldsymbol{v}$ の法線方向の線積分を計算せよ．

$$C : \boldsymbol{p}(s) = \begin{pmatrix} \cos s \\ 2\sin s \end{pmatrix} \quad (0 \leqq s \leqq 2\pi), \quad \boldsymbol{v}(x,y) = x\frac{\partial}{\partial x} + 2y\frac{\partial}{\partial y}.$$

解 曲線 C に沿って考えると，$\boldsymbol{v}(s) = \cos s\dfrac{\partial}{\partial x} + 4\sin s\dfrac{\partial}{\partial y}$ であり，$\boldsymbol{p}'(s) = (-\sin s, 2\cos s)$ となる．したがって

$$\tilde{\boldsymbol{n}}(s) = \begin{pmatrix} 0 & 1 \\ -1 & 0 \end{pmatrix}\boldsymbol{p}'(s) = \begin{pmatrix} 2\cos s \\ \sin s \end{pmatrix}$$

である．これより，

$$\langle \boldsymbol{v}(s),\, \boldsymbol{n}(s)\rangle\, |\boldsymbol{p}'(s)| = \langle \boldsymbol{v}(s),\, \tilde{\boldsymbol{n}}(s)\rangle = 2\cos^2 s + 4\sin^2 s = -2\cos^2 s + 4$$

となる．したがって，$\boldsymbol{v}$ の法線方向の線積分は

$$\int_C \langle \boldsymbol{v},\, \boldsymbol{n}\rangle\,\mathrm{d}C = \int_0^{2\pi} (-2\cos^2 s + 4)\,\mathrm{d}s = 6\pi$$

と計算できる． □

5.2 面積分

曲面 $S : \boldsymbol{p} : D \subset \mathbb{R}^2 \to \mathbb{R}^3, (u,v) \mapsto \boldsymbol{p}(u,v)$ の面積 A_D は重積分

$$A_D = \iint_D \left| \frac{\partial \boldsymbol{p}}{\partial u} \times \frac{\partial \boldsymbol{p}}{\partial v} \right| \mathrm{d}u\mathrm{d}v$$

で与えられた (3.2 節参照)．これを少し一般化したものがスカラー場の面積分である．

定義 5.10 空間のスカラー場 $f = f(x, y, z)$ が $\mathbb{R}^3$ 内の曲面 $S : \boldsymbol{p} = \boldsymbol{p}(u, v)$ $((u, v) \in D)$ の周りで定義されているとする．このとき，**スカラー場の面積分**を次の重積分で定義する．

$$\iint_S f\ \mathrm{d}S = \iint_D f(u, v) \left| \frac{\partial \boldsymbol{p}}{\partial u}(u, v) \times \frac{\partial \boldsymbol{p}}{\partial v}(u, v) \right| \mathrm{d}u\mathrm{d}v.$$

ここで $\times$ は $\mathbb{R}^3$ の外積，$f(u, v)$ は $f(u, v) = f(x(u, v), y(u, v), z(u, v))$ とした．また，$\mathrm{d}S$ を形式的に

$$\mathrm{d}S = \left| \frac{\partial \boldsymbol{p}}{\partial u}(u, v) \times \frac{\partial \boldsymbol{p}}{\partial v}(u, v) \right| \mathrm{d}u\mathrm{d}v$$

とおき，曲面 S の**面積要素**と呼ぶ．

注意 (1) これは，スカラー場が恒等的に 1 の場合，3.2 節で述べたように曲面 S の面積を与えている．

(2) スカラー場の面積分がパラメータ表示によらないのは，9.2 節の微分形式の積分で説明する．

(3) ラグランジュの恒等式 (命題 1.25) と曲面の第 1 基本形式の E, F, G を用いれば，

$$\left| \frac{\partial \boldsymbol{p}}{\partial u} \times \frac{\partial \boldsymbol{p}}{\partial v} \right| = \sqrt{\left| \frac{\partial \boldsymbol{p}}{\partial u} \right|^2 \left| \frac{\partial \boldsymbol{p}}{\partial u} \right|^2 - \left\langle \frac{\partial \boldsymbol{p}}{\partial u}, \frac{\partial \boldsymbol{p}}{\partial v} \right\rangle^2} = \sqrt{EG - F^2}$$

と計算できる．すなわち，$\left| \dfrac{\partial \boldsymbol{p}}{\partial u} \times \dfrac{\partial \boldsymbol{p}}{\partial v} \right| = \sqrt{\det \hat{\mathrm{I}}}$ である．

例題 5.11 曲面 S のパラメータ表示 $\boldsymbol{p} = \boldsymbol{p}(u, v)$ $((u, v) \in D)$ と，スカラー場 f を次のように与えるとき，スカラー場の面積分 $\displaystyle\iint_S f\,\mathrm{d}S$ を計算せよ．

$$S : \boldsymbol{p}(u, v) = \begin{pmatrix} \cos u \\ \sin u \\ v \end{pmatrix} \quad \left((u, v) \in D = \left\{ (u, v) \;\middle|\; \begin{matrix} 0 \leqq u \leqq 2\pi \\ 0 \leqq v \leqq 1 \end{matrix} \right\} \right),$$

$$f(x, y, z) = x^2 y^2 z^2.$$

解 スカラー場 f は曲面 S に沿って $f(u, v) = v^2 \cos^2 u \sin^2 u$ となる．曲面 S は例題 3.5 の (2) で考えた円柱面である．その偏微分は簡単に計算できるよ

うに (例題 3.10 参照),

$$\frac{\partial \boldsymbol{p}(u,v)}{\partial u} = \begin{pmatrix} -\sin u \\ \cos u \\ 0 \end{pmatrix}, \quad \frac{\partial \boldsymbol{p}(u,v)}{\partial v} = \begin{pmatrix} 0 \\ 0 \\ 1 \end{pmatrix}$$

となる．つまり

$$\left| \frac{\partial \boldsymbol{p}(u,v)}{\partial u} \times \frac{\partial \boldsymbol{p}(u,v)}{\partial v} \right| = 1$$

となる．したがって，

$$\iint_S f \mathrm{d}S = \iint_D v^2 \cos^2 u \, \sin^2 u \, \mathrm{d}u \mathrm{d}v$$

となる．さらに，重積分は**逐次積分** (p.195 参照) で計算できるので，

$$\iint_S f \, \mathrm{d}S = \int_0^1 \left(\int_0^{2\pi} v^2 \cos^2 u \, \sin^2 u \, \mathrm{d}u \right) \mathrm{d}v = \frac{\pi}{12}$$

となる． □

注意 積分範囲が明記されているので混乱はないと思うが，今後，逐次積分を

$$\int_c^d \left(\int_a^b f(u,v) \, \mathrm{d}u \right) \mathrm{d}v = \int_c^d \int_a^b f(u,v) \, \mathrm{d}u \, \mathrm{d}v$$

と括弧を付けずに，表すことにする．

次にスカラー場の面積分の特別なものを考えよう．線積分のときは，接線方向と法線方向の線積分を考えたので，面積分でも同じようなことを考えたい．接線方向は一つに定まらないので (曲面上の点に接するベクトルは無数にある)，法線方向の面積分だけを考える (すなわち，これをベクトル場の面積分と定義する)．まず，曲面 $\boldsymbol{p}$ に対して単位法ベクトル場は $\{\boldsymbol{p}_u, \boldsymbol{p}_v, \boldsymbol{n}\}$ が右手系の向きになる，すなわち

$$\boldsymbol{n} = \frac{\boldsymbol{p}_u \times \boldsymbol{p}_v}{|\boldsymbol{p}_u \times \boldsymbol{p}_v|} \tag{5.4}$$

として定めたことに注意しよう．

定義 5.12 空間のベクトル場 $\boldsymbol{v} = \boldsymbol{v}(x,y,z)$ が $\mathbb{R}^3$ 内の曲面 $S : \boldsymbol{p} = \boldsymbol{p}(u,v)$ $((u,v) \in D)$ の周りで定義されているとし，$\boldsymbol{n}$ を曲面 S の単位法ベクトル場とする．このとき，**ベクトル場の面積分**を次の重積分で定義する．

$$\iint_S \langle \boldsymbol{v},\, \boldsymbol{n}\rangle\, \mathrm{d}S = \iint_D \langle \boldsymbol{v}(u,v),\, \boldsymbol{n}(u,v)\rangle \left|\frac{\partial \boldsymbol{p}}{\partial u}(u,v) \times \frac{\partial \boldsymbol{p}}{\partial v}(u,v)\right| \mathrm{d}u\mathrm{d}v.$$

ここで

$$\boldsymbol{v}(u,v) = (v_x(u,v), v_y(u,v), v_z(u,v)), \quad \boldsymbol{n}(u,v) = (n_x(u,v), n_y(u,v), n_z(u,v)),$$
$$v_a(u,v) = v_a(x(u,v), y(u,v), z(u,v)), \quad n_a(u,v) = n_a(x(u,v), y(u,v), z(u,v))$$
$$(a = x, y, z)$$

とした.

注意 (1) 曲面 S の単位法ベクトル $\boldsymbol{n}$ は (5.4) で与えられるので，すぐわかるようにベクトル場の面積分は

$$\iint_S \langle \boldsymbol{v},\, \boldsymbol{n}\rangle\, \mathrm{d}S = \iint_D \left\langle \boldsymbol{v}(u,v),\, \frac{\partial \boldsymbol{p}}{\partial u}(u,v) \times \frac{\partial \boldsymbol{p}}{\partial v}(u,v) \right\rangle \mathrm{d}u\mathrm{d}v \tag{5.5}$$

から計算できる．計算上はこちらの方が便利である．

(2) ベクトル場の面積分はスカラー場の面積分が向きを保つパラメータの取り換えによって変化しないことを考えれば向きを保つパラメータの取り換えによって，変化しない．詳しくは 9.2 節で説明する．

例題 5.13 曲面 S のパラメータ表示 $\boldsymbol{p} = \boldsymbol{p}(u,v)$ とベクトル場 $\boldsymbol{v} = \boldsymbol{v}(x,y,z)$ を次のように与えるとき，ベクトル場の面積分 $\displaystyle\iint_S \langle \boldsymbol{v},\, \boldsymbol{n}\rangle\, \mathrm{d}S$ を計算せよ．

$$\boldsymbol{p}(u,v) = \begin{pmatrix} \cos u \\ \sin u \\ v \end{pmatrix} \quad \left((u,v) \in D = \left\{ (u,v) \;\middle|\; \begin{array}{l} 0 \leqq u \leqq 2\pi \\ 0 \leqq v \leqq \pi \end{array} \right\} \right),$$
$$\boldsymbol{v}(x,y,z) = e^z x \frac{\partial}{\partial x} + e^z y \frac{\partial}{\partial y} + \frac{\partial}{\partial z}.$$

解 まず，ベクトル場 $\boldsymbol{v}$ は曲面 S 上では，

$$\boldsymbol{v} = e^v \cos u \frac{\partial}{\partial x} + e^v \sin u \frac{\partial}{\partial y} + \frac{\partial}{\partial z}$$

と表せることに注意する．簡単に計算できるように，

$$\frac{\partial \boldsymbol{p}}{\partial u} = \begin{pmatrix} -\sin u \\ \cos u \\ 0 \end{pmatrix}, \quad \frac{\partial \boldsymbol{p}}{\partial v} = \begin{pmatrix} 0 \\ 0 \\ 1 \end{pmatrix}, \quad \frac{\partial \boldsymbol{p}}{\partial u} \times \frac{\partial \boldsymbol{p}}{\partial v} = \begin{pmatrix} \cos u \\ \sin u \\ 0 \end{pmatrix}$$

となる (例題 3.10 の計算参照). したがって,

$$\left\langle \boldsymbol{v},\, \frac{\partial \boldsymbol{p}}{\partial u} \times \frac{\partial \boldsymbol{p}}{\partial v} \right\rangle = e^v$$

と計算できる. 最後に逐次積分を用いて

$$\iint_S \langle \boldsymbol{v},\, \boldsymbol{n} \rangle \, \mathrm{d}S = \int_{-\pi}^{\pi} \int_0^{2\pi} e^v \, \mathrm{d}u\mathrm{d}v = 2\pi(e^{\pi} - e^{-\pi}) = 4\pi \ \sinh \pi$$

となる. □

5.3 平面上の積分定理

ここでは, 平面上の積分定理を紹介する. まず, 単純閉曲線とその向きについて述べよう.

定義 5.14 平面上の曲線 $C : \boldsymbol{p} : I = [a, b] \to \mathbb{R}^2$ が**単純閉曲線**であるとは, C は自己交叉せず, かつ $\boldsymbol{p}(a) = \boldsymbol{p}(b)$ を満たす区分的に正則な曲線のことである.

単純閉曲線であるかどうかは, たとえば図 5.2 を見てもらえばわかる. 単純閉曲線は, 図から明らかなように平面を二つの領域にわける. すなわち, 次の定理が知られている.

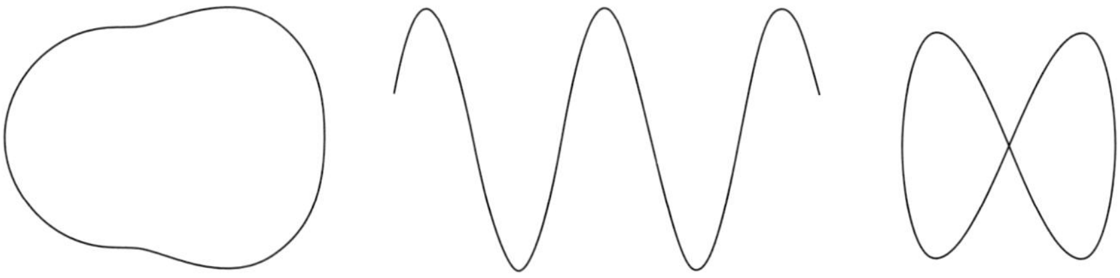

図 5.2　単純閉曲線 (左), 開曲線 (中央), 自己交叉する閉曲線 (右)

定理 5.15 (ジョルダンの閉曲線定理) 平面上の単純閉曲線は, 平面を有界な領域と非有界な領域にわける. 有界な領域は**内側**, 非有界な領域は**外側**と呼ばれる.

この定理を用いて, 領域の境界についての向きを定めよう.

定義 5.16 平面上の領域 D の境界が単純閉曲線 $\boldsymbol{p} = \boldsymbol{p}(s)$ で表されているとし，その単位法ベクトル $\boldsymbol{n} = \boldsymbol{n}(s)$ を領域の内側から外側へ向かうものとして定めておく．D の境界 ∂D が**正の向きに向き付けられている**とは

$$\{\boldsymbol{n}, \boldsymbol{p}'\}$$

が右手系になるときである．左手系のときは**負の向きに向き付けられている**という．境界が正の向きであるとき，単純閉曲線は内側の領域を左手に見て進む方向になる．同様に境界が負の向きであるとき，単純閉曲線は内側の領域を右手に見て進む方向になる．

この定義の状況を表したものが図 5.3 である．平面上の領域 D がいくつかの単純閉曲線で表されている場合は少し注意が必要である (図 5.3 の右)．このとき，単位法ベクトル $\boldsymbol{n}$ は領域の内側から外側に向かう向きに取っていたので，内側の単純閉曲線の正の向きは図 5.3 の右側の図のようになる．一方，この内側の単純閉曲線で囲まれる領域の境界の向きは図 5.3 の左側の図のようになっている．今後，領域 D の境界 ∂D である単純閉曲線は定義 5.16 の意味で正の向きで与えられているとする．

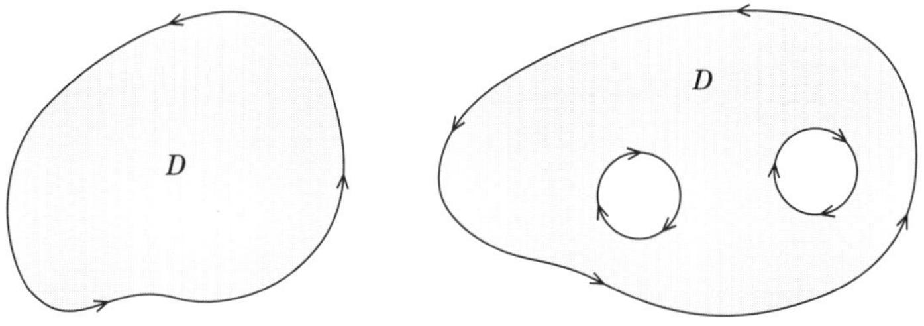

図 5.3 単純閉曲線の正の向き

定理 5.17（平面のグリーンの公式） 平面上の領域を $D \subset \mathbb{R}^2$ とし，その境界 $C = \partial D$ はいくつかの単純閉曲線からなるものとする．さらに $\boldsymbol{t}$ を ∂D に沿った単位接ベクトル場，$\boldsymbol{v}$ を D の周りで定義されたベクトル場とする．このとき，次が成り立つ．

$$\int_C \langle \boldsymbol{v}, \boldsymbol{t} \rangle \, \mathrm{d}C = \iint_D \mathrm{rot}\, \boldsymbol{v} \, \mathrm{d}x\mathrm{d}y. \tag{5.6}$$

右辺は，領域 D 上での重積分を意味する．

注意 (1) $\mathrm{d}D = \mathrm{d}x\mathrm{d}y$ という記号を導入すれば，グリーンの公式は

$$\int_C \langle \boldsymbol{v}, \boldsymbol{t} \rangle \, \mathrm{d}C = \iint_D \mathrm{rot}\, \boldsymbol{v} \, \mathrm{d}D$$

と書ける．右辺は，スカラー場 (平面の場合 $\mathrm{rot}\, \boldsymbol{v}$ はスカラー場) の面積分に見えて混乱を引き起こしそうであるが，実はそう思っても構わない．平面 D を $\mathbb{R}^3$ の xy–平面と思えば，そのパラメータ表示に対して，$\left| \dfrac{\partial \boldsymbol{p}}{\partial u} \times \dfrac{\partial \boldsymbol{p}}{\partial v} \right| = 1$ となることから (3.2 節参照)，

$$\iint_D \mathrm{rot}\, \boldsymbol{v} \, \mathrm{d}D = \iint_D \mathrm{rot}\, \boldsymbol{v} \, \mathrm{d}x\mathrm{d}y$$

である．

(2) また，ベクトル場 $\boldsymbol{v}$ を $\boldsymbol{v}(x,y) = P(x,y)\dfrac{\partial}{\partial x} + Q(x,y)\dfrac{\partial}{\partial y}$ で表し，曲線 C のパラメータ表示を $\boldsymbol{p}(s) = (x(s), y(s))$ $(a \leqq s \leqq b)$ としておくと，グリーンの公式は

$$\int_a^b \left(P\frac{\mathrm{d}x}{\mathrm{d}s} + Q\frac{\mathrm{d}y}{\mathrm{d}s} \right) \mathrm{d}s = \iint_D \left(\frac{\partial Q}{\partial x} - \frac{\partial P}{\partial y} \right) \mathrm{d}x\mathrm{d}y \tag{5.7}$$

と書くこともできる．

式 (5.6) から式 (5.7) が導かれることは，ベクトル場の線積分の定義 5.4 および平面のベクトル場の回転の定義 4.12 からただちにわかる．ここで，平面のグリーンの公式の簡単な応用を述べよう．

例題 5.18 単純閉曲線 $C : \boldsymbol{p}(s) = (x(s), y(s))$ $(s \in [a,b])$ で囲まれた領域の面積 S は

$$S = \frac{1}{2} \int_a^b \left(x\frac{\mathrm{d}y}{\mathrm{d}s} - y\frac{\mathrm{d}x}{\mathrm{d}s} \right) \mathrm{d}s$$

で与えられる．極座標 (r, θ) を用いると

$$S = \frac{1}{2} \int_c^d r(\theta)^2 \, \mathrm{d}\theta \tag{5.8}$$

とも与えられる．

解 曲線 C で囲まれる領域 D の面積 S は

$$S = \iint_D \mathrm{d}x\mathrm{d}y$$

で与えられる．グリーンの公式をベクトル場 $\boldsymbol{v} = -\frac{y}{2}\frac{\partial}{\partial x} + \frac{x}{2}\frac{\partial}{\partial y}$ に対して考えると，

$$\frac{1}{2}\int_a^b \left(-y\frac{\mathrm{d}x}{\mathrm{d}s} + x\frac{\mathrm{d}y}{\mathrm{d}s}\right)\mathrm{d}s = \iint_D \mathrm{d}x\mathrm{d}y = S$$

を得る．極座標 (r,θ) と直交座標 (x,y) との関係は $x = r\cos\theta, y = r\sin\theta$ で与えられ，これを置換積分を用いて書きなおせば

$$\begin{aligned}
&\frac{1}{2}\int_a^b \left(-y\frac{\mathrm{d}x}{\mathrm{d}s} + x\frac{\mathrm{d}y}{\mathrm{d}s}\right)\mathrm{d}s \\
&= \frac{1}{2}\int_a^b \left\{-r\sin\theta\left(\frac{\mathrm{d}r}{\mathrm{d}s}\cos\theta - r\sin\theta\frac{\mathrm{d}\theta}{\mathrm{d}s}\right) + r\cos\theta\left(\frac{\mathrm{d}r}{\mathrm{d}s}\sin\theta + r\cos\theta\frac{\mathrm{d}\theta}{\mathrm{d}s}\right)\right\}\mathrm{d}s \\
&= \frac{1}{2}\int_c^d r^2\mathrm{d}\theta
\end{aligned}$$

を得る．ここで $s(c) = a$, $s(d) = b$ とした． □

定理 5.19（平面のガウスの発散定理） 平面上の領域を $D \subset \mathbb{R}^2$ とし，その境界 $C = \partial D$ はいくつかの単純閉曲線からなるものとする．さらに，$\boldsymbol{n}$ を ∂D の単位法ベクトル，$\boldsymbol{v}$ を D の周りで定義されたベクトル場とする．このとき，次が成り立つ．

$$\int_C \langle \boldsymbol{v}, \boldsymbol{n}\rangle\,\mathrm{d}C = \iint_D \operatorname{div}\boldsymbol{v}\,\mathrm{d}x\mathrm{d}y. \tag{5.9}$$

注意 (1) $\mathrm{d}D = \mathrm{d}x\mathrm{d}y$ という記号を導入すれば，平面のガウスの発散定理

$$\int_C \langle \boldsymbol{v}, \boldsymbol{n}\rangle\,\mathrm{d}C = \iint_D \operatorname{div}\boldsymbol{v}\,\mathrm{d}D$$

と書ける．右辺をスカラー場の面積分と思って構わないのはグリーンの公式と同じ理由である．

(2) 特にベクトル場 $\boldsymbol{v}$ を $\boldsymbol{v} = P\frac{\partial}{\partial x} + Q\frac{\partial}{\partial y}$ で表し，曲線 C のパラメータ表示を $\boldsymbol{p}(s) = (x(s), y(s))$ $(s \in [a,b])$ としておくと，平面のガウスの公式 (5.9) は

$$\int_a^b \left(P\frac{\mathrm{d}y}{\mathrm{d}s} - Q\frac{\mathrm{d}x}{\mathrm{d}s}\right)\mathrm{d}s = \iint_D \left(\frac{\partial P}{\partial x} + \frac{\partial Q}{\partial y}\right)\mathrm{d}x\mathrm{d}y \tag{5.10}$$

と書くことができる．実際，式 (5.9) の右辺は発散の定義から明らかに

$$\iint_D \operatorname{div} \boldsymbol{v}\, \mathrm{d}x\mathrm{d}y = \iint_D \left(\frac{\partial P}{\partial x} + \frac{\partial Q}{\partial y}\right) \mathrm{d}x\mathrm{d}y$$

となる．次に，左辺も定義から

$$\int_C \langle \boldsymbol{v}, \boldsymbol{n} \rangle \,\mathrm{d}C = \int_a^b (Pn_x + Qn_y)|\boldsymbol{p}'|\,\mathrm{d}s$$

と計算される．ここで単位法ベクトルを $\boldsymbol{n} = (n_x, n_y)$ と置いた．一方，単位法ベクトル $\boldsymbol{n}$ は接ベクトル $\boldsymbol{p}' = (x', y')$ を用いて

$$\boldsymbol{n} = \frac{1}{|\boldsymbol{p}'|}\begin{pmatrix} 0 & 1 \\ -1 & 0 \end{pmatrix}\boldsymbol{p}' = \frac{1}{|\boldsymbol{p}'|}\begin{pmatrix} y' \\ -x' \end{pmatrix}$$

と書ける．したがってこれを上の式に代入すると

$$\int_C \langle \boldsymbol{v}, \boldsymbol{n} \rangle \,\mathrm{d}C = \int_a^b \left(P\frac{\mathrm{d}y}{\mathrm{d}s} - Q\frac{\mathrm{d}x}{\mathrm{d}s}\right) \mathrm{d}s$$

となり，これを使うと，平面のガウスの発散定理が式 (5.10) の形で書ける．

式 (5.10) を見るとわかると思うが，平面のガウスの発散定理はグリーンの公式とほとんど同じである．一方の定理を仮定すると他方の定理を導くことができる．

例題 5.20 グリーンの公式が成立すれば，平面のガウスの発散定理が成り立つことを確かめよ．逆も正しいことを確かめよ．

解 いま，ベクトル場 $\boldsymbol{v} = P\dfrac{\partial}{\partial x} + Q\dfrac{\partial}{\partial y}$ に対して，ベクトル場 $\hat{\boldsymbol{v}}$ を

$$\hat{\boldsymbol{v}} = -Q\frac{\partial}{\partial x} + P\frac{\partial}{\partial y}$$

と定めよう．このベクトル場 $\hat{\boldsymbol{v}}$ の C に沿った線積分が

$$\int_C \langle \boldsymbol{v}, \boldsymbol{n} \rangle \,\mathrm{d}C = \int_C \langle \hat{\boldsymbol{v}}, \boldsymbol{t} \rangle \,\mathrm{d}C$$

を満たすのは $\hat{\boldsymbol{v}}$ の定義から明らかである．いま $\displaystyle\int_C \langle \hat{\boldsymbol{v}}, \boldsymbol{t} \rangle \,\mathrm{d}C$ に対して，グリーンの公式を適用すると

$$\int_C \langle \hat{\boldsymbol{v}}, \boldsymbol{t} \rangle \,\mathrm{d}C = \iint_D \operatorname{rot} \hat{\boldsymbol{v}}\, \mathrm{d}x\mathrm{d}y$$

となる．ここで $\operatorname{rot} \hat{\boldsymbol{v}}$ を定義に基づいて計算すると，

$$\mathrm{rot}\,\hat{\boldsymbol{v}} = \frac{\partial P}{\partial x} + \frac{\partial Q}{\partial y} = \mathrm{div}\,\boldsymbol{v}$$

となる．これらをすべて合わせると

$$\int_C \langle \boldsymbol{v}, \boldsymbol{n} \rangle \,\mathrm{d}C = \int_C \langle \hat{\boldsymbol{v}}, \mathrm{d}C \rangle = \iint_D \mathrm{rot}\,\hat{\boldsymbol{v}}\,\mathrm{d}x\mathrm{d}y = \iint_D \mathrm{div}\,\boldsymbol{v}\,\mathrm{d}x\mathrm{d}y$$

となり，平面のガウスの発散定理が示される．逆も同様の計算をすれば，簡単に示せる． □

5.4 空間上の積分定理

次に，次元を一つ上げた積分定理を考えてみよう．グリーンの公式と平面のガウスの発散定理に対応する，ストークスの定理と (空間の) ガウスの発散定理である．まず，定理を説明するために曲面の境界の向きについて考える．曲面 S を

$$\boldsymbol{p} : D \to \mathbb{R}^3$$

とし，その境界 ∂S は，平面内の領域 D の境界 ∂D の像 $\boldsymbol{p}(\partial D)$ で与えられているとしよう．いま，曲面の単位法ベクトル $\boldsymbol{n}$ が

$$\boldsymbol{n} = \frac{\dfrac{\partial \boldsymbol{p}}{\partial u} \times \dfrac{\partial \boldsymbol{p}}{\partial v}}{\left| \dfrac{\partial \boldsymbol{p}}{\partial u} \times \dfrac{\partial \boldsymbol{p}}{\partial v} \right|}$$

で与えられていたことを思い出そう．

定義 5.21 曲面 S が**向き付け可能**であるとは，S 上で単位法ベクトル $\boldsymbol{n}$ が連続的に取れるときのことを言う．

注意 向き付け可能でない曲面も存在する．たとえば帯をひねって付けた**メビウスの帯**という曲面は，向き付け不可能である (図 5.4 参照).

曲面 S が向き付け可能なとき，その境界 ∂S に自然に向きを与えることができる．

定義 5.22 境界のある曲面 S が向き付け可能とし，その単位法ベクトルを $\boldsymbol{n}$ とする．D を $\mathbb{R}^2$ の領域として，∂D を D の境界とし，曲面が $S = \boldsymbol{p}(D)$ で与えられているとする．D の境界 ∂D に対して，内側から外側に向かう平面の単位法べ

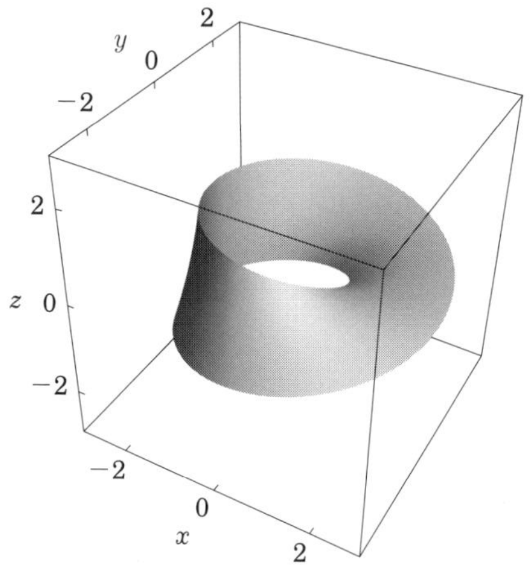

図 5.4　メビウスの帯

クトルに対応する曲面 S の接ベクトルを $\boldsymbol{n}_1$ とする．$\boldsymbol{q} = \boldsymbol{q}(s)$ を境界 ∂S を表す空間曲線のパラメータ表示とし，$\boldsymbol{q}'$ をその接ベクトルとする．このとき，S の境界 ∂S が**正の向きに向き付けられている**とは

$$\{\boldsymbol{n}_1, \boldsymbol{q}', \boldsymbol{n}\}$$

が右手系であるときを言う．

定義の状況を表しているのは図 5.5 である．曲面の境界がいくつかの単純閉曲線になっている場合は，平面の領域と同じように注意が必要である．今後，空間内の曲面は**向き付けられている**とし，その境界は定義 5.22 の意味で**正の向き**としておこう．

定理 5.23（ストークスの定理） S を $\mathbb{R}^3$ 内の自己交叉のない曲面とし，C をその境界 $\partial S = C$ とする．S の周りで定義された滑らかなベクトル場 $\boldsymbol{v}$ に対して，次が成立する．

$$\int_C \langle \boldsymbol{v}, \boldsymbol{t} \rangle \,\mathrm{d}C = \iint_S \langle \mathrm{rot}\, \boldsymbol{v}, \boldsymbol{n} \rangle \,\mathrm{d}S.$$

これを**ストークスの定理**と呼ぶ．

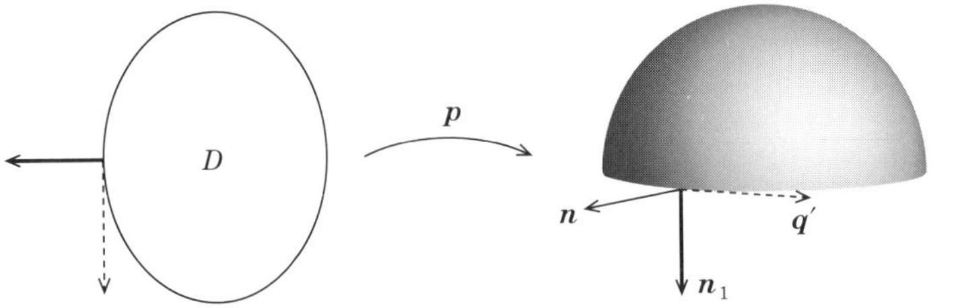

図 5.5 曲面の境界の向き．左右の図で，太線の矢印は $\boldsymbol{n}_1$，破線の矢印は $\boldsymbol{p}$ に対応する．

定理 5.24 平面上のグリーンの公式，ガウスの発散定理および空間上のストークスの定理はすべて同値である．

証明 平面上のグリーンの公式とガウスの発散定理が同じことは例題 5.20 で示した．ここでは，ストークスの定理 5.23 と平面上のグリーンの公式である定理 5.17 が同値であることを証明する．

まずストークスの定理が成立していると仮定しよう．このとき，平面上の領域 D を $\mathbb{R}^3$ の中の曲面として考える．D を xy–平面の一部とすれば，曲面は $S:\boldsymbol{p}:D\to\mathbb{R}^3$ は $\boldsymbol{p}(x,y)=(x,y,0)$ と書け，単位法ベクトルは $\boldsymbol{n}=(0,0,1)$ となる．また平面上のベクトル場 $\boldsymbol{v}$ および D の境界 ∂D をあらわす単純閉曲線 C は自然に空間のベクトル場 $\tilde{\boldsymbol{v}}$ および空間曲線 $\widetilde{C}$ と思える．このとき，

$$\int_C \langle \boldsymbol{v},\,\boldsymbol{t}\rangle\ \mathrm{d}C=\int_{\widetilde{C}}\langle\tilde{\boldsymbol{v}},\,\tilde{\boldsymbol{t}}\rangle\ \mathrm{d}\widetilde{C}=\iint_S\langle\mathrm{rot}\,\tilde{\boldsymbol{v}},\,\boldsymbol{n}\rangle\ \mathrm{d}S=\iint_D\mathrm{rot}\,\boldsymbol{v}\,\mathrm{d}x\mathrm{d}y$$

が成立する．ここで，2 番目の等式でストークスの定理を用いて，最後の等式では，$\boldsymbol{n}=(0,0,1)$ と $\left|\dfrac{\partial\boldsymbol{p}}{\partial x}\times\dfrac{\partial\boldsymbol{p}}{\partial y}\right|=1$ および $\mathrm{rot}\,\tilde{\boldsymbol{v}}=\mathrm{rot}\,\boldsymbol{v}\dfrac{\partial}{\partial z}$ を用いた．したがって，グリーンの公式が成立する．

逆にグリーンの公式が成立していると仮定しよう．このとき，曲面 $\boldsymbol{p}:D\to\mathbb{R}^3$, $S=\boldsymbol{p}(D)$ と S 上のベクトル場 $\boldsymbol{v}$ に対しての面積分が

$$\iint_S\langle\mathrm{rot}\,\boldsymbol{v},\,\boldsymbol{n}\rangle\ \mathrm{d}S=\iint_D\left\langle\mathrm{rot}\,\boldsymbol{v},\,\frac{\partial\boldsymbol{p}}{\partial u}\times\frac{\partial\boldsymbol{p}}{\partial v}\right\rangle\ \mathrm{d}u\mathrm{d}v \tag{5.11}$$

と書けることに着目して，$\left\langle\mathrm{rot}\,\boldsymbol{v},\,\dfrac{\partial\boldsymbol{p}}{\partial u}\times\dfrac{\partial\boldsymbol{p}}{\partial v}\right\rangle$ を平面 D 上のあるベクトル場 $\tilde{\boldsymbol{v}}$ の

回転 $\operatorname{rot}\tilde{\boldsymbol{v}}$ として書けるかということを考えてみる．実際，$\tilde{\boldsymbol{v}} = \tilde{v}_u \dfrac{\partial}{\partial u} + \tilde{v}_v \dfrac{\partial}{\partial v}$ を

$$\tilde{v}_u = \left\langle \boldsymbol{v} \circ \boldsymbol{p},\ \frac{\partial \boldsymbol{p}}{\partial u} \right\rangle, \quad \tilde{v}_v = \left\langle \boldsymbol{v} \circ \boldsymbol{p},\ \frac{\partial \boldsymbol{p}}{\partial v} \right\rangle$$

で定める．このとき

$$\begin{aligned}
\operatorname{rot}\tilde{\boldsymbol{v}} &= \frac{\partial \tilde{v}_v}{\partial u} - \frac{\partial \tilde{v}_u}{\partial v} \\
&= \frac{\partial \left\langle \boldsymbol{v} \circ \boldsymbol{p},\ \dfrac{\partial \boldsymbol{p}}{\partial v} \right\rangle}{\partial u} - \frac{\partial \left\langle \boldsymbol{v} \circ \boldsymbol{p},\ \dfrac{\partial \boldsymbol{p}}{\partial u} \right\rangle}{\partial v} \\
&= \left\langle \frac{\partial \boldsymbol{v} \circ \boldsymbol{p}}{\partial u},\ \frac{\partial \boldsymbol{p}}{\partial v} \right\rangle + \left\langle \boldsymbol{v} \circ \boldsymbol{p},\ \frac{\partial^2 \boldsymbol{p}}{\partial u \partial v} \right\rangle - \left\langle \frac{\partial \boldsymbol{v} \circ \boldsymbol{p}}{\partial v},\ \frac{\partial \boldsymbol{p}}{\partial u} \right\rangle - \left\langle \boldsymbol{v} \circ \boldsymbol{p},\ \frac{\partial^2 \boldsymbol{p}}{\partial v \partial u} \right\rangle \\
&= \left\langle \frac{\partial \boldsymbol{v} \circ \boldsymbol{p}}{\partial u},\ \frac{\partial \boldsymbol{p}}{\partial v} \right\rangle - \left\langle \frac{\partial \boldsymbol{v} \circ \boldsymbol{p}}{\partial v},\ \frac{\partial \boldsymbol{p}}{\partial u} \right\rangle \\
&= \left\langle \operatorname{rot}\boldsymbol{v},\ \frac{\partial \boldsymbol{p}}{\partial u} \times \frac{\partial \boldsymbol{p}}{\partial v} \right\rangle
\end{aligned}$$

となる．ここで最後の等式では，定義 1.10, 例題 1.11 と演習問題 (問 5.1) の等式 (5.12) を用いて

$$\left\langle \operatorname{rot}\boldsymbol{v},\ \frac{\partial \boldsymbol{p}}{\partial u} \times \frac{\partial \boldsymbol{p}}{\partial v} \right\rangle = \left\langle \operatorname{rot}\boldsymbol{v} \times \frac{\partial \boldsymbol{p}}{\partial u},\ \frac{\partial \boldsymbol{p}}{\partial v} \right\rangle = \left\langle \frac{\partial \boldsymbol{v} \circ \boldsymbol{p}}{\partial u},\ \frac{\partial \boldsymbol{p}}{\partial v} \right\rangle - \left\langle \frac{\partial \boldsymbol{v} \circ \boldsymbol{p}}{\partial v},\ \frac{\partial \boldsymbol{p}}{\partial u} \right\rangle$$

と変形した．したがって

$$\iint_S \langle \operatorname{rot}\boldsymbol{v},\ \boldsymbol{n} \rangle \, \mathrm{d}S = \iint_D \operatorname{rot}\tilde{\boldsymbol{v}} \, \mathrm{d}u\mathrm{d}v$$

が成り立つ．

一方，接線方向の線積分は

$$\int_C \langle \boldsymbol{v},\ \boldsymbol{t} \rangle \, \mathrm{d}C = \int_a^b \langle \boldsymbol{v}(s),\ \boldsymbol{p}'(s) \rangle \, \mathrm{d}s = \int_a^b (v_x p'_x + v_y p'_y + v_z p'_z) \, \mathrm{d}s$$

と書ける．ここで $\boldsymbol{v} = v_x \dfrac{\partial}{\partial x} + v_y \dfrac{\partial}{\partial y} + v_z \dfrac{\partial}{\partial z}$ と $\boldsymbol{p} = (p_x, p_y, p_z)$ とした．曲面のパラメータの領域 $D \subset \mathbb{R}^2$ の境界 ∂D を $\widetilde{C}$ とし，$\widetilde{C}$ が平面曲線 $\boldsymbol{q}(s) = (u(s), v(s))$ で表されるとする．合成関数の偏微分を用いれば，接線方向の線積分の被積分関数は

$$\begin{aligned}
&v_x p'_x + v_y p'_y + v_z p'_z \\
&= \left(v_x \frac{\partial p_x}{\partial u} + v_y \frac{\partial p_y}{\partial u} + v_z \frac{\partial p_z}{\partial u} \right) \frac{\mathrm{d}u}{\mathrm{d}s} + \left(v_x \frac{\partial p_x}{\partial v} + v_y \frac{\partial p_y}{\partial v} + v_z \frac{\partial p_z}{\partial v} \right) \frac{\mathrm{d}v}{\mathrm{d}s}
\end{aligned}$$

$$= \tilde{v}_u \frac{\mathrm{d}u}{\mathrm{d}s} + \tilde{v}_v \frac{\mathrm{d}v}{\mathrm{d}s}$$

と書き直すことができる．すなわち，

$$\int_C \langle \boldsymbol{v}, \boldsymbol{t} \rangle \, \mathrm{d}C = \int_a^b \left\langle \boldsymbol{v}(s), \boldsymbol{p}'(s) \right\rangle \mathrm{d}s = \int_a^b \left\langle \tilde{\boldsymbol{v}}(s), \boldsymbol{q}'(s) \right\rangle \mathrm{d}s = \int_{\widetilde{C}} \langle \tilde{\boldsymbol{v}}, \tilde{\boldsymbol{t}} \rangle \, \mathrm{d}\widetilde{C}$$

が成り立つ ($\tilde{\boldsymbol{v}}$ は (5.11) で定義したことに注意する)．したがって，ストークスの定理が次のようにして成立する．

$$\int_C \langle \boldsymbol{v}, \boldsymbol{t} \rangle \, \mathrm{d}C = \int_{\widetilde{C}} \langle \tilde{\boldsymbol{v}}, \tilde{\boldsymbol{t}} \rangle \, \mathrm{d}\widetilde{C} = \iint_D \mathrm{rot}\, \tilde{\boldsymbol{v}} \, \mathrm{d}u\mathrm{d}v = \iint_S \langle \mathrm{rot}\, \boldsymbol{v}, \boldsymbol{n} \rangle \, \mathrm{d}S.$$

ここで，2 番目の等式では平面のベクトル場 $\tilde{\boldsymbol{v}}$ に対するグリーンの公式を用いた．

■

例題 5.25 半径 1 の球面の半分を S とし，空間のベクトル場を $\boldsymbol{v} = -z\frac{\partial}{\partial x} + y\frac{\partial}{\partial y} + x\frac{\partial}{\partial z}$ で与える．このとき，ストークスの定理が正しいことを確かめよ．

解 S のパラメータ表示を

$$\boldsymbol{p}(u,v) = \begin{pmatrix} \cos v \cos u \\ \cos v \sin u \\ \sin v \end{pmatrix} \quad \left(0 \leqq u \leqq \pi,\ -\frac{\pi}{2} \leqq v \leqq \frac{\pi}{2}\right)$$

で与える．第 1 基本形式や，単位法ベクトル $\boldsymbol{n}$ は例題 3.10 で計算した．そこでの計算から

$$\left| \frac{\partial \boldsymbol{p}}{\partial u} \times \frac{\partial \boldsymbol{p}}{\partial v} \right| = \cos v, \quad \boldsymbol{n} = \boldsymbol{p}$$

がわかる．一方，$\mathrm{rot}\, \boldsymbol{v}$ は，

$$\mathrm{rot}\, \boldsymbol{v} = -2\frac{\partial}{\partial y}$$

となる．したがって，面積分は

$$\iint_S \langle \mathrm{rot}\, \boldsymbol{v}, \boldsymbol{n} \rangle \, \mathrm{d}S = \int_{-\frac{\pi}{2}}^{\frac{\pi}{2}} \int_0^{\pi} -2\cos^2 v \sin u \, \mathrm{d}u\mathrm{d}v = -2\pi$$

と計算できる．S の境界 $C = \partial S$ は xz–平面の半径 1 の円なので，そのパラメータ表示は $\boldsymbol{q}(s) = (\sin s, 0, \cos s)$ と書ける．したがって，単位接ベクトル $\boldsymbol{t}$ は $\boldsymbol{t} =$

$(\cos s, 0, -\sin s)$ である．境界 $C = \partial S$ が正に向きづけられていることを確認するために $\boldsymbol{n}_1$ を求めよう．曲面 S を定義している平面の領域は

$$D = \left\{ (u, v) \in \mathbb{R}^2 \;\middle|\; 0 \leqq u \leqq \pi,\ -\frac{\pi}{2} \leqq v \leqq \frac{\pi}{2} \right\}$$

であり，D の境界の点 $(0,0)$ での外向きのベクトルは $(-1,0)$ である．対応する曲面 S 上の点は $(1,0,0)$ で，そこでの接ベクトル $\boldsymbol{n}_1$ は $\boldsymbol{n}_1 = -\dfrac{\partial \boldsymbol{p}}{\partial u}(0,0) = (0,-1,0)$ で与えられる．一方，$\boldsymbol{n}(0,0) = \boldsymbol{p}(0,0) = (1,0,0)$, $\boldsymbol{q}\left(\dfrac{\pi}{2}\right) = (1,0,0)$ で，$\boldsymbol{q}'\left(\dfrac{\pi}{2}\right) = (0,0,-1)$ である．したがって，

$$\det(\boldsymbol{n}_1, \boldsymbol{q}', \boldsymbol{n})|_{(1,0,0)} = 1 > 0$$

であり，$\{\boldsymbol{n}_1, \boldsymbol{q}', \boldsymbol{n}\}$ は点 $(1,0,0)$ で右手系である．その他の点でも同様にすれば，境界が $\boldsymbol{q}$ によって正の向きに向き付けられていることが確認できる．最後に，線積分を計算すれば

$$\int_C \langle \boldsymbol{v}, \boldsymbol{t} \rangle \,\mathrm{d}C = \int_0^{2\pi} -1 \,\mathrm{d}s = -2\pi$$

となる．したがって，ストークスの定理が正しいことがわかる．□

最後に空間上のガウスの発散定理について述べる．まず，無限に広がらず境界もない曲面のことを**閉曲面**と言うことにしよう．閉曲面は，10.1 節でもう少し説明するが，ここでは球面やドーナツの表面 (トーラスと呼ぶ) のような曲面を想像すればよい．

自己交叉のない閉曲面は，平面の単純閉曲線と同じように $\mathbb{R}^3$ の領域を有界な領域 (内側) と非有界な領域に分けることが知られている．このことから，向き付け可能であることがわかる．以下では単位法ベクトル $\boldsymbol{n}$ は領域の内側から外側へ向かうものとして考える．

定理 5.26（ガウスの発散定理） S を自己交叉のない閉曲面，V を S によって囲まれる $\mathbb{R}^3$ の領域とする．さらに，$\boldsymbol{v}$ を V の周りで定義されるベクトル場で，$\boldsymbol{n}$ を S の単位法ベクトル場とする．このとき次が成立する．

$$\iiint_V \operatorname{div} \boldsymbol{v} \,\mathrm{d}x\mathrm{d}y\mathrm{d}z = \iint_S \langle \boldsymbol{v}, \boldsymbol{n} \rangle \,\mathrm{d}S.$$

これを (空間の) **ガウスの発散定理**と呼ぶ．

注意 体積要素の記号 $\mathrm{d}V = \mathrm{d}x\mathrm{d}y\mathrm{d}z$ を導入すれば，ガウスの発散定理は

$$\iiint_V \mathrm{div}\,\boldsymbol{v}\,\mathrm{d}V = \iint_S \langle \boldsymbol{v}, \boldsymbol{n} \rangle\,\mathrm{d}S$$

という形に書くことができる．

例題 5.27 V を原点中心で半径 1 の球面の内部とし，ベクトル場 $\boldsymbol{v} = x\dfrac{\partial}{\partial x} + y\dfrac{\partial}{\partial y} + z\dfrac{\partial}{\partial z}$ とする．このとき，ガウスの発散定理が正しいことを確かめよ．

解 計算するとわかるように，

$$\mathrm{div}\,\boldsymbol{v} = 3$$

である．したがって，体積分は

$$\iiint_V \mathrm{div}\,\boldsymbol{v}\,\mathrm{d}x\mathrm{d}y\mathrm{d}z = 3\iiint_V \mathrm{d}x\mathrm{d}y\mathrm{d}z = 3 \times \text{半径 1 の球の体積} = 4\pi.$$

V の境界である半径 1 の球面 S のパラメータ表示は

$$\boldsymbol{p}(u, v) = \begin{pmatrix} \cos v \cos u \\ \cos v \sin u \\ \sin v \end{pmatrix} \quad \left(0 \leqq u \leqq 2\pi,\ -\frac{\pi}{2} \leqq v \leqq \frac{\pi}{2}\right)$$

で与えられる．第 1 基本形式や，単位法ベクトル $\boldsymbol{n}$ は例題 3.10 で計算した．そこでの計算から

$$\left|\frac{\partial \boldsymbol{p}}{\partial u} \times \frac{\partial \boldsymbol{p}}{\partial v}\right| = \cos v, \quad \boldsymbol{n} = \boldsymbol{p}$$

も簡単にわかる．したがって，面積分は

$$\iint_S \langle \boldsymbol{v}, \boldsymbol{n} \rangle\,\mathrm{d}S = \iint_S \langle \boldsymbol{p}, \boldsymbol{p} \rangle\,\mathrm{d}S = \int_{-\frac{\pi}{2}}^{\frac{\pi}{2}} \int_0^{2\pi} \cos v\,\mathrm{d}u\mathrm{d}v = 4\pi$$

となる．つまり，ガウスの発散定理が正しいことがわかる． □

5.5 積分定理の証明 (特別な領域の場合)

一般の領域のストークスの定理やガウスの発散定理の証明は第 9 章で与えることにして，ここでは，平面上のグリーンの公式と空間のガウスの発散定理を，領域が特別な場合に証明する．まず xy–平面の長方形の領域について，グリーンの

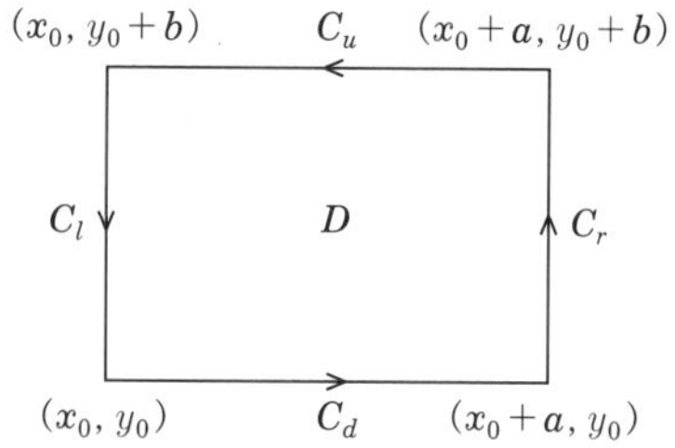

図 5.6 長方形領域

公式，すなわち

$$\int_C \langle \boldsymbol{v}, \boldsymbol{t} \rangle \, \mathrm{d}C = \iint_D \mathrm{rot}\, \boldsymbol{v} \, \mathrm{d}x\mathrm{d}y$$

を示そう．

図 5.6 のように長方形領域 D を取る．D の境界である曲線 $\partial D = C$ は進行方向左側に領域の内部が見える向きにとってある．それぞれの辺の線分を C_d, C_r, C_u, C_l と名付けると，それぞれの線分は次のようなパラメータ表示を持つ．

$$C_d : \boldsymbol{p}(s) = \begin{pmatrix} x_0 + s \\ y_0 \end{pmatrix} \quad (0 \leqq s \leqq a), \quad C_r : \boldsymbol{p}(s) = \begin{pmatrix} x_0 + a \\ y_0 + s \end{pmatrix} \quad (0 \leqq s \leqq b),$$

$$C_u : \boldsymbol{p}(s) = \begin{pmatrix} x_0 + a - s \\ y_0 + b \end{pmatrix} \quad (0 \leqq s \leqq a), \quad C_l : \boldsymbol{p}(s) = \begin{pmatrix} x_0 \\ y_0 + b - s \end{pmatrix} \quad (0 \leqq s \leqq b).$$

ベクトル場を $\boldsymbol{v}(x,y) = v_x(x,y)\dfrac{\partial}{\partial x} + v_y(x,y)\dfrac{\partial}{\partial y}$ と表示しておく．各線分 C_d, C_r, C_u, C_l 上で，内積 $\langle \boldsymbol{v}(s), \boldsymbol{t}(s) \rangle \, |\boldsymbol{p}'(s)| = \langle \boldsymbol{v}(s), \boldsymbol{p}'(s) \rangle$ はそれぞれ

$$v_x(x_0 + s, y_0), \quad v_y(x_0 + a, y_0 + s),$$

および

$$-v_x(x_0 + a - s, y_0 + b), \quad -v_y(x_0, y_0 + b - s)$$

と計算できるので，線積分 $\displaystyle\int_C \langle \boldsymbol{v}, \boldsymbol{t} \rangle \, \mathrm{d}C$ は

$$\int_C \langle \boldsymbol{v}, \boldsymbol{t} \rangle \, \mathrm{d}C = \int_{C_d} \langle \boldsymbol{v}, \boldsymbol{t} \rangle \, \mathrm{d}C_d + \int_{C_r} \langle \boldsymbol{v}, \boldsymbol{t} \rangle \, \mathrm{d}C_r + \int_{C_u} \langle \boldsymbol{v}, \boldsymbol{t} \rangle \, \mathrm{d}C_u + \int_{C_l} \langle \boldsymbol{v}, \boldsymbol{t} \rangle \, \mathrm{d}C_l$$

$$= \int_0^a v_x(x_0+s, y_0)\,\mathrm{d}s + \int_0^b v_y(x_0+a, y_0+s)\,\mathrm{d}s - \int_0^a v_x(x_0+a-s, y_0+b)\,\mathrm{d}s - \int_0^b v_y(x_0, y_0+b-s)\,\mathrm{d}s$$

となる．右辺の第 3 項と第 4 項の $a-s$ および $b-s$ に対して置換積分を用いて書き換えてまとめると，

$$\int_C \langle \boldsymbol{v}, \boldsymbol{t} \rangle\,\mathrm{d}C = \int_0^a \{v_x(x_0+s, y_0) - v_x(x_0+s, y_0+b)\}\,\mathrm{d}s - \int_0^b \{v_y(x_0, y_0+t) - v_y(x_0+a, y_0+t)\}\,\mathrm{d}t$$

となる．一方，$\iint_D \mathrm{rot}\,\boldsymbol{v}\,\mathrm{d}x\mathrm{d}y$ は逐次積分を用いて

$$\iint_D \mathrm{rot}\,\boldsymbol{v}\,\mathrm{d}x\mathrm{d}y = \int_0^b \int_0^a \left\{ \frac{\partial v_y}{\partial x}(x_0+s, y_0+t) - \frac{\partial v_x}{\partial y}(x_0+s, y_0+t) \right\} \mathrm{d}s\mathrm{d}t$$

と書き直すことができる．右辺第 1 項目の s について微分積分学の基本定理 (p.195 参照) を用いると

$$\int_0^b \int_0^a \frac{\partial v_y}{\partial x}(x_0+s, y_0+t)\,\mathrm{d}s\mathrm{d}t = \int_0^b \{v_y(x_0+a, y_0+t) - v_y(x_0, y_0+t)\}\,\mathrm{d}t.$$

同様に，右辺の第 2 項目の t について微分積分学の基本定理を用いると，

$$-\int_0^b \int_0^a \frac{\partial v_x}{\partial y}(x_0+s, y_0+t)\,\mathrm{d}s\mathrm{d}t = \int_0^a \{v_x(x_0+s, y_0) - v_x(x_0+s, y_0+b)\}\,\mathrm{d}s$$

となる．したがって，

$$\int_C \langle \boldsymbol{v}, \boldsymbol{t} \rangle\,\mathrm{d}C = \iint_D \mathrm{rot}\,\boldsymbol{v}\,\mathrm{d}x\mathrm{d}y$$

が結論できる．

次に空間のガウスの発散定理，すなわち

$$\iiint_V \mathrm{div}\,\boldsymbol{v}\,\mathrm{d}x\mathrm{d}y\mathrm{d}z = \iint_S \langle \boldsymbol{v}, \boldsymbol{n} \rangle\,\mathrm{d}S$$

を領域 V が立方体の場合に証明しよう．図 5.7 のように立方体 V を取り，その右奥の点を $(0,0,0)$ に取ろう．曲面 S は立方体 V の境界 $\partial V = S$ として，単位法ベクトルは立方体の内から外への向きであるとする．

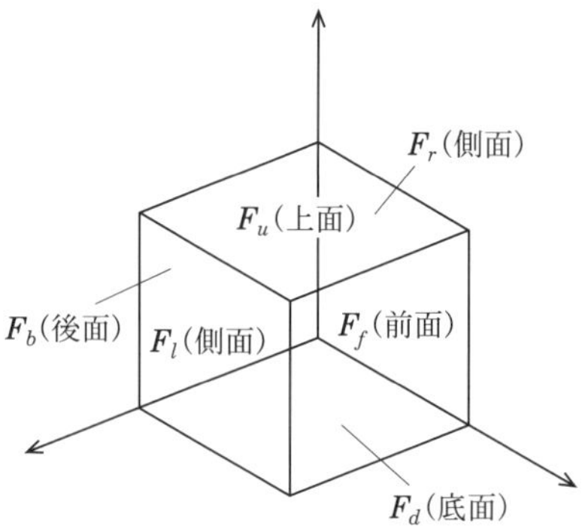

図 5.7　立方体で囲まれる領域

それぞれの面を F_f, F_b, F_d, F_u, F_r, F_l と名付けると，それぞれの平面は次のようなパラメータ表示をもつ．

$$F_b : \boldsymbol{p}(u,v) = \begin{pmatrix} u \\ 0 \\ v \end{pmatrix}, \quad F_f : \boldsymbol{p}(u,v) = \begin{pmatrix} u \\ 1 \\ v \end{pmatrix}, \quad F_d : \boldsymbol{p}(u,v) = \begin{pmatrix} u \\ v \\ 0 \end{pmatrix},$$

$$F_u : \boldsymbol{p}(u,v) = \begin{pmatrix} u \\ v \\ 1 \end{pmatrix}, \quad F_l : \boldsymbol{p}(u,v) = \begin{pmatrix} 1 \\ u \\ v \end{pmatrix}, \quad F_r : \boldsymbol{p}(u,v) = \begin{pmatrix} 0 \\ u \\ v \end{pmatrix}.$$

ここで，パラメータ (u,v) の動く範囲は $0 \leqq u, v \leqq 1$ である．外向き単位法ベクトル $\boldsymbol{n}$ はそれぞれの各面上で $\boldsymbol{n} = (0,-1,0)$, $\boldsymbol{n} = (0,1,0)$, $\boldsymbol{n} = (0,0,-1)$, $\boldsymbol{n} = (0,0,1)$, $\boldsymbol{n} = (1,0,0)$, $\boldsymbol{n} = (-1,0,0)$ となる．さらに，簡単に $\pm \dfrac{\partial \boldsymbol{p}}{\partial u} \times \dfrac{\partial \boldsymbol{p}}{\partial v} = \boldsymbol{n}$ が確認できるので，

$$\mathrm{d}S = \left| \frac{\partial \boldsymbol{p}}{\partial u} \times \frac{\partial \boldsymbol{p}}{\partial v} \right| \mathrm{d}u\mathrm{d}v = \mathrm{d}u\mathrm{d}v$$

となることがわかる．ベクトル場 $\boldsymbol{v}$ を

$$\boldsymbol{v}(x,y,z) = v_x(x,y,z)\frac{\partial}{\partial x} + v_y(x,y,z)\frac{\partial}{\partial y} + v_z(x,y,z)\frac{\partial}{\partial z}$$

と表示しておく．各面上で，内積 $\langle \boldsymbol{v}(u,v), \boldsymbol{n}(u,v) \rangle$ はそれぞれ

$$-v_y(u,0,v), \quad v_y(u,1,v), \quad -v_z(u,v,0)$$

および

$$v_z(u,v,1), \quad -v_x(0,u,v), \quad v_x(1,u,v)$$

と計算できる．したがって，面積分 $\iint_S \langle \boldsymbol{v}, \boldsymbol{n}\rangle \, \mathrm{d}s$ は

$$\begin{aligned}
\iint_S \langle \boldsymbol{v}, \boldsymbol{n}\rangle \, \mathrm{d}s &= \iint_{F_b} \langle \boldsymbol{v}, \boldsymbol{n}\rangle \, \mathrm{d}F_b + \iint_{F_f} \langle \boldsymbol{v}, \boldsymbol{n}\rangle \, \mathrm{d}F_f + \iint_{F_d} \langle \boldsymbol{v}, \boldsymbol{n}\rangle \, \mathrm{d}F_d \\
&\quad + \iint_{F_u} \langle \boldsymbol{v}, \boldsymbol{n}\rangle \, \mathrm{d}F_u + \iint_{F_l} \langle \boldsymbol{v}, \boldsymbol{n}\rangle \, \mathrm{d}F_l + \iint_{F_r} \langle \boldsymbol{v}, \boldsymbol{n}\rangle \, \mathrm{d}F_r \\
&= \int_0^1 \int_0^1 \{-v_y(u,0,v) + v_y(u,1,v) - v_z(u,v,0) \\
&\qquad + v_z(u,v,1) - v_x(0,u,v) + v_x(1,u,v)\} \, \mathrm{d}u\mathrm{d}v
\end{aligned}$$

となる．一方，$\iiint_V \operatorname{div} \boldsymbol{v} \, \mathrm{d}x\mathrm{d}y\mathrm{d}z$ は逐次積分を用いて

$$\begin{aligned}
&\iiint_V \operatorname{div} \boldsymbol{v} \, \mathrm{d}x\mathrm{d}y\mathrm{d}z \\
&= \int_0^1 \int_0^1 \int_0^1 \left(\frac{\partial v_x}{\partial x}(x,y,z) + \frac{\partial v_y}{\partial y}(x,y,z) + \frac{\partial v_z}{\partial z}(x,y,z) \right) \mathrm{d}x\mathrm{d}y\mathrm{d}z
\end{aligned}$$

と書き直すことができる．右辺第 1 項目の x について微分積分学の基本定理を用いると

$$\int_0^1 \int_0^1 \int_0^1 \frac{\partial v_x}{\partial x}(x,y,z) \, \mathrm{d}x\mathrm{d}y\mathrm{d}z = \int_0^1 \int_0^1 (v_x(1,y,z) - v_x(0,y,z)) \, \mathrm{d}y\mathrm{d}z.$$

同様に，右辺の第 2 項目の y についても

$$\int_0^1 \int_0^1 \int_0^1 \frac{\partial v_y}{\partial y}(x,y,z) \, \mathrm{d}x\mathrm{d}y\mathrm{d}z = \int_0^1 \int_0^1 (v_y(x,1,z) - v_y(x,0,z)) \, \mathrm{d}x\mathrm{d}z$$

となる．最後に，右辺の第 3 項目の z についても

$$\int_0^1 \int_0^1 \int_0^1 \frac{\partial v_z}{\partial z}(x,y,z) \, \mathrm{d}x\mathrm{d}y\mathrm{d}z = \int_0^1 \int_0^1 (v_z(x,y,1) - v_z(x,y,0)) \, \mathrm{d}y\mathrm{d}z$$

となる．したがって，

$$\iiint_V \operatorname{div} \boldsymbol{v} \, \mathrm{d}x\mathrm{d}y\mathrm{d}z = \iint_S \langle \boldsymbol{v}, \boldsymbol{n}\rangle \, \mathrm{d}S$$

が結論できる．

演習問題

問 5.1 次の等式を示せ

$$\left\langle \operatorname{rot} \boldsymbol{v} \times \frac{\partial \boldsymbol{p}}{\partial u}, \frac{\partial \boldsymbol{p}}{\partial v} \right\rangle = \left\langle \frac{\partial \boldsymbol{v} \circ \boldsymbol{p}}{\partial u}, \frac{\partial \boldsymbol{p}}{\partial v} \right\rangle - \left\langle \frac{\partial \boldsymbol{v} \circ \boldsymbol{p}}{\partial v}, \frac{\partial \boldsymbol{p}}{\partial u} \right\rangle . \tag{5.12}$$

問 5.2 領域 D と D 上のベクトル場を $\boldsymbol{v}$ を次のように与える.

$$D = \left\{ (x, y) \in \mathbb{R}^2 \;\middle|\; \frac{x^2}{a^2} + \frac{y^2}{b^2} \leqq 1 \right\}, \quad \boldsymbol{v}(x, y) = (x^2 - y^2) \frac{\partial}{\partial x} + 2xy \frac{\partial}{\partial y}.$$

このとき，グリーンの公式 (定理 5.17) を用いて接線方向の線積分を求めよ.

問 5.3 曲面 S と S の周りのベクトル場を $\boldsymbol{v}$ を次のように与える.

$$S = \left\{ (x, y, z) \in \mathbb{R}^3 \;\middle|\; 2x^2 + y^2 + z^2 = 10 \right\},$$

$$\boldsymbol{v}(x, y, z) = \frac{1}{(x^2 + y^2 + z^2)^{\frac{3}{2}}} \left(-x \frac{\partial}{\partial x} - y \frac{\partial}{\partial y} - z \frac{\partial}{\partial z} \right).$$

このとき，面積分

$$\iint_S \langle \boldsymbol{v}, \boldsymbol{n} \rangle \, \mathrm{d}S$$

を求めよ.

第6章
ベクトル解析と物理学

ベクトル解析は，そもそも力学や電磁気学などの物理学の定式化として発展してきたものである．ここでは，ベクトル解析の応用として力学や電磁気学を考えよう．

6.1 スカラーポテンシャルとエネルギー保存則

空間上のベクトル場でも同じであるが，簡単にするために平面で説明する．スカラー場 f に対し，その勾配ベクトル場 $\operatorname{grad} f$ が定まる．それではベクトル場 $\boldsymbol{v}$ が与えられたとき，それをスカラー場の勾配として表すことができるだろうか？

定義 6.1 領域 $D \subset \mathbb{R}^2$ 上のベクトル場 $\boldsymbol{v}$ に対し

$$\operatorname{grad} f = \boldsymbol{v}$$

となる D 上のスカラー場 f を**スカラーポテンシャル**と呼ぶ．このとき，力学の用語にならって $\boldsymbol{v}$ を**保存力場**と呼ぶ．

次の定理は，ベクトル場 $\boldsymbol{v}$ がスカラーポテンシャル f を持つための必要十分条件を与えている．

定理 6.2 D を $\mathbb{R}^2$ 内の領域とし，$\boldsymbol{v}$ を D 上で滑らかなベクトル場とするとき次の条件は同値である．

(1) $\boldsymbol{v}$ は保存力場である.

(2) D 上の任意の点 $\boldsymbol{a}$ と $\boldsymbol{b}$ を結ぶ曲線 C に対して

$$\int_C \langle \boldsymbol{v}, \boldsymbol{t} \rangle \, \mathrm{d}C$$

は端点 $\boldsymbol{a}, \boldsymbol{b}$ にしかよらない.

証明 (1) $\Rightarrow$ (2)：仮定から $\boldsymbol{v} = \operatorname{grad} f$ と書けることに注意すると，例題 5.7 から，線積分が端点にしかよらないことがわかる．すなわち (2) が成り立つ.

(2) $\Rightarrow$ (1)：線積分が点 $\boldsymbol{a}$ と $\boldsymbol{b}$ にしかよらないので，線積分を始点を $\boldsymbol{a}$ に固定して，終点 $\boldsymbol{x} = (x, y, z) \in D$ に対して定まる関数 $f(\boldsymbol{x})$ として書くことができる．いま，$\boldsymbol{a}$ と $\boldsymbol{x}$ を結ぶ曲線を一つとり，それを C と書いておく．点 $\boldsymbol{x}$ に対し十分小さい $h > 0$ をとって，$\boldsymbol{x} + h\boldsymbol{e}_i \in D$ となるようにしておく．ここで $\boldsymbol{e}_1 = (1, 0)$, $\boldsymbol{e}_2 = (0, 1)$ とした．点 $\boldsymbol{x}$ と $\boldsymbol{x} + h\boldsymbol{e}_i$ を結ぶ線分 C_i を

$$C_i : \boldsymbol{p}(s) = \boldsymbol{x} + sh\boldsymbol{e}_i \quad (0 \leqq s \leqq 1)$$

で定め，C と C_i を合わせた曲線 $\widetilde{C_i} = C \cup C_i$ を考える (図 6.1 参照)．このとき，$\widetilde{C_i}$ に沿ったベクトル場の線積分は定義から，関数 f を用いて

$$\int_{\widetilde{C}_i} \langle \boldsymbol{v}, \boldsymbol{t} \rangle \, \mathrm{d}\widetilde{C}_i = f(\boldsymbol{x} + h\boldsymbol{e}_i)$$

と書ける．したがって，

$$\begin{aligned}
\frac{\partial f}{\partial x} &= \lim_{h \to 0} \frac{f(\boldsymbol{x} + h\boldsymbol{e}_1) - f(\boldsymbol{x})}{h} = \lim_{h \to 0} \frac{1}{h} \left(\int_{\widetilde{C}_1} \langle \boldsymbol{v}, \boldsymbol{t} \rangle \, \mathrm{d}\widetilde{C}_1 - \int_C \langle \boldsymbol{v}, \boldsymbol{t} \rangle \, \mathrm{d}C \right) \\
&= \lim_{h \to 0} \frac{1}{h} \int_{C_1} \langle \boldsymbol{v}, \boldsymbol{t} \rangle \, \mathrm{d}C_1 = \lim_{h \to 0} \frac{1}{h} \int_0^1 \langle \boldsymbol{v}(\boldsymbol{p}(s)), \boldsymbol{e}_1 \rangle \, \mathrm{d}s \\
&= v_x
\end{aligned}$$

となる．同様にして，$\dfrac{\partial f}{\partial y} = v_y$ となり，

$$\operatorname{grad} f = \boldsymbol{v}$$

が従う. ■

注意 $\mathbb{R}^3$ の領域 D でも定理の主張は成立し，証明は，まったく同じである.

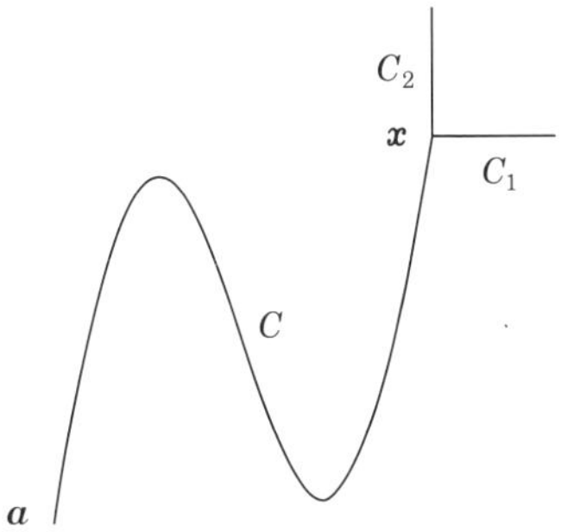

図 6.1　曲線 $C \cup C_i$

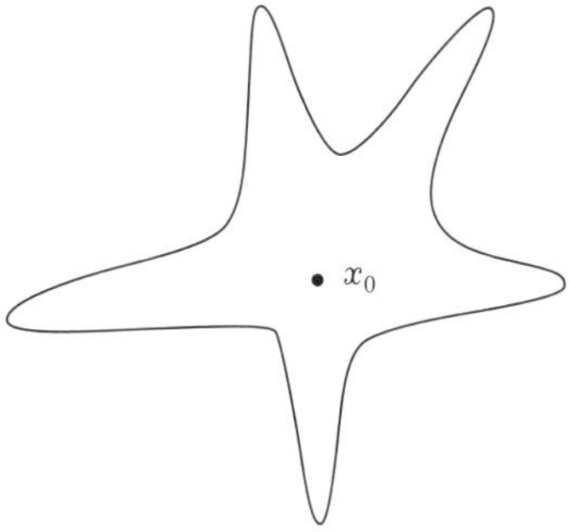

図 6.2　星形領域

ベクトル場 $\boldsymbol{v}$ が勾配ベクトル場であるかを調べるために定理 6.2 を用いるのは，手間がかかる．少し条件が必要だが，次に述べる定理が有用である．まず言葉を準備しよう．

定義 6.3　$\mathbb{R}^3$ または $\mathbb{R}^2$ の領域 D が中心の点 $\boldsymbol{x}_0$ に関して**星形領域**であるとは，任意の点 $\boldsymbol{x} \in D$ に対して，$\boldsymbol{x}_0$ と $\boldsymbol{x}$ を結ぶ線分が D に含まれるときをいう．

定理 6.4　領域 $D \subset \mathbb{R}^2$ が星形領域であるとする．このとき定理 6.2 の条件は，次の条件と同値である．

(3)　$\mathrm{rot}\,\boldsymbol{v} = 0$.

証明　(1) $\Rightarrow$ (3)：主張は定理 4.15 から従う．

(3) $\Rightarrow$ (1)：いま，星形領域の中心の点は $\mathbf{0}$ として考えても一般性を失わない．このとき $\boldsymbol{x} = (x, y) \in D$ に対して $s\boldsymbol{x} \in D$ $(0 \leqq s \leqq 1)$ に注意して，関数

$$f(\boldsymbol{x}) = \int_0^1 \langle \boldsymbol{v}(s\boldsymbol{x}), \boldsymbol{x} \rangle \, \mathrm{d}s = \int_0^1 (xv_x(s\boldsymbol{x}) + yv_y(s\boldsymbol{x})) \, \mathrm{d}s$$

を考える (関数 f が定義できるのは D が星形領域だからである)．このとき，合成関数の偏微分を用いて

$$\frac{\partial f}{\partial x}(\boldsymbol{x}) = \int_0^1 v_x(s\boldsymbol{x}) \, \mathrm{d}s + \int_0^1 s \left(x \frac{\partial v_x}{\partial x}(s\boldsymbol{x}) + y \frac{\partial v_y}{\partial x}(s\boldsymbol{x}) \right) \mathrm{d}s.$$

いま，$\mathrm{rot}\,\boldsymbol{v} = \dfrac{\partial v_y}{\partial x} - \dfrac{\partial v_x}{\partial y} = 0$ を用いて右辺の第 2 項目を書き換えると，

$$\int_0^1 v_x(s\boldsymbol{x})\,\mathrm{d}s + \int_0^1 s\left(x\frac{\partial v_x}{\partial x}(s\boldsymbol{x}) + y\frac{\partial v_x}{\partial y}(s\boldsymbol{x})\right)\mathrm{d}s$$
$$= \int_0^1 \frac{\mathrm{d}}{\mathrm{d}s}\left(s v_x(s\boldsymbol{x})\right)\mathrm{d}s = v_x(\boldsymbol{x})$$

となる．同様に $\dfrac{\partial f}{\partial y}(\boldsymbol{x}) = v_y(\boldsymbol{x})$ になることが示せる．つまり

$$\operatorname{grad} f = \boldsymbol{v}$$

となる関数 f が見つかった．すなわち $\boldsymbol{v}$ は保存力場である．■

スカラーポテンシャルを用いて，力学的エネルギーの保存則を導いてみよう．m を質量，力のベクトル場 $\boldsymbol{F}$ に従う質量 m の質点の運動を $\boldsymbol{p}(t)$ で表す．$\boldsymbol{p}(t)$ はニュートンの運動方程式を満たす．

$$m\,\ddot{\boldsymbol{p}}(t) = \boldsymbol{F}(\boldsymbol{p}(t)). \tag{6.1}$$

この運動方程式は質点 $\boldsymbol{p} = \boldsymbol{p}(t)$ に対する 2 階の常微分方程式であるので，初期条件 $\boldsymbol{p}(t_0)$ および $\dot{\boldsymbol{p}}(t_0)$ を与えると t_0 の十分近くで一意的に解ける (力 $\boldsymbol{F}$ は滑らかとする．たとえば，微分方程式については参考文献 [5] 参照)．つまり質点の運動 $\boldsymbol{p}$ が定まる．そこで質点 $\boldsymbol{p}$ の運動は $a \leqq t \leqq b$ で定まっているとし，その曲線を $C : \boldsymbol{p} = \boldsymbol{p}(t)$ とする．いま，力 $\boldsymbol{F} = \boldsymbol{F}(x, y)$ が保存力場であるとする．すなわち，あるスカラー場 $f = f(x, y)$ により $\boldsymbol{F} = -\operatorname{grad} f$ と表せるとする (力学の慣習でマイナスをつける)．このとき

$$\operatorname{rot} \boldsymbol{F}(\boldsymbol{p}) = 0$$

である．一方，式 (6.1) の両辺と $\dot{\boldsymbol{p}}(t)$ の内積をとって a から b まで積分すると，

$$m\int_a^b \langle \ddot{\boldsymbol{p}}(t), \dot{\boldsymbol{p}}(t)\rangle\,\mathrm{d}t = \int_a^b \langle \boldsymbol{F}(\boldsymbol{p}(t)), \dot{\boldsymbol{p}}(t)\rangle\,\mathrm{d}t$$

となる．$\langle \ddot{\boldsymbol{p}}(t), \dot{\boldsymbol{p}}(t)\rangle = \dfrac{1}{2}\dfrac{\mathrm{d}}{\mathrm{d}t}\langle \dot{\boldsymbol{p}}(t), \dot{\boldsymbol{p}}(t)\rangle$ と書き直せることに注意して，微分積分学の基本定理を用いると左辺は

$$m\int_a^b \langle \ddot{\boldsymbol{p}}(t), \dot{\boldsymbol{p}}(t)\rangle\,\mathrm{d}t = \frac{m}{2}\int_a^b \frac{\mathrm{d}}{\mathrm{d}t}|\dot{\boldsymbol{p}}(t)|^2\,\mathrm{d}t = \frac{m}{2}\left(|\dot{\boldsymbol{p}}(b)|^2 - |\dot{\boldsymbol{p}}(a)|^2\right)$$

となる．一方，右辺は，ベクトル場 $\boldsymbol{F}$ の曲線 C に沿った接線方向の線積分，すなわち

$$\int_a^b \langle \boldsymbol{F}(\boldsymbol{p}(t)), \dot{\boldsymbol{p}}(t) \rangle \, \mathrm{d}t = \int_C \langle \boldsymbol{F}, \boldsymbol{t} \rangle \, \mathrm{d}C$$

である．ここで $\boldsymbol{F}$ が保存力場であることを用いれば定理 6.2 より，

$$\int_C \langle \boldsymbol{F}, \boldsymbol{t} \rangle \, \mathrm{d}C = f(\boldsymbol{p}(a)) - f(\boldsymbol{p}(b))$$

と書ける．これらを合わせると，

$$\frac{m}{2}|\dot{\boldsymbol{p}}(a)|^2 + f(\boldsymbol{p}(a)) = \frac{m}{2}|\dot{\boldsymbol{p}}(b)|^2 + f(\boldsymbol{p}(b))$$

という等式が得られる．f を位置エネルギー，$\frac{m}{2}|\dot{\boldsymbol{p}}|^2$ は運動エネルギーであり，等式

$$\text{位置エネルギー} + \text{運動エネルギー} = \text{一定}$$

が成立するということになり，これは質点の力学的エネルギーが保たれることを表している．

6.2 ベクトルポテンシャルとビオ–サバールの法則

ここでは，空間のベクトル場について考えよう．

定義 6.5 $D \subset \mathbb{R}^3$ 上のベクトル場 $\boldsymbol{v}$ に対し

$$\mathrm{rot}\, \boldsymbol{w} = \boldsymbol{v}$$

となる D 上のベクトル場が存在するとき，$\boldsymbol{w}$ を $\boldsymbol{v}$ の**ベクトルポテンシャル**と呼ぶ．

次の定理は，ベクトル場 $\boldsymbol{v}$ がベクトルポテンシャル $\boldsymbol{w}$ を持つための必要十分条件を与えている．

定理 6.6 D を $\mathbb{R}^3$ 内の星形領域，$\boldsymbol{v}$ を D 上で滑らかなベクトル場とするとき，次の条件は同値である．

(1) $\boldsymbol{v}$ はベクトルポテンシャル $\boldsymbol{w}$ を持つ．

(2) $\mathrm{div}\, \boldsymbol{v} = 0$.

証明　(1) ⇒ (2)：$\boldsymbol{v} = \mathrm{rot}\,\boldsymbol{w}$ と書けるので，定理 4.15 から結論が従う．

(2) ⇒ (1)：星形領域の中心の点は $\mathbf{0}$ としても一般性を失わない．$\boldsymbol{x} = (x, y, z) \in D$ とし，ベクトル場 $\boldsymbol{v}$ を

$$\boldsymbol{v}(\boldsymbol{x}) = v_x(\boldsymbol{x})\frac{\partial}{\partial x} + v_y(\boldsymbol{x})\frac{\partial}{\partial y} + v_z(\boldsymbol{x})\frac{\partial}{\partial z}$$

と表し，ベクトル場 $\boldsymbol{w}$ を次のように定める．

$$\boldsymbol{w}(\boldsymbol{x}) = w_x(\boldsymbol{x})\frac{\partial}{\partial x} + w_y(\boldsymbol{x})\frac{\partial}{\partial y} + w_z(\boldsymbol{x})\frac{\partial}{\partial z}.$$

ここで

$$w_x(\boldsymbol{x}) = \int_0^1 s\left(z v_y(s\boldsymbol{x}) - y v_z(s\boldsymbol{x})\right) \mathrm{d}s,$$
$$w_y(\boldsymbol{x}) = \int_0^1 s\left(x v_z(s\boldsymbol{x}) - z v_x(s\boldsymbol{x})\right) \mathrm{d}s,$$
$$w_z(\boldsymbol{x}) = \int_0^1 s\left(y v_x(s\boldsymbol{x}) - x v_y(s\boldsymbol{x})\right) \mathrm{d}s$$

で定める (ここで $w_a(\boldsymbol{x})$ $(a = x, y, z)$ を定めるときに星形領域という仮定を用いている)．このとき，

$$\begin{aligned}
&\frac{\partial w_y}{\partial x}(\boldsymbol{x}) - \frac{\partial w_x}{\partial y}(\boldsymbol{x}) \\
&= \int_0^1 \left\{ s^2\left(x\frac{\partial v_z}{\partial x}(s\boldsymbol{x}) - z\frac{\partial v_x}{\partial x}(s\boldsymbol{x}) - z\frac{\partial v_y}{\partial y}(s\boldsymbol{x}) + y\frac{\partial v_z}{\partial y}(s\boldsymbol{x}) \right) + 2s v_z(s\boldsymbol{x}) \right\} \mathrm{d}s
\end{aligned}$$

と計算できる．$\mathrm{div}\,\boldsymbol{v} = 0$ を用いて，右辺の第 2 項目，第 3 項目を書き直すと

$$\begin{aligned}
&\int_0^1 \left\{ s^2\left(x\frac{\partial v_z}{\partial x}(s\boldsymbol{x}) + y\frac{\partial v_z}{\partial y}(s\boldsymbol{x}) + z\frac{\partial v_z}{\partial z}(s\boldsymbol{x}) \right) + 2s v_z(s\boldsymbol{x}) \right\} \mathrm{d}s \\
&= \int_0^1 \frac{\mathrm{d}}{\mathrm{d}s}\left\{ s^2 v_z(s\boldsymbol{x}) \right\} \mathrm{d}s \\
&= v_z(\boldsymbol{x})
\end{aligned}$$

となる．同様にして，

$$\frac{\partial w_z}{\partial y}(\boldsymbol{x}) - \frac{\partial w_y}{\partial z}(\boldsymbol{x}) = v_x(\boldsymbol{x}), \quad \frac{\partial w_x}{\partial z}(\boldsymbol{x}) - \frac{\partial w_z}{\partial x}(\boldsymbol{x}) = v_y(\boldsymbol{x})$$

がわかるので，$\mathrm{rot}\,\boldsymbol{w} = \boldsymbol{v}$ である．■

注意 平面のスカラーポテンシャルの存在条件 (定理 6.2) と同じように，ベクトルポテンシャルの存在条件を積分で表すこともできる．その条件は，滑らかな境界 $\partial\widetilde{D}$ をもつ任意の領域 $\widetilde{D} \subset D$ に対して，

$$\iint_{\partial\widetilde{D}} \langle \boldsymbol{v}, \boldsymbol{n} \rangle \, \mathrm{d}s = 0$$

が成り立つというものである．D が星形領域に限る必要がないのは，定理 6.2 と同じである．

ベクトルポテンシャルの存在から曲線上の電流がつくる磁場に関するビオ–サバール法則が導かれる．

例題 6.7 **(ビオ–サバールの法則)** $\mathbb{R}^3$ の空間曲線 C を $\boldsymbol{p} = \boldsymbol{p}(t)$ $(t \in [a, b])$ で表し，$\boldsymbol{x} = (x, y, z)$ を C 上にない $D \subset \mathbb{R}^3$ 内の点とするとき，磁場 $\boldsymbol{B}(\boldsymbol{x})$ は

$$\boldsymbol{B}(\boldsymbol{x}) = c_0 \int_a^b \frac{(\boldsymbol{p}(t) - \boldsymbol{x}) \times \dot{\boldsymbol{p}}(t)}{|\boldsymbol{p}(t) - \boldsymbol{x}|^3} \, \mathrm{d}t$$

で与えられる．ここで $c_0 = \dfrac{I}{4\pi\varepsilon_0 c^2}$ は定数である．このとき，

$$\operatorname{div} \boldsymbol{B}(\boldsymbol{x}) = 0$$

であることを確認し，磁場 $\boldsymbol{B}(\boldsymbol{x})$ はベクトルポテンシャル

$$A(\boldsymbol{x}) = c_0 \int_a^b \frac{\dot{\boldsymbol{p}}(t)}{|\boldsymbol{p}(t) - \boldsymbol{x}|} \, \mathrm{d}t \tag{6.2}$$

を持つことを確かめよ．

解 磁場 $\boldsymbol{B}(\boldsymbol{x})$ の発散 $\operatorname{div} \boldsymbol{B}$ を考えてみると，定理 4.19 の式 (4.6)，すなわち

$$\operatorname{div}(\boldsymbol{v} \times \boldsymbol{w}) = \langle \operatorname{rot} \boldsymbol{v}, \boldsymbol{w} \rangle - \langle \boldsymbol{v}, \operatorname{rot} \boldsymbol{w} \rangle$$

を用いると $\boldsymbol{v} = \dfrac{\boldsymbol{p}(t) - \boldsymbol{x}}{|\boldsymbol{p}(t) - \boldsymbol{x}|^3}$, $\boldsymbol{w} = \dot{\boldsymbol{p}}(t)$ として

$$\operatorname{div} \boldsymbol{B}(\boldsymbol{x}) = c_0 \int_a^b \left\{ \left\langle \operatorname{rot} \frac{\boldsymbol{p}(t) - \boldsymbol{x}}{|\boldsymbol{p}(t) - \boldsymbol{x}|^3}, \dot{\boldsymbol{p}}(t) \right\rangle - \left\langle \frac{\boldsymbol{p}(t) - \boldsymbol{x}}{|\boldsymbol{p}(t) - \boldsymbol{x}|^3}, \operatorname{rot} \dot{\boldsymbol{p}}(t) \right\rangle \right\} \mathrm{d}t$$

となる．ここで，微分と積分の順序を交換した (正確には積分のパラメータによる微分を使う．たとえば [3, 定理 IV. 14.1])．$\operatorname{rot} \dot{\boldsymbol{p}}(t) = \mathbf{0}$ より，右辺の積分の中の

2 項目は 0 になる．さらに，定理 4.19 の式 (4.5) を用いて 1 項目を計算すると，

$$\mathrm{rot}\,\frac{\boldsymbol{p}(t)-\boldsymbol{x}}{|\boldsymbol{p}(t)-\boldsymbol{x}|^3}=\frac{1}{|\boldsymbol{p}(t)-\boldsymbol{x}|^3}\,\mathrm{rot}(\boldsymbol{p}(t)-\boldsymbol{x})+\mathrm{grad}\,\frac{1}{|\boldsymbol{p}(t)-\boldsymbol{x}|^3}\times(\boldsymbol{p}(t)-\boldsymbol{x})$$

となる．簡単にわかるように $\mathrm{rot}(\boldsymbol{p}(t)-\boldsymbol{x})=\boldsymbol{0}$ であり，

$$\mathrm{grad}\,\frac{1}{|\boldsymbol{p}(t)-\boldsymbol{x}|^3}=3\frac{\boldsymbol{p}(t)-\boldsymbol{x}}{|\boldsymbol{p}(t)-\boldsymbol{x}|^5} \tag{6.3}$$

となる．したがって $\mathrm{rot}\,\dfrac{\boldsymbol{p}(t)-\boldsymbol{x}}{|\boldsymbol{p}(t)-\boldsymbol{x}|^3}=\boldsymbol{0}$ であり，結局 $\mathrm{div}\,B(\boldsymbol{x})$ の第 1 項目も 0 となる．定理 6.6 を用いると，磁場 $\boldsymbol{B}(\boldsymbol{x})$ はベクトルポテンシャルをもつ．実際，ベクトル場 $\boldsymbol{A}$ を式 (6.2) で与えて，$\mathrm{rot}\,\boldsymbol{A}(\boldsymbol{x})$ を計算してみると，

$$\mathrm{rot}\,\boldsymbol{A}(\boldsymbol{x})=c_0\int_a^b \mathrm{rot}\,\frac{\dot{\boldsymbol{p}}(t)}{|\boldsymbol{p}(t)-\boldsymbol{x}|}\,\mathrm{d}t \tag{6.4}$$

となる．ここで，また積分と微分の順序を交換したことに注意しよう．定理 4.19 の式 (4.5) をもう一度用いて，上と同じような計算をすると

$$\begin{aligned}\mathrm{rot}\,\frac{\dot{\boldsymbol{p}}(t)}{|\boldsymbol{p}(t)-\boldsymbol{x}|}&=\frac{1}{|\boldsymbol{p}(t)-\boldsymbol{x}|}\,\mathrm{rot}\,\dot{\boldsymbol{p}}(t)+\mathrm{grad}\,\frac{1}{|\boldsymbol{p}(t)-\boldsymbol{x}|}\times\dot{\boldsymbol{p}}(t)\\&=\frac{\boldsymbol{p}(t)-\boldsymbol{x}}{|\boldsymbol{p}(t)-\boldsymbol{x}|^3}\times\dot{\boldsymbol{p}}(t)\end{aligned}$$

となる．これを式 (6.4) に代入すると

$$\mathrm{rot}\,\boldsymbol{A}(\boldsymbol{x})=\boldsymbol{B}(\boldsymbol{x})$$

が成立する． □

6.3 質量保存則とガウスの発散定理

空間の中のある領域 D を考えて，この領域に密度 $\rho=\rho(x,y,z,t)$ の流体 (たとえば水) が流れているとし，その流れをベクトル場 $\boldsymbol{v}=\boldsymbol{v}(x,y,z,t)$ が表しているとする．ここで t は時刻を表しており，密度やベクトル場は時刻によって刻々と変化している．その総質量は積分を用いると

$$\iiint_D \rho\,\mathrm{d}x\mathrm{d}y\mathrm{d}z$$

と書くことができる．総質量の時間変化を知るには微分すれば良いので

$$\frac{\mathrm{d}}{\mathrm{d}t}\iiint_D \rho \,\mathrm{d}x\mathrm{d}y\mathrm{d}z$$

となる．

さて一方，総質量の変化は，D の境界 $S=\partial D$ での変化に対応しているので，

$$-\iint_S \rho \langle \boldsymbol{v}, \boldsymbol{n}\rangle \,\mathrm{d}S$$

となる．ここで $\boldsymbol{n}$ は境界 S の外向きの単位法ベクトル場であり，これは 5.2 節で考えたベクトル場 $\boldsymbol{v}$ の法成分に密度 ρ を掛けた面積分である．これらの総質量の変化は，経験的事実として，一致するはずなので

$$-\frac{\mathrm{d}}{\mathrm{d}t}\iiint_D \rho \,\mathrm{d}x\mathrm{d}y\mathrm{d}z = \iint_S \rho \langle \boldsymbol{v}, \boldsymbol{n}\rangle \,\mathrm{d}S \tag{6.5}$$

が成立する．$\boldsymbol{n}$ は境界の曲面 S の外向きの単位法ベクトルである．ここで述べた性質は物理的な説明であって，数学的な証明ではない．

目的は，ガウスの発散定理を用いて，式 (6.5) を書き直すことである．まず左辺については積分が t に依存していないので (正確には積分のパラメータに関する微分の定理を用いる)，t についての微分を中に入れることができて，

$$-\frac{\mathrm{d}}{\mathrm{d}t}\iiint_D \rho \,\mathrm{d}x\mathrm{d}y\mathrm{d}z = -\iiint_D \frac{\partial \rho}{\partial t} \,\mathrm{d}x\mathrm{d}y\mathrm{d}z$$

となる．式 (6.5) の右辺をガウスの発散定理を用いて書き直すと，

$$\iint_S \langle \rho\boldsymbol{v}, \boldsymbol{n}\rangle \,\mathrm{d}S = \iint_D \mathrm{div}(\rho\boldsymbol{v}) \,\mathrm{d}x\mathrm{d}y\mathrm{d}z$$

となる．これを合わせると，

$$\iiint_D \left(\frac{\partial \rho}{\partial t} + \mathrm{div}(\rho\boldsymbol{v})\right) \mathrm{d}x\mathrm{d}y\mathrm{d}z = 0$$

となる．領域 D は空間中の任意の領域に取ることができ，結局，被積分関数が 0 でなければならない．すなわち

$$\frac{\partial \rho}{\partial t} + \mathrm{div}(\rho\boldsymbol{v}) = 0 \tag{6.6}$$

が成り立つ．この方程式を**連続の方程式**と呼ぶ．

6.4 電磁気学のマクスウェルの方程式

電磁場はベクトル場の応用として重要である．まず電磁場の方程式は次の**マクスウェルの方程式**と呼ばれる偏微分方程式系で与えられる．

$$\operatorname{div} \boldsymbol{E} = \frac{\rho}{\varepsilon_0}, \tag{6.7}$$

$$\operatorname{div} \boldsymbol{B} = 0, \tag{6.8}$$

$$\operatorname{rot} \boldsymbol{E} = -\frac{\partial \boldsymbol{B}}{\partial t}, \tag{6.9}$$

$$\operatorname{rot} \boldsymbol{B} = \frac{1}{c^2}\frac{\partial \boldsymbol{E}}{\partial t} + \frac{1}{\varepsilon_0 c^2}\boldsymbol{j}. \tag{6.10}$$

ここで $\boldsymbol{E}$ は電場の強さを表すベクトル場，$\boldsymbol{B}$ は磁場の強さを表すベクトル場，$\boldsymbol{j}$ は電流密度を表すベクトル場，ε_0 は真空の誘電率 (定数)，ρ は電荷密度 (スカラー場)，c は光速度 (定数) である．ここで，ベクトル場 $\boldsymbol{E}, \boldsymbol{B}, \boldsymbol{j}$ はそれぞれ，時間に依存することに注意する．すなわち

$$\boldsymbol{E} = \boldsymbol{E}(x, y, z, t), \quad \boldsymbol{B} = \boldsymbol{B}(x, y, z, t), \quad \boldsymbol{j} = \boldsymbol{j}(x, y, z, t)$$

である．

注意 マクスウェルの方程式は，それぞれ次の物理法則に対応する．式 (6.7) は,「電荷は電場の発散である (ガウスの法則)」．式 (6.8) は「磁場には，発散がない (磁束保存の法則)」．式 (6.9) は「ファラデーの電磁誘導の法則」である．式 (6.10) は「アンペールの法則の電場と磁場の場合に拡張された法則」である．ここでは，物理的な導出は述べなかったが，たとえば [6, 7] などを見ていただきたい．

補題 6.8 $\boldsymbol{E}, \boldsymbol{B}$ をマクスウェルの方程式を満たすベクトル場とするとき，次が成り立つ．

$$\frac{\partial}{\partial t}\operatorname{div} \boldsymbol{B} = 0, \qquad \frac{\partial \rho}{\partial t} + \operatorname{div} \boldsymbol{j} = 0.$$

証明 式 (6.9) の両辺の発散を取ると，定理 4.15 の 3 番目の式より，

$$0 = \operatorname{div}(\operatorname{rot} \boldsymbol{E}) = \operatorname{div}\left(-\frac{\partial \boldsymbol{B}}{\partial t}\right) = -\frac{\partial}{\partial t}\operatorname{div} \boldsymbol{B}$$

が成立する．ここで最後の等式で，div と $\dfrac{\partial}{\partial t}$ の順序を入れ替えた ($\boldsymbol{B}$ がすべての変数について滑らかと仮定している)．一方，式 (6.10) の両辺の発散を取ると，同

様に定理 4.15 の 3 番目の式より，

$$0 = \frac{1}{\varepsilon_0} \operatorname{div} \boldsymbol{j} + \frac{\partial}{\partial t} \operatorname{div} \boldsymbol{E} \tag{6.11}$$

が成り立つ．マクスウェルの方程式 (6.7) よりこれを書き直すと，2 番目の等式を得る． ■

注意 補題 6.8 の 2 番目の式は連続の方程式である．式 (6.7) を t で偏微分すると

$$\frac{\partial}{\partial t}\left(\operatorname{div} \boldsymbol{E} - \frac{\rho}{\varepsilon_0}\right) = 0$$

がわかる．補題の 1 番目の式と合わせると，マクスウェルの方程式の式 (6.7) と式 (6.8) は $t = 0$ での値がわかれば，決定される．したがって，式 (6.9) と式 (6.10) が重要である．これらは，ベクトルが三つの成分で決定されることを考えれば，6 個の方程式であり，それらはちょうど電場 $\boldsymbol{E}$ と磁場 $\boldsymbol{B}$ を決定することになる．

電荷も電流もない真空中，すなわち $\rho = 0, \boldsymbol{j} = 0$ の場合のマクスウェルの方程式は

$$\operatorname{div} \boldsymbol{E} = 0, \tag{6.12}$$

$$\operatorname{div} \boldsymbol{B} = 0, \tag{6.13}$$

$$\operatorname{rot} \boldsymbol{E} = -\frac{\partial \boldsymbol{B}}{\partial t}, \tag{6.14}$$

$$\operatorname{rot} \boldsymbol{B} = \frac{1}{c^2}\frac{\partial \boldsymbol{E}}{\partial t} \tag{6.15}$$

と簡単になる．このとき，次の補題が成り立つ．

補題 6.9 真空中の電場 $\boldsymbol{E}$ および磁場 $\boldsymbol{B}$ は波動方程式

$$\frac{\partial^2 \boldsymbol{E}}{\partial t^2} = c^2 \Delta \boldsymbol{E}, \quad \frac{\partial^2 \boldsymbol{B}}{\partial t^2} = c^2 \Delta \boldsymbol{B}$$

を満たす．

証明 真空中のマクスウェルの方程式の (6.14) と (6.15) を t で偏微分することを考える (電場 $\boldsymbol{E}$ と磁場 $\boldsymbol{B}$ はどの変数についても滑らかとして) と，

$$\operatorname{rot} \frac{\partial \boldsymbol{E}}{\partial t} = -\frac{\partial^2 \boldsymbol{B}}{\partial t^2}, \quad c^2 \operatorname{rot} \frac{\partial \boldsymbol{B}}{\partial t} = \frac{\partial^2 \boldsymbol{E}}{\partial t^2}$$

となる．$\dfrac{\partial \boldsymbol{E}}{\partial t}$ に式 (6.15) を使い，$\dfrac{\partial \boldsymbol{B}}{\partial t}$ に式 (6.14) を使って整理すると，

$$c^2 \operatorname{rot}(\operatorname{rot} \boldsymbol{X}) = -\frac{\partial^2 \boldsymbol{X}}{\partial t^2}$$

となる．ここで $\boldsymbol{X} = \boldsymbol{E}$ または $\boldsymbol{B}$ とした．ここで定理 4.19 の式 (4.3) を用いて，左辺を計算すると，

$$c^2 \operatorname{rot}(\operatorname{rot} \boldsymbol{X}) = -c^2 \{\Delta \boldsymbol{X} - \operatorname{grad}(\operatorname{div} \boldsymbol{X})\}$$

となる．$\operatorname{div} \boldsymbol{E} = \operatorname{div} \boldsymbol{B} = 0$ から，

$$\frac{\partial^2 \boldsymbol{X}}{\partial t^2} = -c^2 \operatorname{rot}(\operatorname{rot} \boldsymbol{X}) = c^2 \Delta \boldsymbol{X}$$

となり，結論が従う．■

演習問題

問 6.1　定理 6.2 の条件 (2) は次の条件とも同値であることを示せ．

(2)′ D 内の任意の閉曲線に対して，次が成立する．

$$\int_C \langle \boldsymbol{v}, \boldsymbol{t} \rangle \, \mathrm{d}C = 0$$

問 6.2　6.3 節で考えた連続の方程式

$$\frac{\partial \rho}{\partial t} + \operatorname{div}(\rho \boldsymbol{v}) = 0$$

を平面上で考える．ρ が一定のとき，**非圧縮流体**と言う．星形領域で定義される非圧縮流体に対して，次を示せ．

(1)　あるスカラー場 $\phi = \phi(x, y)$ が存在して

$$v_x = \frac{\partial \phi}{\partial y}, \quad v_y = -\frac{\partial \phi}{\partial x}$$

を満たすことを示せ．ϕ を**流れの関数**と言う．

(2)　非圧縮流体の流れ $\boldsymbol{v}$ と法線方向の線積分

$$\int_C \langle \boldsymbol{v}, \boldsymbol{n} \rangle \, \mathrm{d}C$$

は，端点にしかよらないことを示せ．特に閉曲線のとき，0 であることを示せ．

問 6.3 単位時間に単位面積を通る熱量 (熱流) $\boldsymbol{J}$ は温度 θ の勾配に比例する.

$$\boldsymbol{J} = -K \operatorname{grad} \theta.$$

ここで, K は定数である. このとき, 温度 θ が次の**拡散方程式**を満たすことを示せ.

$$\frac{\partial \theta}{\partial t} = C \Delta \theta.$$

問 6.4 **(ヘルムホルツの定理)** $\mathbb{R}^3$ で定義された遠方で十分速く 0 に近づくベクトル場 $\boldsymbol{v}$ に対して, あるスカラー場 f とベクトル場 $\boldsymbol{w}$ が存在して,

$$\boldsymbol{v} = \operatorname{grad} f + \operatorname{rot} \boldsymbol{w} \tag{6.16}$$

と書くことができることを示せ.

第7章

双対空間と微分形式

微分形式の一番簡単な例は，定積分 $\displaystyle\int_a^b f(x)\,\mathrm{d}x$ に現れる記号 $\mathrm{d}x$ である．この章では，ベクトル場に対する双対ベクトル場 (ベクトル場上の線形写像) から微分形式を定義し，これが単なる便利な記号ではなくきちんとした数学の概念であることを学ぶ．微分形式を通じて種々のベクトル場の概念が簡潔に統一的に理解される (第 8 章参照)．また，2 次および 3 次の微分形式を定義することができ，そのことがベクトル場の線積分，面積分，体積分を統一的に理解するための微分形式の積分につながっていく (第 9 章参照)．このことからも，微分形式を学ぶ重要性は計り知れない．

7.1 ベクトル空間の基底

ここからは，ベクトル空間の一般的な性質が必要となるので少し説明しよう．空間または平面の幾何ベクトル全体は自然に

$$\mathbb{R}^2 = \left\{ \begin{pmatrix} v_x \\ v_y \end{pmatrix} \;\middle|\; v_x, v_y \in \mathbb{R} \right\}, \quad \mathbb{R}^3 = \left\{ \begin{pmatrix} v_x \\ v_y \\ v_z \end{pmatrix} \;\middle|\; v_x, v_y, v_z \in \mathbb{R} \right\}$$

と同一視できる． $\mathbb{R}^3$ または $\mathbb{R}^2$ の元はベクトルと呼ばれ，ベクトルの和とスカラー倍が自然に定まることは第 1 章で説明した．ここで，和とスカラー倍がもつ性質を述べる．

定理 7.1　$\mathbb{R}^3$ または $\mathbb{R}^2$ のベクトル $\boldsymbol{u}, \boldsymbol{v}, \boldsymbol{w}$ と $a, b \in \mathbb{R}$ に対して，次が成立する．

(1)　$\boldsymbol{u} + \boldsymbol{v} = \boldsymbol{v} + \boldsymbol{u}$.

(2)　$(\boldsymbol{u} + \boldsymbol{v}) + \boldsymbol{w} = \boldsymbol{u} + (\boldsymbol{v} + \boldsymbol{w})$.

(3)　$\boldsymbol{u} + \boldsymbol{0} = \boldsymbol{0} + \boldsymbol{u} = \boldsymbol{u}$ となるベクトル $\boldsymbol{0}$ が存在する．

(4)　ベクトル $\boldsymbol{u}$ に対して，ベクトル $\boldsymbol{u}'$ が存在して $\boldsymbol{u} + \boldsymbol{u}' = \boldsymbol{0}$ を満たす．

(5)　$a(b\boldsymbol{u}) = (ab)\boldsymbol{u}$.

(6)　$(a + b)\boldsymbol{u} = a\boldsymbol{u} + b\boldsymbol{u}$.

(7)　$a(\boldsymbol{u} + \boldsymbol{v}) = a\boldsymbol{u} + a\boldsymbol{v}$.

(8)　$1\boldsymbol{u} = \boldsymbol{u}$.

$\mathbb{R}^2$ または $\mathbb{R}^3$ の場合この定理が成り立つのはほとんど明らかであろう．一般のベクトル空間は，定理 7.1 の性質を用いて定義される．

定義 7.2　空でない集合 V が与えられていて，$\boldsymbol{v}, \boldsymbol{w} \in V$ と $k \in \mathbb{R}$ に対して，和

$$\boldsymbol{v} + \boldsymbol{w} \in V$$

と，スカラー倍

$$k\boldsymbol{v} \in V$$

を定めることができ，さらに定理 7.1 で与えた 8 つの性質を満たすとき集合 V を ($\mathbb{R}$ 上の) **ベクトル空間**と呼ぶ．

$\mathbb{R}^2$ や $\mathbb{R}^3$ は当然ベクトル空間になるが，それ以外にもベクトル空間になるものはたくさんある．

例題 7.3　開区間 (a, b) 上の連続関数全体の集合を $C(a, b)$ で表す．このとき，$f, g \in C(a, b)$ に対して，和とスカラー倍を

$$(f + g)(x) = f(x) + g(x), \quad (cf)(x) = cf(x)$$

と定める．このとき $C(a, b)$ がベクトル空間になることを確認せよ．

解　定義を確認すれば良いが，少し注意が必要なのは，このベクトル空間の $\boldsymbol{0}$ は，恒等的に 0 である関数になるということである．どの性質もほとんど明

らかであろうが，(4) の性質だけ確かめておこう．関数 $f \in C(a,b)$ としたとき，$g = -f$ とすれば，明らかに $g \in C(a,b)$ でかつ

$$(f+g)(x) = 0$$

となる．したがって (4) が成り立つ． □

一般のベクトル空間の 1 次独立性は，$\mathbb{R}^2$, $\mathbb{R}^3$ の場合に定義 1.20 で与えたものと同じである．

定義 7.4 ベクトル空間 V のベクトルの組 $\{\boldsymbol{v}_1, \ldots, \boldsymbol{v}_n\}$ が **1 次独立**であるとは，

$$c_1\boldsymbol{v}_1 + \cdots + c_n\boldsymbol{v}_n = \boldsymbol{0}$$

を満たす組 $\{c_1, \ldots, c_n\}$ は自明なもの，すなわち $c_1 = \cdots = c_n = 0$ となるものに限ることをいう．1 次独立でないとき，**1 次従属**という．また，あるベクトル $\boldsymbol{v} \in V$ がベクトルの組 $\{\boldsymbol{v}_1, \ldots, \boldsymbol{v}_n\}$ の **1 次結合**で書けるとは，ある $c_1, c_2, \ldots, c_n \in \mathbb{R}$ が存在して，

$$\boldsymbol{v} = c_1\boldsymbol{v}_1 + \cdots + c_n\boldsymbol{v}_n$$

と表すことができることをいう．

定義 7.5 ベクトル空間 V において，以下の条件を満たすベクトルの組 $\{\boldsymbol{v}_1, \ldots, \boldsymbol{v}_n\}$ が存在するとき，V は**有限次元**であるという．そうでないときは，**無限次元**であるという．

(1) ベクトルの組 $\{\boldsymbol{v}_1, \ldots, \boldsymbol{v}_n\}$ は 1 次独立である．

(2) V の任意のベクトルは $\{\boldsymbol{v}_1, \ldots, \boldsymbol{v}_n\}$ の 1 次結合で書ける．

ベクトル空間 V が有限次元のとき，組 $\{\boldsymbol{v}_1, \ldots, \boldsymbol{v}_n\}$ は**基底**と呼ばれる．基底の取り方は一意的でないが，基底の数は取り方によらず決まり，その数を V の**次元**と言い，$\dim V$ で表す．

注意 (1) ベクトルの組 $\{\boldsymbol{v}_1, \ldots, \boldsymbol{v}_n\}$ の 1 次結合で書けるベクトル全体の集合

$$\{c_1\boldsymbol{v}_1 + \cdots + c_n\boldsymbol{v}_n \mid c_1, \ldots, c_n \in \mathbb{R}\}$$

はベクトル空間になる．そのようなベクトル空間は $\{\boldsymbol{v}_1, \ldots, \boldsymbol{v}_n\}$ で**生成されるベクトル空間**などとも言う．

(2) ベクトル空間は有限次元とは限らない．実際，例題 7.3 で与えたベクトル空間は無限次元である．

例題 7.6 ユークリッド空間 $\mathbb{R}^2, \mathbb{R}^3$ の基底はそれぞれ

$$\left\{\boldsymbol{e}_1 = \begin{pmatrix}1\\0\end{pmatrix}, \boldsymbol{e}_2 = \begin{pmatrix}0\\1\end{pmatrix}\right\}, \quad \left\{\boldsymbol{e}_1 = \begin{pmatrix}1\\0\\0\end{pmatrix}, \boldsymbol{e}_2 = \begin{pmatrix}0\\1\\0\end{pmatrix}, \boldsymbol{e}_3 = \begin{pmatrix}0\\0\\1\end{pmatrix}\right\}$$

で与えられ，それぞれのベクトル空間の次元が 2 と 3 であることを確かめよ．このような基底を**標準基底**という．

解 $\mathbb{R}^2$ の場合もほとんど同じであるから，$\mathbb{R}^3$ の場合だけ確認する．ベクトルの組 $\{\boldsymbol{e}_1, \boldsymbol{e}_2, \boldsymbol{e}_3\}$ が 1 次独立であることは，

$$c_1\boldsymbol{e}_1 + c_2\boldsymbol{e}_2 + c_3\boldsymbol{e}_3 = \begin{pmatrix}c_1\\c_2\\c_3\end{pmatrix} = \boldsymbol{0}$$

を満たす c_1, c_2, c_3 が自明なものに限ることからわかる．一方，任意の $\boldsymbol{v} = (v_x, v_y, v_z) \in \mathbb{R}^3$ は，

$$\boldsymbol{v} = v_x\boldsymbol{e}_1 + v_y\boldsymbol{e}_2 + v_z\boldsymbol{e}_3$$

と書ける．したがって，$\{\boldsymbol{e}_1, \boldsymbol{e}_2, \boldsymbol{e}_3\}$ は $\mathbb{R}^3$ の基底であり $\mathbb{R}^3$ の次元は 3 である．□

例題 7.7 高々 n 次の多項式からなる集合を $\mathbb{R}[x]_n$ と書くことにする．すなわち

$$\mathbb{R}[x]_n = \{a_0 + a_1x + \cdots + a_nx^n \mid a_0, a_1, \ldots, a_n \in \mathbb{R}\}$$

とする． このとき $\mathbb{R}[x]_n$ は多項式の和とスカラー倍に関してベクトル空間になることを示し，その次元を求めよ．

解 ベクトル空間になるのは，例題 7.3 と同様に確かめられる．次元を求めよう．天下りではあるが，$\{1, x, x^2, \ldots, x^n\}$ が $\mathbb{R}[x]_n$ の基底になることを示せれば，$\dim \mathbb{R}[x]_n = n + 1$ であることがわかる．そのために

$$c_0 1 + c_1x + \cdots + c_nx^n = 0$$

という関係式を考えてみよう．これは，すべての x について成立する恒等式であ

る．$x = 0$ を代入すると $c_0 = 0$ がわかる．さて次にこの関係式を x について微分してみよう．すると，

$$c_1 + 2c_2x + \cdots + nc_nx^{n-1} = 0$$

となる．この式に $x = 0$ を代入すると，$c_1 = 0$ がわかる．同様の手続きを繰り返していけば，$c_2 = c_3 = \cdots = c_n = 0$ もわかる．したがって $\{1, x, x^2, \ldots, x^n\}$ は 1 次独立である．さて任意の高々 n 次の多項式 $f(x)$ は

$$f(x) = a_0 + a_1x + \cdots + a_nx^n$$

と表されるので，$\{1, x, \ldots, x^n\}$ の 1 次結合で書ける．したがって $\{1, x, \ldots, x^n\}$ は基底である． □

次に，行列を用いた写像を考えてみよう．ベクトル空間 $\mathbb{R}^3$ からベクトル空間 $\mathbb{R}^2$ への写像 $f : \mathbb{R}^3 \to \mathbb{R}^2$ を

$$f(\boldsymbol{v}) = A\boldsymbol{v}, \quad \boldsymbol{v} = \begin{pmatrix} v_x \\ v_y \\ v_z \end{pmatrix} \in \mathbb{R}^3, \quad A = \begin{pmatrix} a_{11} & a_{12} & a_{13} \\ a_{21} & a_{22} & a_{23} \end{pmatrix} \quad (a_{ij} \in \mathbb{R})$$

で与える．このような写像は連立 1 次方程式を考えるときには必ず使う．すなわち $A\boldsymbol{v} = \boldsymbol{c}$ となる $\boldsymbol{v}$ を求めるのが連立 1 次方程式である．f は任意のベクトル $\boldsymbol{v}, \boldsymbol{w} \in \mathbb{R}^3$ と任意の実数 $a \in \mathbb{R}$ に対して，次の性質を持つ．

$$f(\boldsymbol{v} + \boldsymbol{w}) = f(\boldsymbol{v}) + f(\boldsymbol{w}), \quad f(a\boldsymbol{v}) = af(\boldsymbol{v}) \quad (a \in \mathbb{R}).$$

実際，定義から

$$\begin{aligned} &f(\boldsymbol{v} + \boldsymbol{w}) = A(\boldsymbol{v} + \boldsymbol{w}) = A\boldsymbol{v} + A\boldsymbol{w} = f(\boldsymbol{v}) + f(\boldsymbol{w}), \\ &f(a\boldsymbol{v})A(a\boldsymbol{v}) = a(A\boldsymbol{v}) = af(\boldsymbol{v}) \end{aligned}$$

となり，この性質をもつことが示される．このことを定式化してみると，線形写像の概念に行き着く．

定義 7.8 二つのベクトル空間 V および W の間の写像 $\varphi : V \to W$ が**線形写像**であるとは，次の二つの条件を満たすことを言う．

(1) 任意の $\boldsymbol{v}, \boldsymbol{w} \in V$ に対して $\varphi(\boldsymbol{v} + \boldsymbol{w}) = \varphi(\boldsymbol{v}) + \varphi(\boldsymbol{w})$ が成り立つ．

(2) 任意の $\boldsymbol{v}$ と任意の $c \in \mathbb{R}$ に対して $\varphi(c\boldsymbol{v}) = c\varphi(\boldsymbol{v})$ が成り立つ．

例題 7.9 $V = \mathbb{R}[x]_3, W = \mathbb{R}[x]_2$ とし，写像 φ を $f \in \mathbb{R}[x]_3$

$$\varphi(f) = \frac{\mathrm{d}f}{\mathrm{d}x} = f'$$

で定める．このとき，φ が線形写像であることを確かめよ．

解 まず φ が $\mathbb{R}[x]_2$ への写像になることは，高々3 次の多項式を微分すれば高々2 次の多項式になることからすぐわかる．いま，$f, g \in \mathbb{R}[x]_3$ と $c \in \mathbb{R}$ に対して，

$$\varphi(f+g) = (f+g)' = f' + g' = \varphi(f) + \varphi(g),$$
$$\varphi(cf) = (cf)' = cf' = c\varphi(f)$$

となる．ここで，関数の和と積の微分の性質を用いたことに注意しよう．したがって，φ は線形写像となる． □

もちろん一般の写像は線形写像にはならない．次の例題をみてほしい．

例題 7.10 ベクトル空間 $\mathbb{R}^2$ の間の写像 φ を次のように定める．

$$\varphi(\boldsymbol{v}) = \begin{pmatrix} v_x^2 \\ v_y^2 \end{pmatrix}, \quad \boldsymbol{v} = \begin{pmatrix} v_x \\ v_y \end{pmatrix}.$$

このとき，φ は線形写像でないことを示せ．

解 ベクトル $\boldsymbol{v}$ として $\boldsymbol{v} = (3, 2)$ とし，$c = 2$ としよう．このとき，

$$\varphi(c\boldsymbol{v}) = \begin{pmatrix} (2\cdot 3)^2 \\ (2\cdot 2)^2 \end{pmatrix} = \begin{pmatrix} 36 \\ 16 \end{pmatrix}, \quad c\varphi(\boldsymbol{v}) = 2\begin{pmatrix} 3^2 \\ 2^2 \end{pmatrix} = \begin{pmatrix} 18 \\ 8 \end{pmatrix}$$

となる．したがって $\varphi(c\boldsymbol{v}) \neq c\varphi(\boldsymbol{v})$ であり，線形写像にはならない． □

7.2 ベクトル場のなすベクトル空間

ここでは，ベクトル場のなすベクトル空間について考えてみよう．領域 $D \subset \mathbb{R}^3$ とし，その上の滑らかなベクトル場 $\boldsymbol{v} = v_x \dfrac{\partial}{\partial x} + v_y \dfrac{\partial}{\partial y} + v_z \dfrac{\partial}{\partial z}$ を考える．いま，

$$\left\{ \frac{\partial}{\partial x}, \frac{\partial}{\partial y}, \frac{\partial}{\partial z} \right\} \longleftrightarrow \left\{ \begin{pmatrix} 1 \\ 0 \\ 0 \end{pmatrix}, \begin{pmatrix} 0 \\ 1 \\ 0 \end{pmatrix}, \begin{pmatrix} 0 \\ 0 \\ 1 \end{pmatrix} \right\}$$

が対応することを思い出そう．各点 $(x_0, y_0, z_0) \in D$ において $\left\{\dfrac{\partial}{\partial x}, \dfrac{\partial}{\partial y}, \dfrac{\partial}{\partial z}\right\}$ がベクトル空間 $\mathbb{R}^3$ の基底になることは，上の対応と例題 7.6 からわかる．つまりベクトル場とは，D の各点にベクトルを貼り付けたもの (分布という) になっているのである．ベクトル場全体の集合を

$$\chi(D) = \{\boldsymbol{v} \mid \boldsymbol{v} \text{ は } D \text{ 上のベクトル場}\}$$

と書こう．すなわち，$\boldsymbol{v} \in \chi(D)$ は，$\boldsymbol{x} = (x, y, z) \in D$ に対し $\boldsymbol{v}(\boldsymbol{x}) = v_x(\boldsymbol{x})\dfrac{\partial}{\partial x} + v_y(\boldsymbol{x})\dfrac{\partial}{\partial y} + v_z(\boldsymbol{x})\dfrac{\partial}{\partial z}$ のことである．このとき $\chi(D)$ には，次のようにしてベクトル空間の構造が入る．$\boldsymbol{v}, \boldsymbol{w} \in \chi(D)$ と $c \in \mathbb{R}$ および $\boldsymbol{x} \in D$ に対して，

$$(\boldsymbol{v} + \boldsymbol{w})(\boldsymbol{x}) = \boldsymbol{v}(\boldsymbol{x}) + \boldsymbol{w}(\boldsymbol{x}), \quad (c\boldsymbol{v})(\boldsymbol{x}) = c\boldsymbol{v}(\boldsymbol{x})$$

と定めると $\boldsymbol{v} + \boldsymbol{w}$ および $c\boldsymbol{v}$ は新しいベクトル場となる．このように定めた和とスカラー倍がベクトル空間の公理を満たすのはたとえば例題 7.3 でみたものと同じである．したがって，ベクトル場全体の集合 $\chi(D)$ はベクトル空間になる．$\chi(D)$ は係数が滑らかな関数からなるベクトル場全体のなすベクトル空間であるので，例題 7.3 と同様に無限次元の空間である．

7.3　双対空間

ベクトル空間 V から実数 $\mathbb{R}$ への線形写像

$$\varphi_1 : V \to \mathbb{R}, \quad \varphi_2 : V \to \mathbb{R}$$

を考える．φ_1, φ_2 とスカラー $a \in \mathbb{R}$ に対して，V から $\mathbb{R}$ への線形写像 $\varphi_1 + \varphi_2 : V \to \mathbb{R}$ と $a\varphi_1$ が次のように定まる．

$$(\varphi_1 + \varphi_2)(\boldsymbol{v}) = \varphi_1(\boldsymbol{v}) + \varphi_2(\boldsymbol{v}),$$
$$(a\varphi_1)(\boldsymbol{v}) = a\varphi_1(\boldsymbol{v}).$$

ここで $\boldsymbol{v} \in V$ である．この和とスカラー倍によって，V から $\mathbb{R}$ への線形写像全体はベクトル空間になる．すなわち，この和とスカラー倍は定理 7.1 のベクトル空間の 8 つの性質を満たしている．これをベクトル空間 V の**双対空間**といい V^* でかくことにしよう．つまり

$$V^* = \{\varphi : V \to \mathbb{R} \mid \varphi \text{ は線形写像 }\}$$

である．さて，ベクトル空間 V は有限次元とし，$n = \dim V$ とする．基底を $\{\boldsymbol{e}_1, \boldsymbol{e}_2, \ldots, \boldsymbol{e}_n\}$ ととる．このとき双対空間 V^* の元 $\boldsymbol{e}_1^*, \boldsymbol{e}_2^*, \ldots, \boldsymbol{e}_n^*$ を次のように定める．

$$\boldsymbol{e}_i^*(\boldsymbol{e}_j) = \delta_{ij} = \begin{cases} 1 & (i = j) \\ 0 & (i \neq j). \end{cases}$$

ここで，δ_{ij} は，**クロネッカーのデルタ**と呼ばれている．つまり，$\boldsymbol{e}_i^*$ は V の元 $\boldsymbol{v}$ を基底を用いて $\boldsymbol{v} = v_1\boldsymbol{e}_1 + \cdots + v_n\boldsymbol{e}_n$ と表現したときに，

$$\boldsymbol{e}_i^*(\boldsymbol{v}) = v_i$$

となる線形写像である．

補題 7.11 双対空間 V^* のベクトルの組 $\{\boldsymbol{e}_1^*, \boldsymbol{e}_2^*, \ldots, \boldsymbol{e}_n^*\}$ は双対空間 V^* の基底になる．したがって，V^* の次元は $\dim V^* = n$ となる．$\{\boldsymbol{e}_1^*, \ldots, \boldsymbol{e}_n^*\}$ を $\{\boldsymbol{e}_1, \ldots, \boldsymbol{e}_n\}$ の**双対基底**と呼ぶ．

証明 1 次独立であること：$c_1\boldsymbol{e}_1^* + \cdots + c_n\boldsymbol{e}_n^* = \boldsymbol{0}$ なる 1 次関係式を考える．左辺と右辺は線形写像 (特に右辺は零写像) なので，V のベクトル $\boldsymbol{e}_1, \ldots, \boldsymbol{e}_n$ を順に線形写像に作用させると

$$c_1 = c_2 = \cdots = c_n = 0$$

となることがわかる．したがって 1 次独立であることが従う．

1 次結合で書けること：次に，任意の $\boldsymbol{v}^* \in V^*$ $(\boldsymbol{v}^* \neq \boldsymbol{0})$ を取って，$\boldsymbol{v}^*(\boldsymbol{e}_i) = c_i$ とする．すると $\boldsymbol{x} = x_1\boldsymbol{e}_1 + \cdots + x_n\boldsymbol{e}_n \in V$ に対して，$\boldsymbol{v}^*(\boldsymbol{x})$ は

$$\boldsymbol{v}^*(\boldsymbol{x}) = x_1c_1 + \cdots + x_nc_n$$

となる．一方，$c_1\boldsymbol{e}_1^* + \cdots + c_n\boldsymbol{e}_n^*$ に対しても

$$(c_1\boldsymbol{e}_1^* + \cdots + c_n\boldsymbol{e}_n^*)(\boldsymbol{x}) = x_1c_1 + \cdots + x_nc_n$$

が成立する．したがって，

$$\boldsymbol{v}^* = c_1\boldsymbol{e}_1^* + \cdots + c_n\boldsymbol{e}_n^*$$

となる．すなわち $\boldsymbol{v}^*$ は $\{\boldsymbol{e}_1^*, \ldots, \boldsymbol{e}_n^*\}$ の 1 次結合で書ける． ■

7.4　双対空間と 1 次微分形式

これまでに準備したベクトル空間とその双対空間を用いて，1 次微分形式を導入しよう．まずは 2 次元の場合に考えてみよう．ベクトル場の組 $\left\{\dfrac{\partial}{\partial x}, \dfrac{\partial}{\partial y}\right\}$ をある点 (x_0, y_0) を固定して考える．すると，7.3 節で示したように $\left\{\dfrac{\partial}{\partial x}, \dfrac{\partial}{\partial y}\right\}$ はベクトル空間 $V = \mathbb{R}^2$ の基底になる．その双対基底を $\{\mathrm{d}x, \mathrm{d}y\}$ と書くことにしよう．つまり

$$\mathrm{d}x\left(\frac{\partial}{\partial x}\right) = \mathrm{d}y\left(\frac{\partial}{\partial y}\right) = 1$$

で，それ以外の組み合わせは 0 となる線形写像 $\mathrm{d}x, \mathrm{d}y : V \to \mathbb{R}$ を考える．双対基底 $\{\mathrm{d}x, \mathrm{d}y\}$ の 1 次結合で生成される双対空間 $V^* = (\mathbb{R}^2)^*$ を

$$\Lambda^1\mathbb{R}^2 = \{a\,\mathrm{d}x + b\,\mathrm{d}y \mid a, b \in \mathbb{R}\}$$

と書くことにする．

定義 7.12　v_x, v_y を平面の領域 D 上の滑らかな関数とすると，双対ベクトル空間への写像

$$\omega_1 : D \to \Lambda^1\mathbb{R}^2, \quad (x, y) \mapsto \omega_1(x, y) = v_x(x, y)\mathrm{d}x + v_y(x, y)\mathrm{d}y$$

が定まる．写像 ω_1 を 2 変数の **1 次微分形式**と呼ぶ．

次に，同じように 3 次元の場合に考えてみよう．ベクトル場の組 $\left\{\dfrac{\partial}{\partial x}, \dfrac{\partial}{\partial y}, \dfrac{\partial}{\partial z}\right\}$ をある点 (x_0, y_0, z_0) で固定して考えると，$\left\{\dfrac{\partial}{\partial x}, \dfrac{\partial}{\partial y}, \dfrac{\partial}{\partial z}\right\}$ は $V = \mathbb{R}^3$ の基底になる．その双対基底を $\{\mathrm{d}x, \mathrm{d}y, \mathrm{d}z\}$ と書くことにする．つまり，

$$\mathrm{d}x\left(\frac{\partial}{\partial x}\right) = \mathrm{d}y\left(\frac{\partial}{\partial y}\right) = \mathrm{d}z\left(\frac{\partial}{\partial z}\right) = 1$$

で，それ以外の組み合わせは 0 となる線形写像 $\mathrm{d}x, \mathrm{d}y, \mathrm{d}z : V \to \mathbb{R}$ である．双対基底 $\{\mathrm{d}x, \mathrm{d}y, \mathrm{d}z\}$ の 1 次結合で表される双対空間 $V^* = (\mathbb{R}^3)^*$ を

$$\Lambda^1\mathbb{R}^3 = \{a\,\mathrm{d}x + b\,\mathrm{d}y + c\,\mathrm{d}z \mid a, b, c \in \mathbb{R}\}$$

とする．

定義 7.13 v_x, v_y, v_z を空間の領域 D 上の滑らかな関数とし，双対ベクトル空間への写像

$$\omega_1 : D \to \Lambda^1\mathbb{R}^3$$

を次のように定める．

$$(x, y, z) \mapsto \omega_1(x, y, z) = v_x(x, y, z)\mathrm{d}x + v_y(x, y, z)\mathrm{d}y + v_z(x, y, z)\mathrm{d}z.$$

写像 ω_1 を 3 変数の **1 次微分形式**と呼ぶ．

注意 (1) 1 変数の 1 次微分形式を考えることももちろんできる．すなわち，ベクトル空間 $\mathbb{R}$ の双対空間 $\Lambda^1\mathbb{R}$ への $D \subset \mathbb{R}$ からの写像

$$\omega_1 : D \to \Lambda^1\mathbb{R}, \quad x \mapsto \omega_1(x) = v_x(x)\,\mathrm{d}x$$

が **1 変数の 1 次微分形式**である．

(2) 1 次微分形式 ω_1 は領域 D からベクトル空間 ($\Lambda^1\mathbb{R}^k$ $(k = 1, 2, 3)$) への写像であり，ベクトル場を定めていると考えることもできる．1 次微分形式は **1–ベクトル場**などとも呼ばれる．

7.5 2 次および 3 次の微分形式

ここでは双対ベクトル空間の**外積**「$\wedge$」という操作を通じて，高次の微分形式を構成しよう．ベクトル空間の外積の一般的な性質は章末の演習問題 (問 7.4) とすることにし，ここでは具体的な構成を与えよう．

最初に 2 変数の場合を考えよう．まず双対ベクトル空間 $\Lambda^1\mathbb{R}^2$ の基底である $\mathrm{d}x, \mathrm{d}y$ に対して，$\wedge$ (ウェッジ) という記号を用いて，次の四つの組み合わせを考えよう．

$$\mathrm{d}x \wedge \mathrm{d}x, \quad \mathrm{d}x \wedge \mathrm{d}y, \quad \mathrm{d}y \wedge \mathrm{d}x, \quad \mathrm{d}y \wedge \mathrm{d}y.$$

ここで，さらに $\mathrm{d}x, \mathrm{d}y$ の入れ替えに関して歪対称，すなわち

$$\mathrm{d}x \wedge \mathrm{d}y = -\mathrm{d}y \wedge \mathrm{d}x$$

という条件を課すと，

$$\mathrm{d}x \wedge \mathrm{d}x = \mathrm{d}y \wedge \mathrm{d}y = 0$$

となる．すなわち，歪対称という条件を入れると，四つの組み合わせのうち $\mathrm{d}x\wedge\mathrm{d}y$ だけを考えれば良いことがわかる．$\mathrm{d}x\wedge\mathrm{d}y$ は次にみるようにベクトル空間をなす．まず，ベクトル $\mathrm{d}x\wedge\mathrm{d}y$ が生成するベクトル空間を与えるために，$\mathrm{d}x\wedge\mathrm{d}y$ 全体の集合

$$\Lambda^2\mathbb{R}^2=\{a\,\mathrm{d}x\wedge\mathrm{d}y\mid a\in\mathbb{R}\}$$

を考えよう．このとき，二つの元 $a\,\mathrm{d}x\wedge\mathrm{d}y\in\Lambda^2\mathbb{R}^2$ と $b\,\mathrm{d}x\wedge\mathrm{d}y\in\Lambda^2\mathbb{R}^2$ の和とスカラー倍を

$$\begin{aligned}&a\,\mathrm{d}x\wedge\mathrm{d}y+b\,\mathrm{d}x\wedge\mathrm{d}y=(a+b)\,\mathrm{d}x\wedge\mathrm{d}y,\\&k(a\,\mathrm{d}x\wedge\mathrm{d}y)=(ka)\,\mathrm{d}x\wedge\mathrm{d}y\end{aligned}$$

で定めることができる．これより $\Lambda^2\mathbb{R}^2$ はベクトル空間になり，構成の仕方から $\Lambda^2\mathbb{R}^2$ の次元は 1 次元，すなわち $\{\mathrm{d}x\wedge\mathrm{d}y\}$ が基底になっている．

ここで a を D 上の滑らかな関数と思うことによって，1 次微分形式 ω_1 のときと同様に次の定義に行き着く．

定義 7.14　v_{xy} を平面の領域 D 上の滑らかな関数とし，滑らかな写像

$$\omega_2:D\to\Lambda^2\mathbb{R}^2,\quad (x,y)\mapsto\omega_2(x,y)=v_{xy}(x,y)\,\mathrm{d}x\wedge\mathrm{d}y$$

を 2 変数の 2 次微分形式と呼ぶ．

2 変数の場合は，これ以上高次の微分形式はない．なぜならば 2 次微分形式は $\mathrm{d}x\wedge\mathrm{d}y$ だけで，これに 1 次微分形式を外積すると必ず $\mathrm{d}x$ または $\mathrm{d}y$ が少なくとも 2 回出てきて，歪対称性から 0 にならざるを得ない．

次に 3 変数の場合を考えよう．双対ベクトル空間 $\Lambda^1\mathbb{R}^3$ の基底である $\mathrm{d}x,\mathrm{d}y,\mathrm{d}z$ に対して，$\wedge$ を用いて組を考えたい．2 変数と同様に $\mathrm{d}x,\mathrm{d}y,\mathrm{d}z$ の入れ替えに関して歪対称という条件，すなわち

$$\mathrm{d}x\wedge\mathrm{d}y=-\mathrm{d}y\wedge\mathrm{d}x,\quad \mathrm{d}x\wedge\mathrm{d}z=-\mathrm{d}z\wedge\mathrm{d}x,\quad \mathrm{d}y\wedge\mathrm{d}z=-\mathrm{d}z\wedge\mathrm{d}y$$

という条件を課すと，$\mathrm{d}x\wedge\mathrm{d}x=\mathrm{d}y\wedge\mathrm{d}y=\mathrm{d}z\wedge\mathrm{d}z=0$ となる．したがって，結局

$$\mathrm{d}x\wedge\mathrm{d}y,\quad \mathrm{d}x\wedge\mathrm{d}z,\quad \mathrm{d}y\wedge\mathrm{d}z$$

だけを考えれば良いことになる．次に，$a\,\mathrm{d}x\wedge\mathrm{d}y+b\,\mathrm{d}x\wedge\mathrm{d}z+c\,\mathrm{d}y\wedge\mathrm{d}z$ 全体の

集合

$$\Lambda^2\mathbb{R}^3 = \{a\,\mathrm{d}x \wedge \mathrm{d}y + b\,\mathrm{d}x \wedge \mathrm{d}z + c\,\mathrm{d}y \wedge \mathrm{d}z \mid a, b, c \in \mathbb{R}\}$$

を考えよう．この集合は，2 変数のときと同様に，和とスカラー倍を

$$\begin{aligned}&(a_1\mathrm{d}x \wedge \mathrm{d}y + b_1\mathrm{d}x \wedge \mathrm{d}z + c_1\mathrm{d}y \wedge \mathrm{d}z) + (a_2\mathrm{d}x \wedge \mathrm{d}y + b_2\mathrm{d}x \wedge \mathrm{d}z + c_2\mathrm{d}y \wedge \mathrm{d}z)\\ &\quad = (a_1 + a_2)\,\mathrm{d}x \wedge \mathrm{d}y + (b_1 + b_2)\,\mathrm{d}x \wedge \mathrm{d}z + (c_1 + c_2)\,\mathrm{d}y \wedge \mathrm{d}z\end{aligned}$$

および

$$\begin{aligned}&k(a_1\mathrm{d}x \wedge \mathrm{d}y + b_1\mathrm{d}x \wedge \mathrm{d}z + c_1\mathrm{d}y \wedge \mathrm{d}z)\\ &\quad = (ka_2)\,\mathrm{d}x \wedge \mathrm{d}y + (kb_2)\,\mathrm{d}x \wedge \mathrm{d}z + (kc_2)\,\mathrm{d}y \wedge \mathrm{d}z\end{aligned}$$

と定めれば，ベクトル空間になる．構成の仕方から $\Lambda^2\mathbb{R}^3$ の次元は 3 次元，すなわち

$$\{\mathrm{d}x \wedge \mathrm{d}y, \quad \mathrm{d}x \wedge \mathrm{d}z, \quad \mathrm{d}y \wedge \mathrm{d}z\}$$

が基底になっている．$a\,\mathrm{d}x \wedge \mathrm{d}y + b\,\mathrm{d}x \wedge \mathrm{d}z + c\,\mathrm{d}y \wedge \mathrm{d}z$ の a, b, c を $D \subset \mathbb{R}^3$ 上の滑らかな関数と考えることで次の定義を得る．

定義 7.15 v_{xy}, v_{xz}, v_{yz} **を空間の領域** D **上の滑らかな関数とし，滑らかな写像**

$$\omega_2 : D \to \Lambda^2\mathbb{R}^3$$

を次のように定める．

$$\begin{aligned}&(x, y, z)\\ &\mapsto \omega_2(x, y, z) = v_{xy}(x, y, z)\mathrm{d}x \wedge \mathrm{d}y + v_{xz}(x, y, z)\mathrm{d}x \wedge \mathrm{d}z + v_{yz}(x, y, z)\mathrm{d}y \wedge \mathrm{d}z.\end{aligned}$$

写像 ω_2 **を 3 変数の 2 次微分形式と呼ぶ．**

最後に 3 変数の場合の 3 次微分形式を考える．双対ベクトル空間 $\Lambda^1\mathbb{R}^3$ の基底 $\{\mathrm{d}x, \mathrm{d}y, \mathrm{d}z\}$ と $\Lambda^2\mathbb{R}^3$ の基底 $\{\mathrm{d}x \wedge \mathrm{d}y, \mathrm{d}x \wedge \mathrm{d}z, \mathrm{d}y \wedge \mathrm{d}z\}$ に対して，$\wedge$ を用いて組を考える．歪対称という条件を課すと，

$$\mathrm{d}x \wedge \mathrm{d}y \wedge \mathrm{d}z$$

のみを考えれば良いことがわかる．2 変数の 2 次微分形式とまったく同様に，$a\,\mathrm{d}x \wedge \mathrm{d}y \wedge \mathrm{d}z$ 全体の集合

$$\Lambda^3\mathbb{R}^3 = \{a\,\mathrm{d}x \wedge \mathrm{d}y \wedge \mathrm{d}z \mid a \in \mathbb{R}\}$$

が，1 次元ベクトル空間になることはすぐわかる．a を $D \subset \mathbb{R}^3$ 上の滑らかな関数と考えることで次の定義を得る．

定義 7.16 v_{xyz} を空間の領域 D 上の滑らかな関数とし，滑らかな写像

$$\omega_3 : D \to \Lambda^2\mathbb{R}^3, \quad (x, y, z) \mapsto \omega_3(x, y, z) = v_{xyz}(x, y, z)\,\mathrm{d}x \wedge \mathrm{d}y \wedge \mathrm{d}z$$

を 3 変数の **3 次微分形式**と呼ぶ．

7.6 微分形式の外積

前節で述べた高次の微分形式は，**微分形式の外積**という操作によっても得られる．

定義 7.17 D 上の k 次微分形式 ω と l 次微分形式 ψ, ϕ が $\wedge$ に対して次を満たすとする．

$$\begin{aligned}
&\omega \wedge (\psi \wedge \phi) = (\omega \wedge \psi) \wedge \phi,\\
&\omega \wedge (\psi + \phi) = \omega \wedge \psi + \omega \wedge \phi, \quad (\psi + \phi) \wedge \omega = \psi \wedge \omega + \phi \wedge \omega,\\
&(f\ \omega) \wedge \psi = \omega \wedge (f\ \psi) = f\ (\omega \wedge \psi).
\end{aligned}$$

ここで，f は D 上の関数である．このとき，D 上の $(k + l)$ 次微分形式

$$\omega \wedge \psi$$

が定まる．これを微分形式 ω と ψ の**外積**と言う．

例題 7.18 (1) 2 変数の 1 次微分形式 $\omega_1 = v_x\mathrm{d}x + v_y\mathrm{d}y$ および $\psi_1 = w_x\mathrm{d}x + w_y\mathrm{d}y$ に対して，外積 $\omega_1 \wedge \psi_1$ が 2 変数の 2 次の微分形式

$$\omega_1 \wedge \psi_1 = (v_x w_y - v_y w_x)\,\mathrm{d}x \wedge \mathrm{d}y$$

となることを確かめよ．

(2) 3 変数の 1 次微分形式 $\omega_1 = v_x\mathrm{d}x + v_y\mathrm{d}y + v_z\mathrm{d}z$ と $\psi_1 = w_x\mathrm{d}x + w_y\mathrm{d}y + w_z\mathrm{d}z$ に対して，外積 $\omega_1 \wedge \psi_1$ が 3 変数の 2 次微分形式

$$\omega_1 \wedge \psi_1 = (v_x w_y - v_y w_x)\,\mathrm{d}x \wedge \mathrm{d}y + (v_x w_z - v_z w_x)\,\mathrm{d}x \wedge \mathrm{d}z$$

$$+(v_y w_z - v_z w_y)\mathrm{d}y \wedge \mathrm{d}z$$

となることを確かめよ.

解 (1) について：定義 7.17 の性質を用いれば，次のようになる.

$$\begin{aligned}\omega_1 \wedge \psi_1 &= (v_x \mathrm{d}x + v_y \mathrm{d}y) \wedge (w_x \mathrm{d}x + w_y \mathrm{d}y)\\ &= v_x w_x \, \mathrm{d}x \wedge \mathrm{d}x + v_x w_y \mathrm{d}x \wedge \mathrm{d}y + v_y w_x \, \mathrm{d}y \wedge \mathrm{d}x + v_y w_y \mathrm{d}y \wedge \mathrm{d}y\\ &= (v_x w_y - v_y w_x) \, \mathrm{d}x \wedge \mathrm{d}y.\end{aligned}$$

ここで，3 番目の等式で歪対称性を用いた.

(2) について：定義 7.17 の性質を用いれば，次のようになる.

$$\begin{aligned}&\omega_1 \wedge \psi_1\\ &= (v_x \mathrm{d}x + v_y \mathrm{d}y + v_z \mathrm{d}z) \wedge (w_x \mathrm{d}x + w_y \mathrm{d}y + w_z \mathrm{d}z)\\ &= v_x w_x \mathrm{d}x \wedge \mathrm{d}x + v_x w_y \mathrm{d}x \wedge \mathrm{d}y + v_x w_z \mathrm{d}x \wedge \mathrm{d}z\\ &\quad + v_y w_x \mathrm{d}y \wedge \mathrm{d}x + v_y w_y \mathrm{d}y \wedge \mathrm{d}y + v_y w_z \mathrm{d}y \wedge \mathrm{d}z\\ &\quad + v_z w_x \mathrm{d}z \wedge \mathrm{d}x + v_z w_y \mathrm{d}z \wedge \mathrm{d}y + v_z w_z \mathrm{d}z \wedge \mathrm{d}z\\ &= (v_x w_y - v_y w_x)\mathrm{d}x \wedge \mathrm{d}y + (v_x w_z - v_z w_x)\mathrm{d}x \wedge \mathrm{d}z + (v_y w_z - v_z w_y)\mathrm{d}y \wedge \mathrm{d}z.\end{aligned}$$

ここで，3 番目の等式で歪対称性を用いた. □

同様に，3 変数の 1 次微分形式 $\omega_1 = v_x \mathrm{d}x + v_y \mathrm{d}y + v_z \mathrm{d}z$ と 3 変数の 2 次微分形式 $\omega_2 = v_{xy} \mathrm{d}x \wedge \mathrm{d}y + v_{xz} \mathrm{d}x \wedge \mathrm{d}z + v_{yz} \mathrm{d}y \wedge \mathrm{d}z$ に対して，外積 $\omega_1 \wedge \omega_2$ は

$$\omega_1 \wedge \omega_2 = (v_x v_{yz} - v_y v_{xz} + v_z v_{xy})\mathrm{d}x \wedge \mathrm{d}y \wedge \mathrm{d}z$$

と計算でき，3 変数の 3 次微分形式となる.

最後に，3 変数の 1 次微分形式 $\omega_1 = v_x \mathrm{d}x + v_y \mathrm{d}y + v_z \mathrm{d}z$ と $\psi_1 = w_x \mathrm{d}x + w_y \mathrm{d}y + w_z \mathrm{d}z$ および $\phi_1 = u_x \mathrm{d}x + u_y \mathrm{d}y + u_z \mathrm{d}z$ に対して，その外積 $\phi_1 \wedge \omega_1 \wedge \psi_1$ は

$$\phi_1 \wedge \omega_1 \wedge \psi_1 = \det(\phi, \omega, \psi)\mathrm{d}x \wedge \mathrm{d}y \wedge \mathrm{d}z$$

と計算でき，3 変数の 3 次微分形式になる. ここで $\phi = (u_x, u_y, u_z)$，$\omega = (v_x, v_y, v_z)$，$\psi = (w_x, w_y, w_z)$ とし，$\det(\phi, \omega, \psi)$ はベクトル ϕ, ω, ψ のなす行列の行列式とした (次の例題 7.19 参照).

例題 7.19 (1) 平面のベクトル $\boldsymbol{v} = (v_x, v_y)$, $\boldsymbol{w} = (w_x, w_y)$ がなす平行四辺形の符号付き面積は，1 次微分形式 $\boldsymbol{v}^* = v_x \mathrm{d}x + v_y \mathrm{d}y$ と $\boldsymbol{w}^* = w_x \mathrm{d}x + w_y \mathrm{d}y$ の外積

$$\boldsymbol{v}^* \wedge \boldsymbol{w}^* = \det(\boldsymbol{v}, \boldsymbol{w})\, \mathrm{d}x \wedge \mathrm{d}y$$

で与えられることを確かめよ．ここで $\det(\boldsymbol{v}, \boldsymbol{w})$ はベクトル $\boldsymbol{v}, \boldsymbol{w}$ のなす行列の行列式とした．

(2) 空間のベクトル $\boldsymbol{u} = (u_x, u_y, u_z), \boldsymbol{v} = (v_x, v_y, v_z), \boldsymbol{w} = (w_x, w_y, w_z)$ のなす平行六面体の符号付き体積は 1 次微分形式 $\boldsymbol{u}^* = u_x \mathrm{d}x + u_y \mathrm{d}y + u_z \mathrm{d}z$, $\boldsymbol{v}^* = v_x \mathrm{d}x + v_y \mathrm{d}y + v_z \mathrm{d}z$ と $\boldsymbol{w}^* = w_x \mathrm{d}x + w_y \mathrm{d}y + w_z \mathrm{d}z$ の外積

$$\boldsymbol{u}^* \wedge \boldsymbol{v}^* \wedge \boldsymbol{w}^* = \det(\boldsymbol{u}, \boldsymbol{v}, \boldsymbol{w})\, \mathrm{d}x \wedge \mathrm{d}y \wedge \mathrm{d}z$$

で与えられることを確かめよ．ここで $\det(\boldsymbol{u}, \boldsymbol{v}, \boldsymbol{w})$ はベクトル $\boldsymbol{u}, \boldsymbol{v}, \boldsymbol{w}$ のなす行列の行列式とした．

解 (1) について：定義通り計算すれば，

$$\boldsymbol{v}^* \wedge \boldsymbol{w}^* = (v_x w_y - v_y w_x)\, \mathrm{d}x \wedge \mathrm{d}y$$

である．例題 1.14 より，$\boldsymbol{v}$ と $\boldsymbol{w}$ のなす平行四辺形の符号付き面積は

$$\det(\boldsymbol{v}, \boldsymbol{w}) = v_x w_y - v_y w_x$$

で与えられる．したがって，結論が従う．

(2) について：同様に例題 1.14 より，$\boldsymbol{u}, \boldsymbol{v}, \boldsymbol{w}$ のなす平行六面体の符号付き面積は

$$\det(\boldsymbol{u}, \boldsymbol{v}, \boldsymbol{w}) = u_x(v_y w_z - v_z w_y) - u_y(v_x w_z - v_z w_x) + u_z(v_x w_y - v_y w_x)$$

で与えられる．一方，1 次微分形式の外積を計算すれば，

$$\begin{aligned}
&\boldsymbol{u}^* \wedge \boldsymbol{v}^* \wedge \boldsymbol{w}^* \\
&= (u_x \mathrm{d}x + u_y \mathrm{d}y + u_z \mathrm{d}z) \wedge (v_x \mathrm{d}x + v_y \mathrm{d}y + v_z \mathrm{d}z) \wedge (w_x \mathrm{d}x + w_y \mathrm{d}y + w_z \mathrm{d}z) \\
&= (u_x \mathrm{d}x + u_y \mathrm{d}y + u_z \mathrm{d}z) \wedge \{(v_x w_y - v_y w_x)\mathrm{d}x \wedge \mathrm{d}y + (v_x w_z - v_z w_x)\mathrm{d}x \wedge \mathrm{d}z \\
&\qquad\qquad + (v_y w_z - v_z w_y)\mathrm{d}y \wedge \mathrm{d}z\} \\
&= \{u_x(v_y w_z - v_z w_y) - u_y(v_x w_z - v_z w_x) + u_z(v_x w_y - v_y w_x)\}\, \mathrm{d}x \wedge \mathrm{d}y \wedge \mathrm{d}z
\end{aligned}$$

$$= \det(\boldsymbol{u}, \boldsymbol{v}, \boldsymbol{w})\mathrm{d}x \wedge \mathrm{d}y \wedge \mathrm{d}z$$

となり正しいことが確認できる． □

7.7 双対空間の双対 ★

さてこれまで，ベクトル空間 $V = \mathbb{R}^2$ もしくは $\mathbb{R}^3$ の双対空間 $V^*(\Lambda^1\mathbb{R}^2$ や $\Lambda^1\mathbb{R}^3$ とも書いた) やその外積の空間を考えてきた．双対空間 V^* もベクトル空間なので，V^* の双対空間を考えることができる．つまり，V^* 上の線形写像

$$\varphi^* : V^* \to \mathbb{R}$$

全体の空間 $V^{**} = (V^*)^*$ が 7.3 節で V^* を定義したのとまったく同様に定義できる．すなわち，

$$V^{**} = \{\varphi^* : V^* \to \mathbb{R} \mid \varphi^* \text{ は線形写像 }\}.$$

ここで，線形写像全体のなすベクトル空間から $\mathbb{R}$ への線形写像がなすベクトル空間が V^{**} というものであって，より抽象的になっていることに注意しよう．

さて，V^* の元 φ はベクトル空間 V から $\mathbb{R}$ への線形写像であったが，双対空間 V^* から $\mathbb{R}$ への線形写像 $f_{\boldsymbol{v}}$ を

$$f_{\boldsymbol{v}}(\varphi) = \varphi(\boldsymbol{v})$$

によって定める．このとき，V から V^{**} への写像 $\varPhi$ を

$$\varPhi : V \to V^{**}, \quad \boldsymbol{v} \mapsto f_{\boldsymbol{v}}$$

によって定めることができる．ここで，ベクトル空間の同型の定義は次のものである．

定義 7.20 ベクトル空間 V からベクトル空間 W への写像 φ が**全射**であるとは，任意の $\boldsymbol{w} \in W$ に対して，ある $\boldsymbol{v} \in V$ があって $\varphi(\boldsymbol{v}) = \boldsymbol{w}$ となるときを言う．一方，φ が**単射**であるとは，$\boldsymbol{v}_1 \neq \boldsymbol{v}_2$ である $\boldsymbol{v}_1, \boldsymbol{v}_2 \in V$ に対して，$\varphi(\boldsymbol{v}_1) \neq \varphi(\boldsymbol{v}_2)$ となるときを言う．全単射な線形写像 $\varphi : V \to W$ のことを**同型写像**といい，V と W は**同型**であると言う．

補題 7.21 $\varPhi$ によって V と V^{**} は同型になる．

証明 まず，$f_{\boldsymbol{v}}$ は次の性質を持つ．

$$f_{\boldsymbol{v}+\boldsymbol{w}}(\varphi) = \varphi(\boldsymbol{v}+\boldsymbol{w}) = \varphi(\boldsymbol{v}) + \varphi(\boldsymbol{w}) = (f_{\boldsymbol{v}} + f_{\boldsymbol{w}})(\varphi) \quad (\boldsymbol{v}, \boldsymbol{w} \in V),$$
$$f_{c\boldsymbol{v}}(\varphi) = \varphi(c\boldsymbol{v}) = c\varphi(\boldsymbol{v}) = (cf_{\boldsymbol{v}})(\varphi) \quad (c \in \mathbb{R}, \boldsymbol{v} \in V).$$

したがって

$$\Phi(\boldsymbol{v}+\boldsymbol{w}) = f_{\boldsymbol{v}+\boldsymbol{w}} = f_{\boldsymbol{v}} + f_{\boldsymbol{w}} = \Phi(\boldsymbol{v}) + \Phi(\boldsymbol{w}),$$
$$\Phi(c\boldsymbol{v}) = f_{c\boldsymbol{v}} = cf_{\boldsymbol{v}} = c\Phi(\boldsymbol{v})$$

となることから Φ が線形写像であることがわかる．V と V^{**} の次元は同じであるので，Φ が単射であることを示せば良い (演習問題の問 7.3 参照)．f が単射であることは，次のようにしてわかる．$\Phi(\boldsymbol{v}) = \Phi(\boldsymbol{w})$ とする．このとき

$$0 = \Phi(\boldsymbol{v}) - \Phi(\boldsymbol{w}) = \Phi(\boldsymbol{v}-\boldsymbol{w}) = f_{\boldsymbol{v}-\boldsymbol{w}}$$

である．$f_{\boldsymbol{v}-\boldsymbol{w}}(\varphi) = \varphi(\boldsymbol{v}-\boldsymbol{w})$ であり，すべての線形写像 φ に対して，$f_{\boldsymbol{v}-\boldsymbol{w}}(\varphi) = 0$ となるためには $\boldsymbol{v} = \boldsymbol{w}$ でなければならない．すなわち Φ は単射である．したがって Φ によって V と V^{**} は同型である． ■

注意 有限次元のベクトル空間 V と W は次元が同じ場合，実は同型なベクトル空間になる．すなわち $\{\boldsymbol{v}_1, \ldots, \boldsymbol{v}_n\}$ と $\{\boldsymbol{w}_1, \ldots, \boldsymbol{w}_n\}$ とをそれぞれ V と W の基底とすると，任意の $\boldsymbol{v} = v_1\boldsymbol{v}_1 + \cdots + v_n\boldsymbol{v}_n$ に対して，写像を

$$\Phi : V \to W, \quad \boldsymbol{v} \mapsto \Phi(\boldsymbol{v}) = v_1\boldsymbol{w}_1 + \cdots + v_n\boldsymbol{w}_n$$

と定めれば，この写像はベクトルの和とスカラー倍を保つ全単射になる．したがって V と W は同型である．しかし，この写像 Φ は V と W の基底の取り方に依存しているので**自然な同型**ではない．このように考えれば，V とその双対空間 V^* は同型であるが，自然なものではない．しかしながら，V と V^{**} は上の写像 Φ によって，基底によらずに写像が定まる．したがって自然な同型になる．

ここで，$\{\boldsymbol{e}_1, \ldots, \boldsymbol{e}_n\}$ をベクトル空間 V の基底として，$\{\boldsymbol{e}_1^*, \ldots, \boldsymbol{e}_n^*\}$ を双対空間 V^* の双対基底とする．このとき，V^{**} には双対基底 $\{\boldsymbol{e}_1^{**}, \ldots, \boldsymbol{e}_n^{**}\}$ を次のように取ることができる．

$$\boldsymbol{e}_i^{**}(\boldsymbol{e}_j^*) = \boldsymbol{e}_j^*(\boldsymbol{e}_i) = \delta_{ij} = \begin{cases} 1 & (i = j) \\ 0 & (i \neq j). \end{cases}$$

いま述べたことから $\boldsymbol{e}_i = \boldsymbol{e}_i^{**}$ であることがわかる.

演習問題

問 7.1 ベクトル空間 V の部分集合 W が次の三つの条件を満たすとき, **部分空間**という.

1. $\boldsymbol{0} \in W$.
2. $\boldsymbol{u}, \boldsymbol{v} \in W$ ならば $\boldsymbol{u}+\boldsymbol{v} \in W$.
3. $\boldsymbol{u} \in W$, $c \in \mathbb{R}$ ならば $c\boldsymbol{u} \in W$.

ベクトル空間 V を $V=\mathbb{R}^3$ とし, V の部分集合 W を次で与えたとき, W が部分空間になっているか判定せよ.

(1) $$W = \left\{ \begin{pmatrix} x \\ y \\ z \end{pmatrix} \in \mathbb{R}^3 \;\middle|\; \begin{array}{l} 2x+3y+z=0 \\ -y-3z=0 \\ x-2y=0 \end{array} \right\}$$

(2) $$W = \left\{ \begin{pmatrix} x \\ y \\ z \end{pmatrix} \in \mathbb{R}^3 \;\middle|\; \begin{array}{l} y-z \leqq 1 \\ 3x-2y+z \leqq 5 \end{array} \right\}$$

問 7.2 ベクトル空間 V から W への線形写像 $f: V \to W$ に対して,

$$\operatorname{Im} f = \{w \in W \mid \text{ある } v \in V \text{ があって } f(v)=w\},$$
$$\operatorname{Ker} f = \{v \in V \mid f(v)=0\}$$

と定める. このとき, 次を示せ.

(1) f が全射であることと, $\operatorname{Im} f = W$ は同値.

(2) f が単射であることと, $\operatorname{Ker} f = \{\boldsymbol{0}\}$ は同値.

(3) $\operatorname{Im} f$ および $\operatorname{Ker} f$ は, それぞれ W および V の部分空間であることを示せ.

問 7.3 ベクトル空間 V と W の次元が等しいとし, $f: V \to W$ を線形写像とするとき, 次の条件が同値であることを示せ.

(1) V と W が同型, すなわち, f は全単射である.

(2) f は単射である.

(3) f は全射である.

問 7.4 n 次元の $\mathbb{R}$ 上のベクトル空間 V に対して，次の五つの性質をもつものを**外積代数**と言い，$\Lambda^* V$ で表す．

1. $\Lambda^* V$ は V と $\mathbb{R}$ を含む．$\mathbb{R}$ の 0 と V の零元 $\mathbf{0}$ を同一視する．
2. $\Lambda^* V$ には和と積 $\wedge$ が定義されていて，$\omega, \psi, \phi \in \Lambda^* V, \alpha \in \mathbb{R}$ に対して次を満たす．

$$\omega + \psi = \psi + \omega,$$
$$\omega + (\psi + \phi) = (\omega + \psi) + \phi, \quad \omega \wedge (\psi \wedge \phi) = (\omega \wedge \psi) \wedge \phi,$$
$$\omega \wedge (\psi + \phi) = \omega \wedge \psi + \omega \wedge \phi, \quad (\omega + \psi) \wedge \phi = \omega \wedge \phi + \psi \wedge \phi,$$

ω に対して $\omega + \psi = 0$ となる ψ がある．

$$(\alpha\omega) \wedge \psi = \omega \wedge (\alpha\psi).$$

最後の性質から，$\mathbb{R}$ と $\Lambda^* V$ の積は $\wedge$ を用いずに表す．

3. $\Lambda^* V$ の要素は，$\mathbb{R}$ の要素と，V の要素の積 ($\wedge$ について) のいくつかの和を取ったものである (下記参照)．
4. ベクトル $\boldsymbol{v} \in V$ に対して $\boldsymbol{v} \wedge \boldsymbol{v} = 0$．
5. V の基底 $\{\boldsymbol{e}_1, \boldsymbol{e}_2, \ldots, \boldsymbol{e}_n\}$ に対して，$\boldsymbol{e}_1 \wedge \boldsymbol{e}_2 \wedge \cdots \wedge \boldsymbol{e}_n \neq 0$．

ベクトル空間 V の基底を $\{\boldsymbol{e}_1, \boldsymbol{e}_2, \ldots, \boldsymbol{e}_n\}$ としたとき，$\Lambda^* V$ は次の形の要素を集めたベクトル空間である．

$$a + \sum_i a_i \boldsymbol{e}_i + \sum_{i<j} a_{ij} \boldsymbol{e}_i \wedge \boldsymbol{e}_j + \cdots$$
$$+ \sum_{k_1<k_2<\cdots<k_i} a_{k_1 k_2 \cdots k_i} \boldsymbol{e}_{k_1} \wedge \boldsymbol{e}_{k_2} \wedge \cdots \wedge \boldsymbol{e}_{k_i} + \cdots + a_{12\cdots n} \boldsymbol{e}_1 \wedge \boldsymbol{e}_2 \wedge \cdots \wedge \boldsymbol{e}_n.$$

このとき，$\Lambda^* V$ の部分集合 $\Lambda^i V$ $(1 \leqq i \leqq n)$ を

$$\Lambda^i V = \left\{ \sum_{k_1<k_2<\cdots<k_i} a_{k_1 k_2 \cdots k_i} \boldsymbol{e}_{k_1} \wedge \boldsymbol{e}_{k_2} \wedge \cdots \wedge \boldsymbol{e}_{k_i} \;\middle|\; \begin{array}{l} a_{k_1 k_2 \cdots k_i} \in \mathbb{R} \\ \boldsymbol{e}_{k_1}, \boldsymbol{e}_{k_2}, \ldots, \boldsymbol{e}_{k_i} \in V \end{array} \right\}$$

で定める．

(1) $\Lambda^i V$ が $\Lambda^* V$ の部分空間であることを示せ．

(2) $\Lambda^i V$ と $\Lambda^{n-i} V$ の次元が等しいことを示せ．

第8章
外微分とベクトル場

この章では，前章で定義した微分形式を用いてベクトル場を考え直してみる．すると，スカラー場の勾配，ベクトル場の発散および回転などの種々の概念はすべて微分形式の外微分という単純な操作に置き換わるということがわかり，種々のベクトル場の等式も自然に従う．

8.1 外微分

D を $\mathbb{R}^n$ $(n = 1, 2, 3)$ の領域とする．D 上の関数のことを，D 上の 0 次微分形式と呼ぶことにしよう．0 次，1 次，2 次，3 次の微分形式全体がつくる集合を

$$\Omega^0(D), \quad \Omega^1(D), \quad \Omega^2(D), \quad \Omega^3(D)$$

と書くことにする．すなわち

$$\Omega^i(D) = \{\omega_i \mid \omega_i \text{ は } D \text{ 上の } i \text{ 次微分形式} \}$$

である．i 次微分形式の全体の集合 $\Omega^i(D)$ には，次のようにしてベクトル空間の構造が入る．$\Omega^i(D)$ の元 $\omega_i, \psi_i : D \to \Lambda^i\mathbb{R}^k (k = 2, 3)$ と $c \in \mathbb{R}$ に対して，

$$(\omega_i + \psi_i)(\boldsymbol{x}) := \omega_i(\boldsymbol{x}) + \psi_i(\boldsymbol{x}), \quad (c\omega_i)(\boldsymbol{x}) := c\omega_i(\boldsymbol{x})$$

と定める．このようにすると $\omega_i + \psi_i$ と $c\omega_i$ は再び $\Omega^i(D)$ の元となり，$\Omega^i(D)$ がベクトル空間になることがわかる．ベクトル場全体のベクトル空間 $\chi(C)$ が無限次元であったように，$\Omega^i(D)$ も無限次元のベクトル空間となる．D が $\mathbb{R}^2$ の領域の場合は，$\Omega^3(D) = \{\mathbf{0}\}$ となることに注意しておこう．

まず $\Omega^0(D)$ の元である 0 次微分形式

$$\omega_0 = f,$$

つまり関数 f に対して**外微分** d により，$\Omega^1(D)$ の元である 1 次微分形式を

$$\mathrm{d}\omega_0 = \frac{\partial f}{\partial x}\mathrm{d}x + \frac{\partial f}{\partial y}\mathrm{d}y + \frac{\partial f}{\partial z}\mathrm{d}z \tag{8.1}$$

で定める．2 変数の場合は $\mathrm{d}z$ の係数が 0, 1 変数の場合は $\mathrm{d}y$ と $\mathrm{d}z$ の係数が 0 と理解しておく．

次に $\Omega^1(D)$ の元である 1 次微分形式

$$\omega_1 = v_x\mathrm{d}x + v_y\mathrm{d}y + v_z\mathrm{d}z$$

に対して 2 次微分形式を

$$\mathrm{d}\omega_1 = \mathrm{d}v_x \wedge \mathrm{d}x + \mathrm{d}v_y \wedge \mathrm{d}y + \mathrm{d}v_z \wedge \mathrm{d}z$$

で定める．ここで $\mathrm{d}v_a$ $(a = x, y, z)$ は，0 次微分形式 (関数) の外微分を意味し，$\wedge$ は外積を意味する．v_a の外微分は

$$\mathrm{d}v_a = \frac{\partial v_a}{\partial x}\mathrm{d}x + \frac{\partial v_a}{\partial y}\mathrm{d}y + \frac{\partial v_a}{\partial z}\mathrm{d}z$$

と計算でき，また微分形式の外積の性質から，

$$\mathrm{d}\omega_1 = \left(\frac{\partial v_y}{\partial x} - \frac{\partial v_x}{\partial y}\right)\mathrm{d}x \wedge \mathrm{d}y + \left(\frac{\partial v_z}{\partial x} - \frac{\partial v_x}{\partial z}\right)\mathrm{d}x \wedge \mathrm{d}z + \left(\frac{\partial v_z}{\partial y} - \frac{\partial v_y}{\partial z}\right)\mathrm{d}y \wedge \mathrm{d}z \tag{8.2}$$

と計算できる． D が $\mathbb{R}^2$ の領域の場合は，$\mathrm{d}x \wedge \mathrm{d}z$ と $\mathrm{d}y \wedge \mathrm{d}z$ の項が 0 であること，D が $\mathbb{R}^1$ の領域である場合，$\mathrm{d}\omega_1 = 0$ となることに注意しよう．

最後に $\Omega^2(D)$ の元である 2 次微分形式

$$\omega_2 = v_{xy}\mathrm{d}x \wedge \mathrm{d}y + v_{xz}\mathrm{d}x \wedge \mathrm{d}z + v_{yz}\mathrm{d}y \wedge \mathrm{d}z$$

に対し，外微分 $\mathrm{d}\omega_2$ により 3 次微分形式を

$$\mathrm{d}\omega_2 = \mathrm{d}v_{xy} \wedge \mathrm{d}x \wedge \mathrm{d}y + \mathrm{d}v_{xz} \wedge \mathrm{d}x \wedge \mathrm{d}z + \mathrm{d}v_{yz} \wedge \mathrm{d}y \wedge \mathrm{d}z$$

で定める．1 次微分形式の場合と同じように計算すると

$$\mathrm{d}\omega_2 = \left(\frac{\partial v_{yz}}{\partial x} - \frac{\partial v_{xz}}{\partial y} + \frac{\partial v_{xy}}{\partial z}\right) \wedge \mathrm{d}x \wedge \mathrm{d}y \wedge \mathrm{d}z \tag{8.3}$$

となる．D が $\mathbb{R}^2$ の領域である場合，$\mathrm{d}\omega_2 = 0$ となることに注意しよう．

定義 8.1 微分形式の**外微分**とは，式 (8.1), 式 (8.2), 式 (8.3) で与えられる線形写像

$$\mathrm{d} : \Omega^k(D) \to \Omega^{k+1}(D) \quad (k = 0, 1, 2)$$

のことである．

補題 8.2 D 上の k 次微分形式 ω と，D 上の l 次微分形式 ψ に対して，次が成立する．

$$\mathrm{d}(\omega + \psi) = \mathrm{d}\omega + \mathrm{d}\psi \quad (l = k),$$
$$\mathrm{d}(\omega \wedge \psi) = \mathrm{d}\omega \wedge \psi + (-1)^k \omega \wedge \mathrm{d}\psi.$$

証明 ここでは，座標を (x, y, z) と書くのではなく (x^1, x^2, x^3) と書こう (記述を統一的にするためである)．1 番目の等式は，外微分の定義から明らかである．次に 2 番目の等式については，1 番目の等式を用いると，ω, ψ が

$$\omega = v\,\mathrm{d}x^{i_1} \wedge \cdots \wedge \mathrm{d}x^{i_k}, \quad \psi = w\,\mathrm{d}x^{j_1} \wedge \cdots \wedge \mathrm{d}x^{j_l}$$

のときに証明すれば十分である．ここで $1 \leqq i_1 < \cdots < i_k \leqq m$, $1 \leqq j_1 < \cdots < j_l \leqq m$ とした．定義にしたがって計算すると

$$\begin{aligned}
\mathrm{d}(\omega \wedge \psi) =& \mathrm{d}(vw)\ \mathrm{d}x^{i_1} \wedge \cdots \wedge \mathrm{d}x^{i_k} \wedge \mathrm{d}x^{j_1} \wedge \cdots \wedge \mathrm{d}x^{j_l} \\
=& \sum_{i=1}^{m} w \frac{\partial v}{\partial x^i} \mathrm{d}x^i \wedge\ \mathrm{d}x^{i_1} \wedge \cdots \wedge \mathrm{d}x^{i_k} \wedge \mathrm{d}x^{j_1} \wedge \cdots \wedge \mathrm{d}x^{j_l} \\
&+ \sum_{i=1}^{m} v \frac{\partial w}{\partial x^i} \mathrm{d}x^i \wedge\ \mathrm{d}x^{i_1} \wedge \cdots \wedge \mathrm{d}x^{i_k} \wedge \mathrm{d}x^{j_1} \wedge \cdots \wedge \mathrm{d}x^{j_l}
\end{aligned}$$

となる．最初の項は明らかに $\mathrm{d}\omega \wedge \psi$ である．2 番目の項は，$\mathrm{d}x^i$ を歪対称性を用いて，一つずつ後ろにずらしていくと

$$\begin{aligned}
&\sum_{i=1}^{m} v \frac{\partial w}{\partial x^i} \mathrm{d}x^i \wedge\ \mathrm{d}x^{i_1} \wedge \cdots \wedge \mathrm{d}x^{i_k} \wedge \mathrm{d}x^{j_1} \wedge \cdots \wedge \mathrm{d}x^{j_l} \\
&= (-1)^k v \wedge\ \mathrm{d}x^{i_1} \wedge \cdots \wedge \mathrm{d}x^{i_k} \wedge \left(\sum_{i=1}^{m} \frac{\partial w}{\partial x^i} \mathrm{d}x^i \wedge \mathrm{d}x^{j_1} \wedge \cdots \wedge \mathrm{d}x^{j_l} \right) \\
&= (-1)^k \omega \wedge \mathrm{d}\psi
\end{aligned}$$

となる．したがって結論が従う． ■

さて外微分 d を 2 回続けて行うとどうなるであろうか？ 外微分を 2 回続けて行う操作を d^2 と書くことにする．

定理 8.3 ω を D 上の任意の微分形式とする．このとき

$$\mathrm{d}^2\omega = 0$$

が成立する．

証明 微分形式 ω が $\mathbb{R}^1$ または $\mathbb{R}^2$ の領域 D 上で定義されている場合は，$\mathbb{R}^3$ の領域 D 上の微分形式の特別な場合であるので，ω は $\mathbb{R}^3$ の領域 D 上の微分形式とする．まずは 0 次微分形式に対して考えてみよう．外微分は

$$\mathrm{d}\omega_0 = \frac{\partial f}{\partial x}\mathrm{d}x + \frac{\partial f}{\partial y}\mathrm{d}y + \frac{\partial f}{\partial z}\mathrm{d}z$$

であったので，

$$\begin{aligned}\mathrm{d}^2\omega_0 &= \mathrm{d}\frac{\partial f}{\partial x}\wedge\mathrm{d}x + \mathrm{d}\frac{\partial f}{\partial y}\wedge\mathrm{d}y + \mathrm{d}\frac{\partial f}{\partial z}\wedge\mathrm{d}z \\ &= 0\end{aligned}$$

となる．次に 1 次微分形式 $\omega_1 = v_x\mathrm{d}x + v_y\mathrm{d}y + v_z\mathrm{d}z$ に対しては，

$$\mathrm{d}\omega_1 = \left(\frac{\partial v_y}{\partial x} - \frac{\partial v_x}{\partial y}\right)\mathrm{d}x\wedge\mathrm{d}y + \left(\frac{\partial v_z}{\partial x} - \frac{\partial v_x}{\partial z}\right)\mathrm{d}x\wedge\mathrm{d}z + \left(\frac{\partial v_z}{\partial y} - \frac{\partial v_y}{\partial z}\right)\mathrm{d}y\wedge\mathrm{d}z$$

より，

$$\begin{aligned}\mathrm{d}^2\omega_1 &= \left\{\frac{\partial}{\partial x}\left(\frac{\partial v_z}{\partial y} - \frac{\partial v_y}{\partial z}\right) - \frac{\partial}{\partial y}\left(\frac{\partial v_z}{\partial x} - \frac{\partial v_x}{\partial z}\right) + \frac{\partial}{\partial z}\left(\frac{\partial v_y}{\partial x} - \frac{\partial v_x}{\partial y}\right)\right\}\mathrm{d}x\wedge\mathrm{d}y\wedge\mathrm{d}z \\ &= 0\end{aligned}$$

となる．2 次微分形式 ω_2 に対しては $\mathrm{d}\omega_2$ が 3 次の微分形式であり，$\mathrm{d}^2\omega_2$ は 4 次の微分形式になり，したがって 0 となる．結局どの場合も $\mathrm{d}^2\omega = 0$ となることがわかる． ■

8.2 ホッジのスター作用素

外微分 d は i 次の微分形式から $(i+1)$ 次の微分形式を作る操作であった．ここでは，双対の操作であるホッジ (Hodge) のスター作用素を導入しよう．まず，2 次元の場合について定義を与える．

定義 8.4 D を $\mathbb{R}^2$ の領域とし，D 上の i 次微分形式全体の空間 $\Omega^i(D)$ に対して，**ホッジのスター作用素**

$$* : \Omega(D)^k \to \Omega(D)^{2-k} \quad (k = 0, 1, 2)$$

とは，次の基底の間の変換規則を持つ線形同型写像である．

$$\begin{aligned} &* 1 = \mathrm{d}x \wedge \mathrm{d}y \quad (k = 0), \\ &* \mathrm{d}x = \mathrm{d}y, \quad * \mathrm{d}y = -\mathrm{d}x \quad (k = 1), \\ &* (\mathrm{d}x \wedge \mathrm{d}y) = 1 \quad (k = 2). \end{aligned}$$

たとえば，1 次微分形式 $\omega_1 = v_x \mathrm{d}x + v_y \mathrm{d}y$ に対して，ホッジのスター作用素 $*$ を作用させると，

$$*\omega_1 = v_x * \mathrm{d}x + v_y * \mathrm{d}y = -v_y \mathrm{d}x + v_x \mathrm{d}y$$

という，1 次の微分形式を得る．同様に，2 次の微分形式 $\omega_2 = v_{xy}\, \mathrm{d}x \wedge \mathrm{d}y$ に対しては，

$$*\omega_2 = v_{xy} * (\mathrm{d}x \wedge \mathrm{d}y) = v_{xy}$$

という，0 次の微分形式を得る．

補題 8.5 $\mathbb{R}^2$ の領域 D 上の i 次の微分形式に対して，ホッジのスター作用素 $*$ を取る操作を 2 回繰り返せば

$$** = (-1)^i$$

となる．ここで，1 は恒等変換を表し，-1 は恒等変換の -1 倍を表す．

証明 1 次微分形式 $\omega_1 = v_x \mathrm{d}x + v_y \mathrm{d}y$ に対して $*\omega_1 = -v_y \mathrm{d}x + v_x \mathrm{d}y$ であり，

$$* * \omega_1 = *(-v_y \mathrm{d}x + v_x \mathrm{d}y) = (-1) \cdot \omega_1$$

となる．一方 $\omega_0 = v$ を 0 次微分形式とすると，

$$**\omega_0 = *(v\mathrm{d}x \wedge \mathrm{d}y) = 1 \cdot \omega_0$$

となり，$\omega_2 = v_{xy}\mathrm{d}x \wedge \mathrm{d}y$ を 2 次微分形式とすると，

$$**\omega_2 = *(v_{xy}) = 1 \cdot \omega_2$$

となる．したがって，結論が従う．■

次に 3 次元の場合について考えよう．

定義 8.6　D を $\mathbb{R}^3$ の領域とし，D 上の i 次微分形式全体の空間 $\Omega^i(D)$ に対して，**ホッジのスター作用素**

$$* : \Omega(D)^k \to \Omega(D)^{3-k} \quad (k = 0, 1, 2, 3)$$

とは，次の基底の間の変換規則を持つ線形同型写像である．

$$\begin{aligned}
&*1 = \mathrm{d}x \wedge \mathrm{d}y \wedge \mathrm{d}z \quad (k = 0),\\
&*\mathrm{d}x = \mathrm{d}y \wedge \mathrm{d}z, \quad *\mathrm{d}y = -\mathrm{d}x \wedge \mathrm{d}z, \quad *\mathrm{d}z = \mathrm{d}x \wedge \mathrm{d}y \quad (k = 1),\\
&*(\mathrm{d}x \wedge \mathrm{d}y) = \mathrm{d}z, \quad *(\mathrm{d}x \wedge \mathrm{d}z) = -\mathrm{d}y, \quad *(\mathrm{d}y \wedge \mathrm{d}z) = \mathrm{d}x \quad (k = 2),\\
&*(\mathrm{d}x \wedge \mathrm{d}y \wedge \mathrm{d}z) = 1 \quad (k = 3).
\end{aligned}$$

2 次元の場合と同様，たとえば，3 変数の 2 次微分形式 $\omega_2 = v_{xy}\mathrm{d}x \wedge \mathrm{d}y + v_{xz}\mathrm{d}x \wedge \mathrm{d}z + v_{yz}\mathrm{d}y \wedge \mathrm{d}z$ に対して，ホッジのスター作用素 $*$ は

$$\begin{aligned}
*\omega_2 &= v_{xy} * (\mathrm{d}x \wedge \mathrm{d}y) + v_{xz} * (\mathrm{d}x \wedge \mathrm{d}z) + v_{yz} * (\mathrm{d}y \wedge \mathrm{d}z)\\
&= v_{xy}\mathrm{d}z - v_{xz}\mathrm{d}y + v_{yz}\mathrm{d}x
\end{aligned}$$

と計算できる．

補題 8.7　$\mathbb{R}^3$ の領域 D 上の微分形式に対して，ホッジのスター作用素 $*$ を取る操作を 2 回繰り返せば

$$** = 1$$

となる．ここで，1 は恒等変換を表す．

証明　それぞれ $1, \mathrm{d}x, \mathrm{d}y \wedge \mathrm{d}z, \mathrm{d}x \wedge \mathrm{d}y \wedge \mathrm{d}z$ について主張が成立することを見る．残りの基底は同様であり，また $*$ の線形性から，任意の微分形式について成立す

ることがわかる．これらの基底について，定義通り計算すれば，

$$
\begin{aligned}
**1 &= *(\mathrm{d}x \wedge \mathrm{d}y \wedge \mathrm{d}z) = 1, \\
**\mathrm{d}x &= *\mathrm{d}y \wedge \mathrm{d}z = \mathrm{d}x, \\
**\mathrm{d}y \wedge \mathrm{d}z &= *\mathrm{d}x = \mathrm{d}y \wedge \mathrm{d}z
\end{aligned}
$$

となる．したがって，主張が従う． ■

補題 8.5 と補題 8.7 をあわせると，次の系を導くことができる．

系 8.8 D を $\mathbb{R}^k$ $(k = 2,3)$ 上の領域とし，D 上の i 次微分形式に対して，

$$
** = (-1)^{i(k-1)} \tag{8.4}
$$

が成立する．特に $k = 3$ の場合は，ホッジのスター作用素を 2 回続ける操作 $**$ は常に恒等変換である．

例題 8.9 次の微分形式に対して，ホッジのスター作用素 $*$ を計算せよ．

(1) $\mathbb{R}^2$ の領域 D 上の 1 次微分形式 $\omega_1 = (x-y)\,\mathrm{d}x + xy\,\mathrm{d}y$.

(2) $\mathbb{R}^3$ の領域 D 上の 1 次微分形式 $\omega_1 = (3x + 2yz^2)\,\mathrm{d}x - (\cos(x+y))\,\mathrm{d}y + xyz\,\mathrm{d}z$.

(3) $\mathbb{R}^3$ の領域 D 上の 2 次微分形式 $\omega_2 = xyz\,\mathrm{d}x \wedge \mathrm{d}y - (x+y+z)\,\mathrm{d}x \wedge \mathrm{d}z + (xy + yz)\,\mathrm{d}y \wedge \mathrm{d}z$.

解 定義と線形性を用いて計算する．

(1) について： $*\omega_1 = (x-y)\,\mathrm{d}y - xy\,\mathrm{d}x$.

(2) について： $*\omega_1 = (3x + 2yz^2)\,\mathrm{d}y \wedge \mathrm{d}z + (\cos(x+y))\,\mathrm{d}x \wedge \mathrm{d}z + xyz\,\mathrm{d}x \wedge \mathrm{d}y$.

(3) について： $*\omega_2 = xyz\,\mathrm{d}z + (x+y+z)\,\mathrm{d}y + (xy+yz)\,\mathrm{d}x$. □

8.3 外微分とベクトル場

双対を取る操作 * とホッジのスター作用素 $*$ および外微分を用いると，勾配ベクトル場，ベクトル場の発散および回転を簡単に表すことができる．

定義 8.10　空間のベクトル場

$$\boldsymbol{v} = v_x \frac{\partial}{\partial x} + v_y \frac{\partial}{\partial y} + v_z \frac{\partial}{\partial z}$$

に対し，対応する 1 次微分形式 $\boldsymbol{v}^*$ を

$$\boldsymbol{v}^* = v_x \mathrm{d}x + v_y \mathrm{d}y + v_z \mathrm{d}z$$

と定義する．逆に，3 変数の 1 次微分形式

$$\omega = w_x \mathrm{d}x + w_y \mathrm{d}y + w_z \mathrm{d}z$$

に対し，対応するベクトル場 ω^* を

$$\omega^* = w_x \frac{\partial}{\partial x} + w_y \frac{\partial}{\partial y} + w_z \frac{\partial}{\partial z}$$

で定める．特に，$\boldsymbol{v}^{**} = (\boldsymbol{v}^*)^*, \omega^{**} = (\omega^*)^*$ と定めると

$$\boldsymbol{v}^{**} = \boldsymbol{v}, \quad \omega^{**} = \omega$$

である．

注意　空間の場合の v_z 成分を 0 としたものと理解すれば，平面のベクトル場 $\boldsymbol{v}$ および 2 変数の 1 次微分形式 ω に対しても $\boldsymbol{v}^*$ および ω^* が定義できる．

この記号の下で次の補題が従う．

補題 8.11　D を $\mathbb{R}^2$ または $\mathbb{R}^3$ の領域とする．D 上のスカラー場 f とベクトル場 $\boldsymbol{v}$ について次の等式が成立する．

$$\begin{aligned}
\operatorname{grad} f &= (\mathrm{d}f)^*, \\
\operatorname{div} \boldsymbol{v} &= *\mathrm{d} * (\boldsymbol{v}^*), \\
\operatorname{rot} \boldsymbol{v} &= \{*\mathrm{d}(\boldsymbol{v}^*)\}^* \quad (D \subset \mathbb{R}^3), \\
\operatorname{rot} \boldsymbol{v} &= *\mathrm{d}(\boldsymbol{v}^*) \quad (D \subset \mathbb{R}^2).
\end{aligned}$$

証明　スカラー場 f を 0 次の微分形式として考え，その外微分をとる．定義から

$$\mathrm{d}f = \frac{\partial f}{\partial x}\mathrm{d}x + \frac{\partial f}{\partial y}\mathrm{d}y + \frac{\partial f}{\partial z}\mathrm{d}z$$

となる．$\mathrm{d}f$ に対して，対応するベクトル場 $(\mathrm{d}f)^*$ を考えると

$$(\mathrm{d}f)^* = \frac{\partial f}{\partial x}\frac{\partial}{\partial x} + \frac{\partial f}{\partial y}\frac{\partial}{\partial y} + \frac{\partial f}{\partial z}\frac{\partial}{\partial z}$$

を得る．これはスカラー場 f に対する勾配ベクトル場である．したがって，最初の等式がしたがう．D が $\mathbb{R}^2$ の領域で f が D 上のスカラー場のときも，z の項がない場合と考えることができるので，このときも正しい．

次に $D \subset \mathbb{R}^3$ 上のベクトル場

$$\boldsymbol{v} = v_x\frac{\partial}{\partial x} + v_y\frac{\partial}{\partial y} + v_z\frac{\partial}{\partial z}$$

に対して

$$\begin{aligned}
\mathrm{d}(\boldsymbol{v}^*) &= *\mathrm{d}*(v_x\mathrm{d}x + v_y\mathrm{d}y + v_z\mathrm{d}z) \\
&= *\mathrm{d}(v_x\mathrm{d}y\wedge\mathrm{d}z + v_y\mathrm{d}z\wedge\mathrm{d}x + v_z\mathrm{d}x\wedge\mathrm{d}y) \\
&= *\left(\frac{\partial v_x}{\partial x} + \frac{\partial v_y}{\partial y} + \frac{\partial v_z}{\partial z}\right)\mathrm{d}x\wedge\mathrm{d}y\wedge\mathrm{d}z \\
&= \mathrm{div}\, v
\end{aligned}$$

と計算できるので，$\mathbb{R}^3$ の場合について 2 番目の等式が従う．D が $\mathbb{R}^2$ の領域の場合は

$$\boldsymbol{v} = v_x\frac{\partial}{\partial x} + v_y\frac{\partial}{\partial y}$$

に対して

$$\begin{aligned}
\mathrm{d}(\boldsymbol{v}^*) &= *\mathrm{d}*(v_x\mathrm{d}x + v_y\mathrm{d}y) \\
&= *\mathrm{d}(v_x\mathrm{d}y - v_y\mathrm{d}x) \\
&= *\left(\frac{\partial v_x}{\partial x} + \frac{\partial v_y}{\partial y}\right)\mathrm{d}x\wedge\mathrm{d}y \\
&= \mathrm{div}\, v
\end{aligned}$$

となり，この場合も正しい．

次に $D \subset \mathbb{R}^3$ 上のベクトル場

$$\boldsymbol{v} = v_x\frac{\partial}{\partial x} + v_y\frac{\partial}{\partial y} + v_z\frac{\partial}{\partial z}$$

に対して

$$\{*\mathrm{d}(\boldsymbol{v}^*)\}^* = \{*\mathrm{d}(v_x\mathrm{d}x + v_y\mathrm{d}y + v_z\mathrm{d}z)\}^*$$

$$
\begin{aligned}
&= \left\{ * \left(\left(\frac{\partial v_y}{\partial x} - \frac{\partial v_x}{\partial y} \right) \mathrm{d}x \wedge \mathrm{d}y + \left(\frac{\partial v_z}{\partial y} - \frac{\partial v_y}{\partial z} \right) \mathrm{d}y \wedge \mathrm{d}z \right.\right. \\
&\quad \left.\left. + \left(\frac{\partial v_x}{\partial z} - \frac{\partial v_z}{\partial x} \right) \mathrm{d}z \wedge \mathrm{d}x \right) \right\}^* \\
&= \left\{ \left(\frac{\partial v_y}{\partial x} - \frac{\partial v_x}{\partial y} \right) \mathrm{d}z + \left(\frac{\partial v_z}{\partial y} - \frac{\partial v_y}{\partial z} \right) \mathrm{d}x + \left(\frac{\partial v_x}{\partial z} - \frac{\partial v_z}{\partial x} \right) \mathrm{d}y \right\}^* \\
&= \mathrm{rot}\, \boldsymbol{v}
\end{aligned}
$$

となるので 3 番目の等式が従う．D が $\mathbb{R}^2$ の領域の場合，ベクトル場

$$
\boldsymbol{v} = v_x \frac{\partial}{\partial x} + v_y \frac{\partial}{\partial y}
$$

に対して

$$
\begin{aligned}
*\mathrm{d}(\boldsymbol{v}^*) &= *\mathrm{d}(v_x \mathrm{d}x + v_y \mathrm{d}y) \\
&= *\left\{ \left(\frac{\partial v_y}{\partial x} - \frac{\partial v_x}{\partial y} \right) \mathrm{d}x \wedge \mathrm{d}y \right\} \\
&= \frac{\partial v_x}{\partial y} - \frac{\partial v_y}{\partial x} \\
&= \mathrm{rot}\, \boldsymbol{v}
\end{aligned}
$$

となる．したがって，最後の等式も正しい． ■

さて，定理 4.15 では，ベクトル場の演算を組み合わせて次のような等式を得た．

$$
\mathrm{div}(\mathrm{rot}\, \boldsymbol{v}) = 0, \tag{8.5}
$$

$$
\mathrm{rot}(\mathrm{grad}\, f) = \mathbf{0}, \tag{8.6}
$$

$$
\mathrm{div}(\mathrm{grad}\, f) = \Delta f. \tag{8.7}
$$

ここでは，これらの演算の組み合わせが外微分を用いて表現されることをみる．ここで重要なのは外微分 d を 2 回，すなわち d^2 を行うと 0 になるということである．まず空間のベクトル場の回転 $\mathrm{rot}\, \boldsymbol{v}$ の発散を計算しよう．補題 8.11，定理 8.3 および系 8.8 を用いると，式 (8.5)

$$
\mathrm{div}(\mathrm{rot}\, \boldsymbol{v}) = \mathrm{div}\left((*\mathrm{d}\boldsymbol{v}^*)^*\right) = *\mathrm{d} * *\mathrm{d}(\boldsymbol{v}^*) = (-1)^{i(k-1)} * \mathrm{dd}(\boldsymbol{v}^*) = 0
$$

が導かれる．ここで i は微分形式 $\mathrm{d}(\boldsymbol{v}^*)$ の次数，k は D が定義されている空間 $\mathbb{R}^k$ $(k = 2, 3)$ の次元のこととした．同様に，補題 8.11，定理 8.3 および系 8.8 を用いると，式 (8.6)

$$\mathrm{rot}(\mathrm{grad}\, f) = \mathrm{rot}\,(\mathrm{d}f)^* = \left(*\mathrm{d}^2 f\right)^* = \mathbf{0} \quad (\mathbb{R}^3)$$

$$\mathrm{rot}(\mathrm{grad}\, f) = \mathrm{rot}\,(\mathrm{d}f)^* = *\mathrm{d}^2 f = \mathbf{0} \quad (\mathbb{R}^2)$$

が導かれる．式 (8.7) を計算するために次の補題を用意する．

補題 8.12　D 上のスカラー場 f に対して，

$$(*\mathrm{d})^2 f = *\mathrm{d}(*\mathrm{d}f) = \Delta f$$

である．ここで Δ は D 上のラプラシアン $\Delta = \dfrac{\partial^2}{\partial x^2} + \dfrac{\partial^2}{\partial y^2}$($D$ が $\mathbb{R}^2$ の領域の場合)，または $\dfrac{\partial^2}{\partial x^2} + \dfrac{\partial^2}{\partial y^2} + \dfrac{\partial^2}{\partial z^2}$ (D が $\mathbb{R}^3$ の領域の場合) のこととする．

証明　定義通り計算すれば良い．D が $\mathbb{R}^3$ の領域の場合は，

$$\begin{aligned}
(*\mathrm{d})^2 f &= *\mathrm{d}(*\mathrm{d}f) = *\mathrm{d} * \left(\frac{\partial f}{\partial x}\mathrm{d}x + \frac{\partial f}{\partial y}\mathrm{d}y + \frac{\partial f}{\partial z}\mathrm{d}z\right) \\
&= *\mathrm{d}\left(\frac{\partial f}{\partial x}\mathrm{d}y \wedge \mathrm{d}z + \frac{\partial f}{\partial y}\mathrm{d}z \wedge \mathrm{d}x + \frac{\partial f}{\partial z}\mathrm{d}x \wedge \mathrm{d}y\right) \\
&= *\left(\frac{\partial^2 f}{\partial x^2} + \frac{\partial^2 f}{\partial y^2} + \frac{\partial^2 f}{\partial z^2}\right)\mathrm{d}x \wedge \mathrm{d}y \wedge \mathrm{d}z \\
&= \Delta f
\end{aligned}$$

となり，正しい．D が $\mathbb{R}^2$ の領域の場合も，

$$\begin{aligned}
(*\mathrm{d})^2 f &= *\mathrm{d}(*\mathrm{d}f) = *\mathrm{d} * \left(\frac{\partial f}{\partial x}\mathrm{d}x + \frac{\partial f}{\partial y}\mathrm{d}y\right) \\
&= *\mathrm{d}\left(\frac{\partial f}{\partial x}\mathrm{d}y - \frac{\partial f}{\partial y}\mathrm{d}x\right) \\
&= *\left(\frac{\partial^2 f}{\partial x^2} + \frac{\partial^2 f}{\partial y^2}\right)\mathrm{d}x \wedge \mathrm{d}y \\
&= \Delta f
\end{aligned}$$

となり，正しい．■

補題 8.11 と補題 8.12 を用いれば，式 (8.7) が

$$\mathrm{div}(\mathrm{grad}\, f) = \mathrm{div}(\mathrm{d}f)^* = (*\mathrm{d})^2 f = \Delta f$$

と導かれる．したがって，ベクトル場の演算はすべて外微分によって簡単に計算することができることがわかる．

8.4 ポアンカレの補題

さて，8.3 節で $\mathrm{div}(\mathrm{rot}\,\boldsymbol{v}) = 0$ や $\mathrm{rot}(\mathrm{grad}\,f) = \mathbf{0}$ という事実は，ベクトル場に対応する微分形式 ω と外微分 d を用いて，$\mathrm{d}^2\omega = 0$ という定理 8.3 と対応していることを見た．ここでは，逆の問題すなわち，与えられた k 次微分形式 ω が

$$\mathrm{d}\omega = 0$$

を満たすならば，ある $k-1$ 次微分形式 ω' が存在して，

$$\mathrm{d}\omega' = \omega$$

と書けるかという問題を考える．例題 9.9 (p.170) を見ると，条件なしには，一般にはこの問題が解けないことがわかる．

定理 8.13（ポアンカレの補題） D を $\mathbb{R}^2$ もしくは $\mathbb{R}^3$ の星形領域とし，ω を D 上の k $(k \geqq 1)$ 次微分形式とする．このとき，次の 2 条件は同値である．

(1) $\mathrm{d}\omega = 0$ を満たす．

(2) ある $(k-1)$ 次微分形式 ω' が存在して $\omega = \mathrm{d}\omega'$ と書ける．

証明 (2) ⇒ (1)：定理 8.3 より，結論が従う．

(1) ⇒ (2)：ここでは，D が $\mathbb{R}^3$ の領域の場合のみを考えるが $\mathbb{R}^2$ でも同様の計算でできる．ω が 1 次微分形式の場合，ベクトル場 $\boldsymbol{v}$ を

$$\boldsymbol{v} = \omega^*$$

で定める．すると，補題 8.11 より，

$$\mathrm{rot}\,\boldsymbol{v} = (*\mathrm{d}\omega)^*$$

がわかる．ホッジのスター作用素「$*$」が線形同型であることに注意すれば，$\mathrm{d}\omega = 0$ という条件はベクトル場 $\boldsymbol{v}$ の言葉では，$\mathrm{rot}\,\boldsymbol{v} = \mathbf{0}$ ということである．領域 D は星形領域なので，定理 6.2 と定理 6.4 より，あるスカラー場 f が存在して $\mathrm{grad}\,f = \boldsymbol{v}$ となる．したがって，0 次微分形式 ω' を

$$\omega' = f$$

と定め，補題 8.11 をもう一度使うと

$$\mathrm{d}\omega' = (\mathrm{grad}\, f)^* = \boldsymbol{v}^* = \omega$$

となる．

2 次微分形式の場合，ベクトル場 $\boldsymbol{v}$ を

$$\boldsymbol{v} = (*\omega)^*$$

で定める．すると，補題 8.11 より，

$$\mathrm{div}\, \boldsymbol{v} = *\mathrm{d}\omega$$

がわかる ($** = 1$ を用いた)．ホッジのスター作用素 $*$ が線形同型であることに注意すれば，$\mathrm{d}\omega = 0$ という条件はベクトル場 $\boldsymbol{v}$ に対しては，$\mathrm{div}\, \boldsymbol{v} = \boldsymbol{0}$ に対応している．領域 D は星形領域なので，定理 6.6 より，あるベクトル場 $\boldsymbol{w}$ が存在して $\mathrm{rot}\, \boldsymbol{w} = \boldsymbol{v}$ となる．いま，1 次微分形式 ω' を

$$\omega' = \boldsymbol{w}^*$$

と定め，補題 8.11 の 3 番目の式をもう一度使うと

$$\mathrm{d}\omega' = *\{(\mathrm{rot}\, \boldsymbol{w})^*\} = *(\boldsymbol{v}^*) = \omega$$

となる．

ω が 3 次微分形式の場合は簡単である．ω は関数 v_{xyz} を用いて，$\omega = v_{xyz}\, \mathrm{d}x \wedge \mathrm{d}y \wedge \mathrm{d}z$ と書ける．ここで ω' を

$$\omega' = \left(\int_0^x v_{xyz}(s, y, z)\mathrm{d}s \right) \mathrm{d}y \wedge \mathrm{d}z$$

で定める．すると，$\mathrm{d}\omega' = \omega$ となる． ■

8.5 微分形式によるマクスウェルの方程式 ★

ここでは，6.4 節で学んだマクスウェルの方程式を，微分形式を用いて書き直すことを考える．まず，定数 ε_0, c を $\varepsilon_0 = c = 1$ とするために $c\varepsilon_0\boldsymbol{E}$, $c^2\varepsilon_0\boldsymbol{B}$, $c\rho$ および変数 ct をあらためて $\boldsymbol{E}$, $\boldsymbol{B}$, ρ および変数 t と考えると，マクスウェルの方程

式は次のように定数がない形になる.

$$\operatorname{div}\boldsymbol{E}=\rho,\quad \operatorname{div}\boldsymbol{B}=0, \tag{8.8}$$

$$\operatorname{rot}\boldsymbol{E}=-\frac{\partial\boldsymbol{B}}{\partial t},\quad \operatorname{rot}\boldsymbol{B}=\frac{\partial\boldsymbol{E}}{\partial t}+\boldsymbol{j}. \tag{8.9}$$

さてここで，補題 8.11 を用いて式 (8.8), 式 (8.9) を単純に書き直すと，

$$*\,\mathrm{d}*(\boldsymbol{E}^*)=\rho,\quad *\mathrm{d}*(\boldsymbol{B}^*)=0,$$

$$*\,\mathrm{d}(\boldsymbol{E}^*)=-\frac{\partial(\boldsymbol{B}^*)}{\partial t},\quad *\mathrm{d}(\boldsymbol{B}^*)=\frac{\partial(\boldsymbol{E}^*)}{\partial t}+\boldsymbol{j}^*$$

となる．ここで微分形式 $\boldsymbol{B}^*$, $\boldsymbol{E}^*$ の t 方向の偏微分 $\dfrac{\partial(\boldsymbol{B}^*)}{\partial t}$, $\dfrac{\partial(\boldsymbol{E}^*)}{\partial t}$ は係数の関数の t 方向の偏微分を考えたものとする．このままではホッジのスター作用素「$*$」と双対の「*」がたくさん出てきてあまり綺麗な形になっていない．少し考えれば，次の微分形式を導入すれば綺麗な形に直せることに気がつく．すなわち，

$$\beta=*(\boldsymbol{B}^*),\quad \varepsilon=\boldsymbol{E}^*,\quad \iota=*(\boldsymbol{j}^*),\quad \nu=*\rho$$

とすれば，マクスウェルの方程式は，微分形式を用いて

$$\mathrm{d}{*}\varepsilon=\nu,\quad \mathrm{d}\beta=0,\quad \mathrm{d}\varepsilon=-\frac{\partial\beta}{\partial t},\quad \mathrm{d}{*}\beta=\frac{\partial*\varepsilon}{\partial t}+\iota \tag{8.10}$$

と書ける．ここで $**=1$ を用いた．式 (8.10) の四つの式には，ホッジのスター作用素 $*$ を用いた式が二つ (1 番目と 4 番目の式) と，用いていない式が二つ (2 番目と 3 番目の式) ある．これらのペアは，ι, ν の項がなければ，$*$ を除いて同じ式である (たとえば真空中では $\rho=0$, $\boldsymbol{j}=\boldsymbol{0}$, すなわち $\iota=0$, $\nu=0$ である).

さて，式 (8.10) の 2 番目と 3 番目の式を一つにまとめて考えたい．しかし，$\mathrm{d}\beta$ は 3 次微分形式であり，$\mathrm{d}\varepsilon$ は 2 次微分形式であるので，このままではまとめることができない．そこで 3 番目の等式に微分形式を外積することを考え，微分形式の次数を上げることを考えてみたい．ただし $\mathrm{d}x$, $\mathrm{d}y$, $\mathrm{d}z$ を外積するだけでは，微分形式 β の t 方向の偏微分が出てこないので，ここでは時間の変数 t の外微分 $\mathrm{d}t$ の外積を考えたい．すなわち，

$$\mathrm{d}\beta=0,\quad \left(\mathrm{d}\varepsilon+\frac{\partial\beta}{\partial t}\right)\wedge\mathrm{d}t=0 \tag{8.11}$$

というペアを考える．これを一つの式にするために

$$\omega=\beta+\varepsilon\wedge\mathrm{d}t \tag{8.12}$$

とし，そして ω を四つの変数の 2 次微分形式

$$(\beta + \varepsilon \wedge \mathrm{d}t) \ : D \subset \mathbb{R}^4 \to \Lambda^2\mathbb{R}$$

と考えて，それを外微分することを考える．4 変数に対する微分形式の場合も，定義は 3 変数までと同じであり，外微分の定義もまったく同じである．ここで 4 変数に関する外微分の記号を $\hat{\mathrm{d}}$ で書くと，β, ε の外微分は

$$\hat{\mathrm{d}}\beta = \mathrm{d}\beta + \frac{\partial\beta}{\partial t} \wedge \mathrm{d}t, \quad \hat{\mathrm{d}}\varepsilon = \mathrm{d}\varepsilon + \frac{\partial\varepsilon}{\partial t} \wedge \mathrm{d}t$$

となる．ω の外微分を計算してみると，

$$\begin{aligned}\hat{\mathrm{d}}\omega &= \hat{\mathrm{d}}\beta + \hat{\mathrm{d}}(\varepsilon \wedge \mathrm{d}t)\\ &= \mathrm{d}\beta + \frac{\partial\beta}{\partial t} \wedge \mathrm{d}t + \left(\mathrm{d}\varepsilon + \frac{\partial\varepsilon}{\partial t} \wedge \mathrm{d}t\right) \wedge \mathrm{d}t\\ &= \mathrm{d}\beta + \left(\frac{\partial\beta}{\partial t} + \mathrm{d}\varepsilon\right) \wedge \mathrm{d}t\end{aligned}$$

となる．ここで外積の線形性と，歪対称性すなわち $\mathrm{d}t \wedge \mathrm{d}t = 0$ を用いた．1 項目の $\mathrm{d}\beta$ は x, y, z の微分形式であり，2 項目は変数 t を含む微分形式である．微分形式の 1 次独立性により，$\hat{\mathrm{d}}\omega = 0$ と式 (8.11) が同値になる．

式 (8.10) の 1 番目と 4 番目のペアに対しても同じことを考えよう．ただし ι, ν の項が入っているので，少し注意が必要である．すなわち，4 番目の式と微分形式 $\mathrm{d}t$ の外積をとる．

$$\mathrm{d}{*}\varepsilon = \nu, \quad \left(\mathrm{d}{*}\beta - \frac{\partial * \varepsilon}{\partial t}\right) \wedge \mathrm{d}t = \iota \wedge \mathrm{d}t \tag{8.13}$$

というペアを考え，

$$\tilde{\omega} = *\varepsilon - (*\beta) \wedge \mathrm{d}t \tag{8.14}$$

とおいて，$\tilde{\omega}$ を四つの変数の 2 次微分形式と考えて，それを外微分する．$\tilde{\omega}$ の外微分を計算してみると，さきほどとまったく同じで

$$\begin{aligned}\hat{\mathrm{d}}\tilde{\omega} &= \hat{\mathrm{d}} * \varepsilon - \hat{\mathrm{d}}(*\beta \wedge \mathrm{d}t)\\ &= \mathrm{d}{*}\varepsilon + \frac{\partial{*}\varepsilon}{\partial t} \wedge \mathrm{d}t - \left(\mathrm{d}{*}\beta + \frac{\partial{*}\beta}{\partial t} \wedge \mathrm{d}t\right) \wedge \mathrm{d}t\\ &= \mathrm{d}{*}\varepsilon + \left(\frac{\partial{*}\varepsilon}{\partial t} - \mathrm{d}{*}\beta\right) \wedge \mathrm{d}t\end{aligned}$$

となる．ここで外積の線形性と，歪対称性すなわち $\mathrm{d}t \wedge \mathrm{d}t = 0$ を用いた．微分形

式の 1 次独立性により,

$$\hat{\mathrm{d}}\tilde{\omega} = \nu - \iota \wedge \mathrm{d}t$$

と式 (8.13) が同値になる.

さて, ここで 2 次微分形式 ω と $\tilde{\omega}$ の関係式を考える. じつは, $\tilde{\omega}$ は ω にホッジのスター作用素 $*$ をとったものになっている. このことを説明するために, 4 変数の微分形式に対するホッジのスター作用素を定義しよう.

定義 8.14　D を $\mathbb{R}^4$ の領域とし, D 上の i 次微分形式全体の空間 $\Omega^i(D)$ に対して, **ホッジのスター作用素**

$$* : \Omega(D)^k \to \Omega(D)^{4-k} \quad (k = 0, 1, 2, 3, 4)$$

とは, 次の基底の間の変換規則を持つ線形同型写像である.

$$\begin{aligned}
&* 1 = -\mathrm{d}x \wedge \mathrm{d}y \wedge \mathrm{d}z \wedge \mathrm{d}t \quad (k = 0),\\
&* \mathrm{d}x = -\mathrm{d}y \wedge \mathrm{d}z \wedge \mathrm{d}t, \quad *\mathrm{d}y = \mathrm{d}x \wedge \mathrm{d}z \wedge \mathrm{d}t,\\
&* \mathrm{d}z = -\mathrm{d}x \wedge \mathrm{d}y \wedge \mathrm{d}t, \quad *\mathrm{d}t = -\mathrm{d}x \wedge \mathrm{d}y \wedge \mathrm{d}z \quad (k = 1),\\
&* (\mathrm{d}x \wedge \mathrm{d}y) = -\mathrm{d}z \wedge \mathrm{d}t, \quad *(\mathrm{d}x \wedge \mathrm{d}z) = \mathrm{d}y \wedge \mathrm{d}t, \quad *(\mathrm{d}x \wedge \mathrm{d}t) = \mathrm{d}y \wedge \mathrm{d}z,\\
&* (\mathrm{d}y \wedge \mathrm{d}z) = -\mathrm{d}x \wedge \mathrm{d}t, \quad *(\mathrm{d}y \wedge \mathrm{d}t) = -\mathrm{d}x \wedge \mathrm{d}z, \quad *(\mathrm{d}z \wedge \mathrm{d}t) = \mathrm{d}x \wedge \mathrm{d}y \quad (k = 2),\\
&* (\mathrm{d}x \wedge \mathrm{d}y \wedge \mathrm{d}z) = -\mathrm{d}t, \quad *(\mathrm{d}y \wedge \mathrm{d}z \wedge \mathrm{d}t) = -\mathrm{d}x,\\
&* (\mathrm{d}x \wedge \mathrm{d}z \wedge \mathrm{d}t) = \mathrm{d}y, \quad *(\mathrm{d}t \wedge \mathrm{d}x \wedge \mathrm{d}y) = -\mathrm{d}z \quad (k = 3),\\
&* (\mathrm{d}x \wedge \mathrm{d}y \wedge \mathrm{d}z \wedge \mathrm{d}t) = 1 \quad (k = 4).
\end{aligned}$$

補題 8.15　$D \subset \mathbb{R}^4$ 上の i 次微分形式に対し,

$$** = (-1)^{i(4-i)+1}$$

が成り立つ.

注意　少し専門的になるが, これは特殊相対性理論の舞台となる 4 次元ミンコフスキー時空の場合のホッジのスター作用素であり, 4 次元のユークリッド空間の場合ホッジのスター作用素とは少し異なっていることに注意しよう.

例題 8.16　定義 8.14 で定めたホッジのスター作用素を $\hat{*}$ で表すことにすれば,

式 (8.12) および式 (8.14) で定義した ω と $\tilde{\omega}$ の間に次の関係式が成り立つことを確かめよ．

$$\hat{*}\omega = \tilde{\omega}.$$

解 β と ε はそれぞれ空間の 2 次および 1 次微分形式なので，

$$\beta = \beta_{xy}\mathrm{d}x \wedge \mathrm{d}y + \beta_{xz}\mathrm{d}x \wedge \mathrm{d}z + \beta_{yz}\mathrm{d}y \wedge \mathrm{d}z, \quad \varepsilon = \varepsilon_x \mathrm{d}x + \varepsilon_y \mathrm{d}y + \varepsilon_z \mathrm{d}z$$

とかける．このとき，定義 8.14 から

$$\hat{*}\beta = -\beta_{xy}\,\mathrm{d}z \wedge \mathrm{d}t + \beta_{xz}\,\mathrm{d}y \wedge \mathrm{d}t - \beta_{yz}\,\mathrm{d}x \wedge \mathrm{d}t,$$
$$\hat{*}(\varepsilon \wedge \mathrm{d}t) = \varepsilon_x\,\mathrm{d}y \wedge \mathrm{d}z - \varepsilon_y\,\mathrm{d}x \wedge \mathrm{d}z + \varepsilon_z\,\mathrm{d}x \wedge \mathrm{d}y$$

となる．一方，定義 8.6 から $\tilde{\omega} = *\varepsilon - (*\beta) \wedge \mathrm{d}t$ は

$$*\,\varepsilon = \varepsilon_x\ \mathrm{d}y \wedge \mathrm{d}z + \varepsilon_y\,\mathrm{d}z \wedge \mathrm{d}x + \varepsilon_z\ \mathrm{d}x \wedge \mathrm{d}y,$$
$$-\,(*\beta) \wedge \mathrm{d}t = -\beta_{xy}\mathrm{d}z \wedge \mathrm{d}t + \beta_{xz}\mathrm{d}y \wedge \mathrm{d}t - \beta_{yz}\mathrm{d}x \wedge \mathrm{d}t$$

となる．したがって，結論を得る． □

最後に，次の定理を得る．

定理 8.17 マクスウェルの方程式で定義されるベクトル場 $\boldsymbol{E}, \boldsymbol{B}, \boldsymbol{j}$ をそれぞれ

$$\boldsymbol{E} = E_x \frac{\partial}{\partial x} + E_y \frac{\partial}{\partial y} + E_z \frac{\partial}{\partial z}, \quad \boldsymbol{B} = B_x \frac{\partial}{\partial x} + B_y \frac{\partial}{\partial y} + B_z \frac{\partial}{\partial z},$$
$$\boldsymbol{j} = j_x \frac{\partial}{\partial x} + j_y \frac{\partial}{\partial y} + j_z \frac{\partial}{\partial z}$$

とし，電荷密度を表すスカラー場を ρ とする．さらに，微分形式

$$\beta = *(\boldsymbol{B}^*), \quad \varepsilon = \boldsymbol{E}^*, \quad \iota = *(\boldsymbol{j}^*), \quad \nu = *\rho$$

を用いて，対応する 2 次微分形式 ω および 3 次微分形式 ξ を

$$\begin{aligned}
\omega &= \beta + \varepsilon \wedge \mathrm{d}t \\
&= B_x\,\mathrm{d}y \wedge \mathrm{d}z + B_y\,\mathrm{d}z \wedge \mathrm{d}x + B_z\,\mathrm{d}x \wedge \mathrm{d}y + (E_x\,\mathrm{d}x + E_y\,\mathrm{d}y + E_z\mathrm{d}z) \wedge \mathrm{d}t \\
\xi &= \nu - \iota \wedge \mathrm{d}t \\
&= \rho\,\mathrm{d}x \wedge \mathrm{d}y \wedge \mathrm{d}z - (j_x\,\mathrm{d}y \wedge \mathrm{d}z + j_y\,\mathrm{d}z \wedge \mathrm{d}x + j_z\mathrm{d}x \wedge \mathrm{d}y) \wedge \mathrm{d}t
\end{aligned}$$

で定める（$*$ は 3 次元のホッジのスター作用素である）．このとき，マクスウェル

の方程式 (8.8) および (8.9) は次の微分形式の形を持つ.

$$\hat{\mathrm{d}}\omega = 0, \quad \hat{\mathrm{d}}\hat{*}\omega = \xi.$$

ここで $\hat{\mathrm{d}}$ および $\hat{*}$ は 4 変数の微分形式に対する外微分，およびホッジのスター作用素である.

証明　定理の証明は，この節の議論から明らかであるが，ここでは具体的な計算によっても示しておこう．まず $\hat{\mathrm{d}}\omega$ の $\boldsymbol{B}$ にかかわる部分は

$$\operatorname{div}\boldsymbol{B}\,\mathrm{d}x\wedge\mathrm{d}y\wedge\mathrm{d}z + \left(\frac{\partial B_x}{\partial t}\mathrm{d}y\wedge\mathrm{d}z + \frac{\partial B_y}{\partial t}\mathrm{d}z\wedge\mathrm{d}x + \frac{\partial B_z}{\partial t}\mathrm{d}x\wedge\mathrm{d}y\right)\wedge\mathrm{d}t$$

となる．一方，$\hat{\mathrm{d}}\omega$ の $\boldsymbol{E}$ にかかわる部分は

$$\left\{\left(\frac{\partial E_y}{\partial x} - \frac{\partial E_x}{\partial y}\right)\mathrm{d}x\wedge\mathrm{d}y + \left(\frac{\partial E_z}{\partial y} - \frac{\partial E_y}{\partial z}\right)\mathrm{d}y\wedge\mathrm{d}z + \left(\frac{\partial E_x}{\partial z} - \frac{\partial E_z}{\partial x}\right)\mathrm{d}z\wedge\mathrm{d}x\right\}\wedge\mathrm{d}t$$

と計算できる．合わせると式 (8.8) の第 2 式および式 (8.9) の第 1 式になる．一方，$\hat{\mathrm{d}}\hat{*}\omega$ も計算してみる．まず，

$$\hat{*}\omega = -(B_x\mathrm{d}x + B_y\mathrm{d}y + B_z\mathrm{d}z)\wedge\mathrm{d}t + E_x\,\mathrm{d}y\wedge\mathrm{d}z + E_y\,\mathrm{d}z\wedge\mathrm{d}x + E_z\,\mathrm{d}x\wedge\mathrm{d}y$$

となることに注意して，$\hat{\mathrm{d}}\hat{*}\omega$ の $\boldsymbol{B}$ にかかわる部分を計算すると

$$-\left\{\left(\frac{\partial B_y}{\partial x} - \frac{\partial B_x}{\partial y}\right)\mathrm{d}x\wedge\mathrm{d}y + \left(\frac{\partial B_z}{\partial y} - \frac{\partial B_y}{\partial z}\right)\mathrm{d}y\wedge\mathrm{d}z + \left(\frac{\partial B_x}{\partial z} - \frac{\partial B_z}{\partial x}\right)\mathrm{d}z\wedge\mathrm{d}x\right\}\wedge\mathrm{d}t$$

となる．さらに $\hat{\mathrm{d}}\hat{*}\omega$ の $\boldsymbol{E}$ にかかわる部分を計算すると，

$$\operatorname{div}\boldsymbol{E}\,\mathrm{d}x\wedge\mathrm{d}y\wedge\mathrm{d}z + \left(\frac{\partial E_x}{\partial t}\mathrm{d}y\wedge\mathrm{d}z + \frac{\partial E_y}{\partial t}\mathrm{d}z\wedge\mathrm{d}x + \frac{\partial E_z}{\partial t}\mathrm{d}x\wedge\mathrm{d}y\right)\wedge\mathrm{d}t$$

と計算できる．これと ξ を見比べると (8.8) の第 1 式および (8.9) の第 2 式になる. ■

最後にポアンカレの補題 (定理 8.13) を用いると，次の系が従う.

系 8.18　領域 D が星形領域であるとする．このとき，ある 1 次微分形式 η が存在し，$\mathrm{d}\eta = \omega$ と書ける．このとき，マクスウェルの方程式は

$$\hat{\mathrm{d}}\hat{*}\hat{\mathrm{d}}\eta = \xi \tag{8.15}$$

というただ一つの式になる.

証明 定理 8.13 を用いると $\hat{\mathrm{d}}\omega = 0$ より，ある 1 次微分形式 η が存在して $\hat{\mathrm{d}}\eta = \omega$ となる．このとき，マクスウェルの方程式の 1 番目の式 $\hat{\mathrm{d}}\omega = 0$ は自動的に満たされる ($\hat{\mathrm{d}}^2 = 0$ より)．このとき，2 番目の式は (8.15) となる． ■

演習問題

問 8.1 空間のベクトル場 $\boldsymbol{u}, \boldsymbol{v}$ に対し，次の等式を示せ．

$$\langle \boldsymbol{u}, \boldsymbol{v} \rangle = *\{\boldsymbol{u}^* \wedge *(\boldsymbol{v}^*)\},$$
$$(\boldsymbol{u} \times \boldsymbol{v})^* = *(\boldsymbol{u}^* \wedge \boldsymbol{v}^*).$$

問 8.2 空間のベクトル場 $\boldsymbol{u}$ に対して次の等式を示せ．

$$\{\mathrm{grad}(\mathrm{div}\,\boldsymbol{u})\}^* = \mathrm{d} * \mathrm{d} * (\boldsymbol{u}^*),$$
$$\{\mathrm{rot}(\mathrm{rot}\,\boldsymbol{v})\}^* = *\mathrm{d} * \mathrm{d}(\boldsymbol{u}^*).$$

問 8.3 空間のスカラー場 f_1, f_2, f_3 に対し，次のことが同値であることを示せ．

(1) $\mathrm{grad}\, f_1|_p, \mathrm{grad}\, f_2|_p, \mathrm{grad}\, f_3|_p$ は 1 次独立．

(2) $(\mathrm{d}f_1 \wedge \mathrm{d}f_2 \wedge \mathrm{d}f_3)|_p \neq 0$.

第9章

積分定理の証明

線積分，面積分，体積分を定義するときには記号 $\mathrm{d}s, \mathrm{d}x\mathrm{d}y, \mathrm{d}x\mathrm{d}y\mathrm{d}z$ をつけるのは，よく知っていると思う．もちろんこれは，どの変数で積分しているかを表すという意味でも重要であるし，なにより置換積分をするときには，この記号をうまく用いることが必要で，計算上においても有用な記号である．しかし実は，$\mathrm{d}x, \mathrm{d}x\mathrm{d}y, \mathrm{d}x\mathrm{d}y\mathrm{d}z$ 等は微分形式として理解されるものである．そして，積分は微分形式に対して定義されると考えることが重要なのである．微分形式の積分により，線積分，面積分等のさまざまな積分を統一的に理解できる．

また，第 5 章では，ベクトル場の曲線 C に沿った線積分と曲面 S に沿った面積分を定義して，グリーンの公式，ストークスの定理，ガウスの発散定理などの重要な定理を紹介し，特別な領域の場合にその証明を与えた．微分形式の積分を用いれば，一般の領域に対してこれらの定理の簡潔な証明を与えることができる．

9.1　微分形式の引き戻し

まず，積分定理の証明にかかせない微分形式の引き戻しについて学んでいくことにする．$\mathbb{R}^2$ の領域 D と領域 E の間の滑らかな写像

$$\varphi : D \to E, \quad (u,v) \mapsto \varphi(u,v) = \begin{pmatrix} x(u,v) \\ y(u,v) \end{pmatrix}$$

を考える．E 上に 1 次微分形式

$$\omega_1 = v_x \mathrm{d}x + v_y \mathrm{d}y$$

が与えられているとする．ここで $v_a = v_a(x,y)$ $(a = x,y)$ である．x, y を (u,v) の関数 $x = x(u,v)$, $y = y(u,v)$ と考え，$\mathrm{d}x, \mathrm{d}y$ の外微分を計算することによって，1 次微分形式 ω_1 を次のように書きかえることができる．

$$\left(v_x \frac{\partial x}{\partial u} + v_y \frac{\partial y}{\partial u}\right) \mathrm{d}u + \left(v_x \frac{\partial x}{\partial v} + v_y \frac{\partial y}{\partial v}\right) \mathrm{d}v.$$

ここで，v_x, v_y は u, v の関数としてみていることに注意する．すなわち，

$$v_x(u,v) = v_x(x(u,v), y(u,v)), \quad v_y(u,v) = v_y(x(u,v), y(u,v)).$$

このようにして得られた D 上の 1 次微分形式を

$$\varphi^*\omega_1 = \left(v_x \frac{\partial x}{\partial u} + v_y \frac{\partial y}{\partial u}\right) \mathrm{d}u + \left(v_x \frac{\partial x}{\partial v} + v_y \frac{\partial y}{\partial v}\right) \mathrm{d}v$$

と書くことにし，微分形式 ω_1 の φ による引き戻しと呼ぶ．実は，このような微分形式の引き戻しは，φ の定義域が $\mathbb{R}^2$ でなくとも与えることができるし，さらに 1 次微分形式でなく任意の次数の微分形式についても考えることができる．

いままで座標は (x,y,z) を用いてきたが，微分形式の引き戻しを一般的に記述するため，次の定義では座標を $(x^1, \ldots, x^i)$ $(i = 1,2,3)$ で表すことにする．すなわち，$x = x^1, y = x^2, z = x^3$ である．

定義 9.1 D を $\mathbb{R}^n$ の領域，E を $\mathbb{R}^m$ の領域とし

$$\varphi : D \to E$$

を滑らかな写像とする．まず φ による E 上の 0 次微分形式 $\omega = v$ の引き戻しを $\varphi^*\omega = v \circ \varphi$ で定める．次に，E 上の k 次微分形式 $(k = 1,2,3)$ を

$$\omega = \sum_{1 \leqq i_1 < \cdots < i_k \leqq m} v_{x^{i_1} \cdots x^{i_k}} \, \mathrm{d}x^{i_1} \wedge \cdots \wedge \mathrm{d}x^{i_k}$$

とするとき，φ による ω の**引き戻し** $\varphi^*\omega$ を

$$\varphi^*\omega = \sum_{1 \leqq i_1 < \cdots < i_k \leqq m} v_{x^{i_1} \cdots x^{i_k}} \circ \varphi \, \mathrm{d}\varphi^{i_1} \wedge \cdots \wedge \mathrm{d}\varphi^{i_k}$$

で定める．ここで，$v_{x^{i_1} \cdots x^{i_k}} \circ \varphi$ は合成関数を意味し，$\mathrm{d}\varphi^{i_l}$ $(l = 1, \ldots, k)$ は，関数 φ^{i_l} の外微分を意味する．

次の例題で具体的な引き戻しを実際に計算してみよう．

例題 9.2 次の写像 φ と微分形式 ω について，その引き戻しを計算せよ．

(1) $\omega = -y\,\mathrm{d}x + x\,\mathrm{d}y$, $\varphi : \mathbb{R}^1 \to \mathbb{R}^2$, $s \mapsto \varphi(s) = (\cos s, \sin s)$.

(2) $\omega = (x^2 + y^2)\,\mathrm{d}x + x\,\mathrm{d}y$, $\varphi : \mathbb{R}^2 \to \mathbb{R}^2$, $(r, \theta) \mapsto \varphi(r, \theta) = (r\cos\theta, r\sin\theta)$.

(3) $\omega = xy\,\mathrm{d}x \wedge \mathrm{d}y + yz\,\mathrm{d}y \wedge \mathrm{d}z$, $\varphi : \mathbb{R}^2 \to \mathbb{R}^3$, $(u, v) \mapsto \varphi = (u + v, u - v, u + v)$.

解 定義に基づいて計算するだけである．

(1) について：$x \circ \varphi(s) = \cos s$, $y \circ \varphi(s) = \sin s$ に注意すれば，

$$
\begin{aligned}
\varphi^*\omega &= -\sin s\ \mathrm{d}\cos s + \cos s\ \mathrm{d}\sin s = \sin^2 s\,\mathrm{d}s + \cos^2 s\,\mathrm{d}s \\
&= \mathrm{d}s
\end{aligned}
$$

となる．

(2) について：$x \circ \varphi(r, \theta) = r\cos\theta$, $y \circ \varphi(r, \theta) = r\sin\theta$ に注意すれば，

$$
\begin{aligned}
\varphi^*\omega &= r^2\,\mathrm{d}(r\cos\theta) + r\cos\theta\,\mathrm{d}(r\sin\theta) \\
&= r^2(\cos\theta\,\mathrm{d}r - r\sin\theta\,\mathrm{d}\theta) + r\cos\theta(\sin\theta\,\mathrm{d}r + r\cos\theta\mathrm{d}\theta) \\
&= r\cos\theta(r + \sin\theta)\,\mathrm{d}r + r^2(\cos^2\theta - r\sin\theta)\,\mathrm{d}\theta
\end{aligned}
$$

となる．

(3) について：同様にして，

$$
\begin{aligned}
\varphi^*\omega &= (u+v)(u-v)\,\mathrm{d}(u+v) \wedge \mathrm{d}(u-v) + (u-v)(u+v)\,\mathrm{d}(u-v) \wedge \mathrm{d}(u+v) \\
&= 0
\end{aligned}
$$

となる． □

引き戻しについて，次の補題が成立する．

補題 9.3 ω, ψ を E 上の微分形式とし，$\varphi : D \to E$, $\rho : F \to D$ を滑らかな写像としたとき，次が成立する．

$$
\varphi^*(\omega + \psi) = \varphi^*\omega + \varphi^*\psi, \quad \varphi^*(\omega \wedge \psi) = (\varphi^*\omega) \wedge (\varphi^*\psi), \tag{9.1}
$$

$$
\varphi^*(\mathrm{d}\omega) = \mathrm{d}(\varphi^*\omega), \quad (\varphi \circ \rho)^*\omega = \rho^*(\varphi^*\omega). \tag{9.2}
$$

証明 式 (9.1) および式 (9.2) の 2 番目の等式については，定義から明らかである．E の座標を $(y^1, \ldots, y^m)$, D の座標を $(x^1, \ldots, x^n)$ とする．式 (9.2) の 1 番目

の等式については式 (9.1) から

$$\omega = v\,\mathrm{d}y^{i_1} \wedge \cdots \wedge \mathrm{d}y^{i_k}, \quad (1 \leqq i_1 < \cdots < i_k \leqq m)$$

について考えれば十分である.

$$\begin{aligned}\varphi^*\mathrm{d}\omega &= \varphi^*\left(\mathrm{d}v \wedge \mathrm{d}y^{i_1} \wedge \cdots \wedge \mathrm{d}y^{i_k}\right)\\ &= \varphi^*\left(\sum_i \frac{\partial v}{\partial y^i}\,\mathrm{d}y^i \wedge \mathrm{d}y^{i_1} \wedge \cdots \wedge \mathrm{d}y^{i_k}\right)\\ &= \sum_i \frac{\partial v}{\partial y^i} \circ \varphi\,\mathrm{d}\varphi^i \wedge \mathrm{d}\varphi^{i_1} \wedge \cdots \wedge \mathrm{d}\varphi^{i_k}.\end{aligned}$$

一方, $\mathrm{d}(\varphi^*\omega)$ を定義通り計算すると,

$$\begin{aligned}\mathrm{d}(\varphi^*\omega) &= \mathrm{d}\left(v \circ \varphi\,\mathrm{d}\varphi^{i_1} \wedge \cdots \wedge \mathrm{d}\varphi^{i_k}\right)\\ &= \mathrm{d}(v \circ \varphi) \wedge \mathrm{d}\varphi^{i_1} \wedge \cdots \wedge \mathrm{d}\varphi^{i_k}.\end{aligned}$$

ここで, 合成関数の微分から

$$\mathrm{d}(v \circ \varphi) = \sum_j \frac{\partial(v \circ \varphi)}{\partial x^j}\mathrm{d}x^j = \sum_{i,j} \frac{\partial v}{\partial y^i}\frac{\partial \varphi^i}{\partial x^j}\mathrm{d}x^j = \sum_i \frac{\partial v}{\partial y^i}\mathrm{d}\varphi^i$$

がわかるので, 結論が従う. ■

9.2 微分形式の積分

前節と同じように, 統一的に記述するためにここでは座標を $(x^1, \ldots, x^i)$ $(i = 1, 2, 3)$ で表すことにする.

定義 9.4 $\mathbb{R}^n$ $(n = 1, 2, 3)$ の領域 D 上の n 次微分形式を

$$\omega_n = v_{x^1 \ldots x^n}\mathrm{d}x^1 \wedge \cdots \wedge \mathrm{d}x^n \tag{9.3}$$

と表したとき, ω_n の D 上の積分を

$$\int_D \omega_n = \int \cdots \int_D v_{x^1 \ldots x^n}\mathrm{d}x^1 \cdots \mathrm{d}x^n$$

で定義する. ここで右辺は多重積分を意味している.

注意 $n = 1$ のときは, 右辺は関数の定積分になることに注意する. また微分形式の $\mathrm{d}x^i$ の

順序は大切である．微分形式 ω が $\omega = v\,\mathrm{d}x^2 \wedge \mathrm{d}x^1$ で与えられていれば，

$$\omega = -v\,\mathrm{d}x^1 \wedge \mathrm{d}x^2$$

と直してから，

$$\int_D \omega = \iint_D -v\,\mathrm{d}x^1\mathrm{d}x^2$$

と計算する．

微分形式の積分は変数変換に対して不変である．これは，多重積分が向きを保つ変数変換に対して不変であることから従う．このことを以下で確認しよう．まず，$\mathbb{R}^n$ の領域 D から領域 E への写像

$$\varphi : D \to E$$

を次のように定める．

$$(x^1, \ldots, x^n) \mapsto \varphi(x^1, \ldots, x^n) = \begin{pmatrix} \varphi^1(x^1, \ldots, x^n) \\ \vdots \\ \varphi^n(x^1, \ldots, x^n) \end{pmatrix}.$$

このとき，φ の**ヤコビ行列** $D\varphi$ を次のように定める．

$$D\varphi = \left(\frac{\partial y^i}{\partial x^j}\right)_{1 \leqq i,j \leqq n} = \begin{pmatrix} \dfrac{\partial \varphi^1}{\partial x^1} & \cdots & \dfrac{\partial \varphi^1}{\partial x^n} \\ \vdots & \ddots & \vdots \\ \dfrac{\partial \varphi^n}{\partial x^1} & \cdots & \dfrac{\partial \varphi^n}{\partial x^n} \end{pmatrix}$$

ここで，$\left(\dfrac{\partial \varphi^i}{\partial x^j}\right)_{1 \leqq i,j \leqq n}$ は n 次の正方行列である．$D\varphi$ の行列式は**ヤコビ行列式**と呼ばれ次のように定まる．

$$J_\varphi(x^1, \ldots, x^n) = \det(D\varphi) = \det\left(\frac{\partial \varphi^i}{\partial x^j}\right)_{1 \leqq i,j \leqq n}$$

で定義される．

例題 9.5 $\varphi : \mathbb{R}^2 \to \mathbb{R}^2$ を $(y^1, y^2) = \varphi(x^1, x^2) = (\cos(x^1 + x^2),\ \sin(x^1 - x^2))$ で定める．このとき，$D\varphi$ と J_φ を求めよ．

解　ヤコビ行列 $D\varphi$ は

$$D\varphi = \begin{pmatrix} \dfrac{\partial \varphi^1}{\partial x^1} & \dfrac{\partial \varphi^1}{\partial x^2} \\ \dfrac{\partial \varphi^2}{\partial x^1} & \dfrac{\partial \varphi^2}{\partial x^2} \end{pmatrix} = \begin{pmatrix} -\sin(x^1+x^2) & -\sin(x^1+x^2) \\ \cos(x^1-x^2) & -\cos(x^1-x^2) \end{pmatrix}$$

となる．このとき，ヤコビ行列式 J_φ は

$$J_\varphi = 2\sin(x^1+x^2)\cos(x^1-x^2)$$

となる． □

定義 9.6 $\mathbb{R}^n$ の領域 D から領域 E への写像 φ が全単射，滑らかで，逆写像も滑らかであるとき**微分同相写像**という． さらに φ のヤコビ行列式 J_φ が正であるとき，**向きを保つ**という．

補題 9.7 $\mathbb{R}^n$ の領域 D から領域 E への写像 $\varphi : D \to E$ が，向きを保つ微分同相写像であるとする．このとき，定義 9.4 の E 上の n 次微分形式 ω の積分は φ による引き戻しによって不変である．すなわち

$$\int_D \varphi^*\omega = \int_E \omega$$

である．

証明 E と D の座標をそれぞれ $(y^1,\ldots,y^n)$ および $(x^1,\ldots,x^n)$ とし，$\varphi(x^1,\ldots,x^n) = (\varphi^1,\ldots,\varphi^n)$ とする．引き戻し $\varphi^*\omega$ は

$$\varphi^*\omega = v_{y^1\ldots y^n}\circ\varphi\, \mathrm{d}\varphi^1\wedge\cdots\wedge\varphi^n$$

である．$n=1,2$ の場合もほとんど同じなので，$n=3$ のときのみ計算する．

$$\mathrm{d}\varphi^i = \sum_{j=1}^{3}\frac{\partial\varphi^i}{\partial x^j}\,\mathrm{d}x^j$$

に注意して，外積 $\wedge$ の性質を用いて

$$\begin{aligned}\mathrm{d}\varphi^1\wedge\mathrm{d}\varphi^2\wedge\mathrm{d}\varphi^3 &= \left(\sum_{j=1}^{3}\frac{\partial\varphi^1}{\partial x^j}\,\mathrm{d}x^j\right)\wedge\left(\sum_{j=1}^{3}\frac{\partial\varphi^2}{\partial x^j}\,\mathrm{d}x^j\right)\wedge\left(\sum_{j=1}^{3}\frac{\partial\varphi^3}{\partial x^j}\,\mathrm{d}x^j\right)\\ &= \det\left(\frac{\partial\varphi^i}{\partial x^j}\right)\,\mathrm{d}x^1\wedge\mathrm{d}x^2\wedge\mathrm{d}x^3\end{aligned}$$

と計算できる．したがって，引き戻し φ^* の積分は

$$\int_D \varphi^* \omega = \iiint_D v_{x^1\dots x^n} \circ \varphi \ J_\varphi \ \mathrm{d}x^1 \mathrm{d}x^2 \mathrm{d}x^3$$

と計算できる．一方，多重積分の変数変換 (たとえば参考文献 [1, 27 章] 参照) の公式から ω の E 上の積分は

$$\int_E \omega = \iiint_E v_{y^1\dots y^n} \ \mathrm{d}y^1 \cdots \mathrm{d}y^n = \iiint_D v_{y^1\dots y^n} \circ \varphi \ |J_\varphi| \ \mathrm{d}x^1 \cdots \mathrm{d}x^n$$

となる $(n = 3)$．仮定より $J_\varphi = |J_\varphi|$ なので，これより結論が従う． ■

定義 9.8 写像 $\varphi : D \subset \mathbb{R}^k \to \mathbb{R}^n \ (n \geqq k)$ を D から $S = \varphi(D)$ への写像とする．このとき，$\mathbb{R}^n$ 上の k 次微分形式 ω の $S = \varphi(D)$ **に沿った積分**を

$$\int_S \omega = \int_D \varphi^* \omega$$

で定義する．ここで右辺の $\varphi^*\omega$ は $\mathbb{R}^k$ 上の k 次微分形式であるので，式 (9.3) の形に書け，その積分は定義 9.4 で与えられる．

特別な場合として，$k = 1, n = 3$ のとき，つまり，D として $\mathbb{R}$ 上の区間 $I = [a, b]$ とし $\mathbb{R}^3$ 上の 1 次微分形式の場合を考える．写像 φ は $\mathbb{R}^3$ の曲線 $\varphi = \varphi(s)$ を表している．1 次微分形式を

$$\omega_1 = v_{x^1} \mathrm{d}x^1 + v_{x^2} \mathrm{d}x^2 + v_{x^3} \mathrm{d}x^3$$

とすると，引き戻しの定義を用いて

$$\begin{aligned} \varphi^* \omega_1 &= v_{x^1} \circ \varphi \ \mathrm{d}\varphi^1 + v_{x^2} \circ \varphi \ \mathrm{d}\varphi^2 + v_{x^3} \circ \varphi \ \mathrm{d}\varphi^3 \\ &= \left(v_{x^1} \circ \varphi \ \frac{\mathrm{d}x^1}{\mathrm{d}s} + v_{x^2} \circ \varphi \ \frac{\mathrm{d}x^2}{\mathrm{d}s} + v_{x^3} \circ \varphi \ \frac{\mathrm{d}x^3}{\mathrm{d}s} \right) \mathrm{d}s \end{aligned}$$

と計算できる．ここで，座標 (x^1, x^2, x^3) を (x, y, z) とし，$v_{x^j} \circ \varphi$ を $v_x(s), v_y(s), v_z(s)$ と書く．ベクトル場 $\boldsymbol{v}$ を

$$\boldsymbol{v} = v_x \frac{\partial}{\partial x} + v_y \frac{\partial}{\partial y} + v_z \frac{\partial}{\partial z} (= \omega_1^*)$$

で定め， 写像を $\boldsymbol{p} = \varphi : I = [a, b] \to \mathbb{R}^3$ と書くことにしよう．すると

$$\int_C \omega_1 = \int_I \varphi^* \omega_1 = \int_a^b \langle \boldsymbol{v}(s), \boldsymbol{p}'(s) \rangle \ \mathrm{d}s \tag{9.4}$$

である．これは定義 5.1 で与えたベクトル場の曲線 C に沿った線積分 $\displaystyle\int_C \langle \boldsymbol{v}, \boldsymbol{t}\rangle \, \mathrm{d}C$ に他ならない．補題 9.7 で示したように，微分形式の積分は向きを保つ微分同相写像によって変化しないことから，ベクトル場の曲線 C に沿った線積分 $\displaystyle\int_C \langle \boldsymbol{v}, \boldsymbol{t}\rangle \, \mathrm{d}C$ もパラメータの取り換えによって変わらないことがわかる．

また，もう一つの特別な場合として，$k=2, n=3$ の場合，つまり D を $\mathbb{R}^2$ 上の領域とし $\mathbb{R}^3$ 上の 2 次微分形式の場合を考える．写像 φ は $\mathbb{R}^3$ の曲面 $\varphi = \varphi(u,v)$ を表している．2 次微分形式を

$$
\begin{aligned}
\omega_2 &= \sum_{1\leqq i_1<i_2\leqq 3} v_{x^{i_1}x^{i_2}} \mathrm{d}x^{i_1}\wedge \mathrm{d}x^{i_2} \\
&= v_{x^1x^2}\ \mathrm{d}x^1\wedge \mathrm{d}x^2 + v_{x^1x^3}\ \mathrm{d}x^1\wedge \mathrm{d}x^3 + v_{x^2x^3}\ \mathrm{d}x^2\wedge \mathrm{d}x^3
\end{aligned}
$$

とすると，引き戻しの定義を用いて

$$
\begin{aligned}
\varphi^*\omega_2 &= \sum_{1\leqq i_1<i_2\leqq 3} v_{x^{i_1}x^{i_2}}\circ\varphi\ \mathrm{d}\varphi^{i_1}\wedge \mathrm{d}\varphi^{i_2} \\
&= v_{x^1x^2}\circ\varphi\ \mathrm{d}\varphi^1\wedge \mathrm{d}\varphi^2 + v_{x^1x^3}\circ\varphi\ \mathrm{d}\varphi^1\wedge \mathrm{d}\varphi^3 + v_{x^2x^3}\circ\varphi\ \mathrm{d}\varphi^2\wedge \mathrm{d}\varphi^3
\end{aligned}
$$

となる．第 1 項目を定義通り計算すれば，

$$
\begin{aligned}
v_{x^1x^2}\circ\varphi\ \mathrm{d}\varphi^1\wedge \mathrm{d}\varphi^2 &= v_{x^1x^2}\circ\varphi\left\{\left(\frac{\partial x^1}{\partial u}\mathrm{d}u + \frac{\partial x^1}{\partial v}\mathrm{d}v\right)\wedge\left(\frac{\partial x^2}{\partial u}\mathrm{d}u + \frac{\partial x^2}{\partial v}\mathrm{d}v\right)\right\} \\
&= v_{x^1x^2}\circ\varphi\left(\frac{\partial x^1}{\partial u}\frac{\partial x^2}{\partial v} - \frac{\partial x^1}{\partial v}\frac{\partial x^2}{\partial u}\right)\mathrm{d}u\wedge \mathrm{d}v
\end{aligned}
$$

となる．同様に，第 2 項目，第 3 項目を定義通り計算すれば，

$$
\begin{aligned}
v_{x^1x^3}\circ\varphi\ \mathrm{d}\varphi^1\wedge \mathrm{d}\varphi^3 &= v_{x^1x^3}\circ\varphi\left(\frac{\partial x^1}{\partial u}\frac{\partial x^3}{\partial v} - \frac{\partial x^1}{\partial v}\frac{\partial x^3}{\partial u}\right)\mathrm{d}u\wedge \mathrm{d}v, \\
v_{x^2x^3}\circ\varphi\ \mathrm{d}\varphi^2\wedge \mathrm{d}\varphi^3 &= v_{x^2x^3}\circ\varphi\left(\frac{\partial x^2}{\partial u}\frac{\partial x^3}{\partial v} - \frac{\partial x^2}{\partial v}\frac{\partial x^3}{\partial u}\right)\mathrm{d}u\wedge \mathrm{d}v
\end{aligned}
$$

となる．ここで座標 (x^1,x^2,x^3) を (x,y,z) とし，$v_{x^ix^j}\circ\varphi$ を v_{xy}, v_{xz}, v_{yz} と書くことにする．ベクトル場を

$$
\boldsymbol{v} = v_{yz}\frac{\partial}{\partial x} - v_{xz}\frac{\partial}{\partial y} + v_{xy}\frac{\partial}{\partial z}(= (*\omega_2)^*) \tag{9.5}
$$

で定め，写像を $\boldsymbol{p}(u,v) = \varphi(u,v)$ で書くことにする．このとき，

$$\int_S \omega_2 = \int_D \varphi^* \omega_2 = \iint_D \left\langle \boldsymbol{v}(u,v),\, \frac{\partial \boldsymbol{p}}{\partial u}(u,v) \times \frac{\partial \boldsymbol{p}}{\partial v}(u,v) \right\rangle \mathrm{d}u\mathrm{d}v \tag{9.6}$$

が成り立っている．つまり，微分形式 ω_2 の積分は，定義 5.12 で与えたベクトル場の面積分 $\iint_S \langle \boldsymbol{v}, \boldsymbol{n} \rangle \, \mathrm{d}S$ に他ならない．補題 9.7 で示したように，微分形式の積分は向きを保つパラメータの取り換え (微分同相) によって変化しないことから，ベクトル場の曲面 S に沿った面積分 $\iint_S \langle \boldsymbol{v}, \boldsymbol{n} \rangle \, \mathrm{d}S$ も向きを保つ微分同相写像によって変化しない．

微分形式の積分の定義をしたので，8.4 節で考えたポアンカレの補題 (定理 8.13) が一般の領域では解けないことを見ておこう．

例題 9.9 D を $\mathbb{R}^2$ の原点を除いた領域とする．D 上の 1 次微分形式 ω を

$$\omega = \frac{1}{x^2+y^2} \left(-y \, \mathrm{d}x + x \, \mathrm{d}y \right)$$

で定める．このとき，

$$\mathrm{d}\omega = 0$$

であるが，$\mathrm{d}f = \omega$ となる 0 次微分形式 (関数) f が存在しないことを示せ．

解 まず，ω は原点を除く平面上で定義されている．外微分を考えると

$$\mathrm{d}\omega = \frac{1}{(x^2+y^2)^2} \left\{ -(x^2-y^2)\mathrm{d}y \wedge \mathrm{d}x - (x^2-y^2)\mathrm{d}x \wedge \mathrm{d}y \right\} = 0$$

となる．そこで，ある 0 次微分形式 $f = f(x,y)$ が存在して，$\mathrm{d}f = \omega$ となると仮定する．1 次微分形式 ω の原点を中心とし，半径 $a > 0$ の円 $C_a : \boldsymbol{p}(s) = (x(s), y(s)) = (a\cos s, a\sin s)$ $(0 \leqq s \leqq 2\pi)$ に沿った積分を考える．すなわち

$$\int_{C_a} \omega = \int_0^{2\pi} \boldsymbol{p}^* \omega = \int_0^{2\pi} \left(\frac{-y}{x^2+y^2} \frac{\mathrm{d}x}{\mathrm{d}s} + \frac{x}{x^2+y^2} \frac{\mathrm{d}y}{\mathrm{d}s} \right) \mathrm{d}s$$

を考える．合成関数の偏微分と仮定 $\mathrm{d}f = \omega$ から

$$\frac{\mathrm{d}f}{\mathrm{d}s} = \frac{\partial f}{\partial x}\frac{\mathrm{d}x}{\mathrm{d}s} + \frac{\partial f}{\partial y}\frac{\mathrm{d}y}{\mathrm{d}s} = \frac{-y}{x^2+y^2}\frac{\mathrm{d}x}{\mathrm{d}s} + \frac{x}{x^2+y^2}\frac{\mathrm{d}y}{\mathrm{d}s}$$

であり，結局

$$\int_{C_a} \omega = \int_0^{2\pi} \frac{\mathrm{d}f}{\mathrm{d}s} \, \mathrm{d}s = f(x(2\pi), y(2\pi)) - f(x(0), y(0)) = 0$$

となる．

一方，$(x(s), y(s)) = (a\cos s,\ a\sin s)$ を用いて引き戻し $\boldsymbol{p}^*\omega$ を計算してみると，

$$\boldsymbol{p}^*\omega = \left(\frac{-y}{x^2+y^2}\frac{\mathrm{d}x}{\mathrm{d}s} + \frac{x}{x^2+y^2}\frac{\mathrm{d}y}{\mathrm{d}s}\right)\mathrm{d}s = \mathrm{d}s$$

となることがわかる．したがって，

$$\int_{C_a}\omega = \int_0^{2\pi}\boldsymbol{p}^*\omega = \int_0^{2\pi}\mathrm{d}s = 2\pi$$

となり，矛盾が生じる． □

9.3 積分定理の書き換え

まず，平面のグリーンの公式 (定理 5.17)

$$\int_C \langle\boldsymbol{v},\,\boldsymbol{t}\rangle\ \mathrm{d}C = \iint_D \mathrm{rot}\,\boldsymbol{v}\,\mathrm{d}x\mathrm{d}y$$

を微分形式の積分で書き換えよう．まず，左辺の線積分は，式 (9.4) で計算したように (9.2 節の計算は 3 次元の場合だが，2 次元でも同じである)，

$$\int_C \langle\boldsymbol{v},\,\boldsymbol{t}\rangle\ \mathrm{d}C = \int_I \boldsymbol{p}^*\omega = \int_{\partial D}\omega$$

と書ける．ここで ω は $\omega = \boldsymbol{v}^*$ で定まる 1 次微分形式，$\boldsymbol{p}: I \to \mathbb{R}^2$ は D の境界 $C = \partial D$ を表す平面曲線である．次に，補題 8.11 で示したように $\mathrm{rot}\,\boldsymbol{v} = *\mathrm{d}\boldsymbol{v}^* = *\mathrm{d}\omega$ (平面の場合) が成り立つので，

$$\iint_D \mathrm{rot}\,\boldsymbol{v}\ \mathrm{d}x\mathrm{d}y = \iint_D (*\mathrm{d}\omega)\ \mathrm{d}x\mathrm{d}y$$

となる．ここでホッジのスター作用素の定義から

$$*\{(*\mathrm{d}\omega)\mathrm{d}x\wedge\mathrm{d}y\} = *\mathrm{d}\omega$$

が成立し，両辺にさらにもう一度 $*$ を作用させて，補題 8.5 で示した $** = 1\,(i = 2$ の場合) を用いれば，

$$(*\mathrm{d}\omega)\mathrm{d}x\wedge\mathrm{d}y = \mathrm{d}\omega$$

が成立し，

$$\iint_D \mathrm{rot}\,\boldsymbol{v}\ \mathrm{d}x\mathrm{d}y = \int_D \mathrm{d}\omega$$

となる．したがって，平面のグリーンの公式は

$$\int_{\partial D} \omega = \int_D \mathrm{d}\omega$$

と書き換えることができる．

次に空間のガウスの発散定理である定理 5.26

$$\iiint_D \mathrm{div}\,\boldsymbol{v}\,\mathrm{d}x\mathrm{d}y\mathrm{d}z = \iint_S \langle \boldsymbol{v}, \boldsymbol{n} \rangle\ \mathrm{d}S \tag{9.7}$$

を微分形式の積分を用いて書き換えよう．まず補題 8.11 で計算したように，$\mathrm{div}\,\boldsymbol{v}\ \mathrm{d}x\mathrm{d}y\mathrm{d}z$ は外微分を用いて次のように表現することができる．

$$\iiint_D \mathrm{div}\,\boldsymbol{v}\ \mathrm{d}x\mathrm{d}y\mathrm{d}z = \int_D \mathrm{d} * (\boldsymbol{v}^*) = \int_D \mathrm{d}\omega.$$

ここで 2 次微分形式を $\omega = *(\boldsymbol{v}^*)$ で定めた．右辺は $\mathbb{R}^3$ の領域 D 上の 3 次微分形式の積分である．一方，式 (9.6) で見たように，式 (9.7) の右辺の面積分は，

$$\int_S \langle \boldsymbol{v}, \boldsymbol{n} \rangle\ \mathrm{d}s = \int_{\tilde{D}} \boldsymbol{p}^* \omega = \int_{\partial D} \omega$$

と表現される．ここで ω と $\boldsymbol{v}$ の関係式 (9.5) に注意する．最後に，曲面 S を $\boldsymbol{p} : \tilde{D} \subset \mathbb{R}^2 \to \mathbb{R}^3$ とパラメータ表示し，$\tilde{D}$ は曲面 S に対応する平面の領域とし，$\partial D = S$ であることに注意すれば，ガウスの発散定理は

$$\int_{\partial D} \omega = \int_D \mathrm{d}\omega$$

という形に書ける．定理 5.24 によると 2 次元の場合のグリーンの公式とガウスの発散定理はストークスの定理と同値であるので，微分形式の積分公式として統一的な表示を得た．すなわち，すべては次の定理に集約される．

定理 9.10 グリーンの公式，ストークスの定理，平面および空間のガウスの発散定理は微分形式 ω を適切に定めることにより，次の等式になる．

$$\int_{\partial D} \omega = \int_D \mathrm{d}\omega.$$

ここで，∂D は D の境界を意味する．この等式を**ストークスの定理**と呼ぶ．

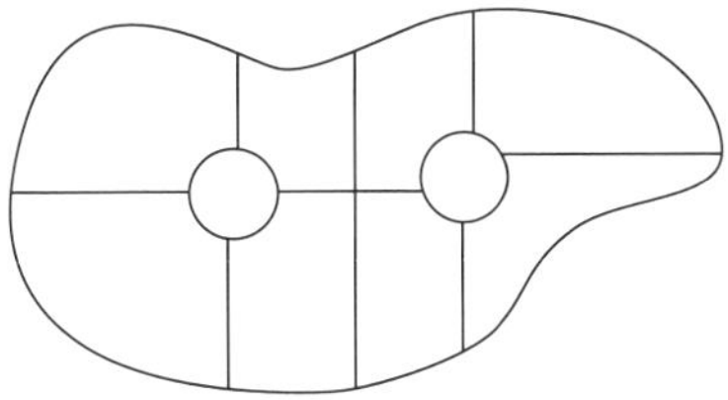

図 9.1　領域の分割 (平面の場合)

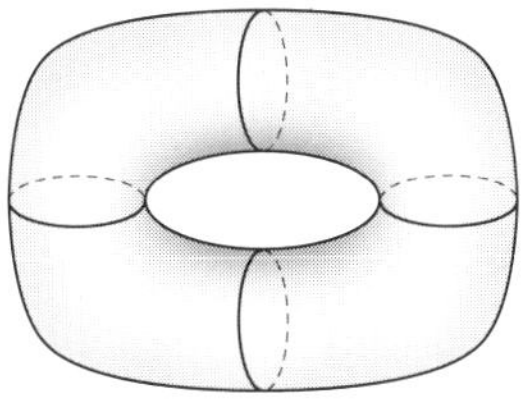

図 9.2　領域の分割 (空間の場合)

注意 もう一度注意しておくと，空間のガウスの発散定理はベクトル場 $\boldsymbol{v}$ に対して，2 次微分形式 ω を $\omega = *(\boldsymbol{v}^*)$ と定めて，D を $\mathbb{R}^3$ の領域とした．グリーンの公式の場合は，1 次微分形式 ω を $\omega = \boldsymbol{v}^*$ と定めて，D を $\mathbb{R}^2$ の領域とした．

したがって，目標はこの微分形式の積分の間の恒等式であるストークスの定理を証明することである．

9.4 ストークスの定理の証明

ここでは，これまでに準備したことを用いて，ストークスの定理を証明していこう．ストークスの定理の証明は，二つのステップに分かれる．

ステップ 1：まず一つめのステップとして，領域 D を簡単な領域に分割する．

ここで大切なことは，分割した各領域 D_i 上でストークスの定理

$$\int_{\partial D_i} \omega = \int_{D_i} \mathrm{d}\omega$$

が成立すれば，領域全体 D でストークスの定理が成立するということである．これを確認するために，分割した領域 D_i の隣り合った部分を見てみよう．

隣り合った領域を D_1 と D_2 と名付ける．すると，両方を合わせた領域 $D_1 \cup D_2$ で，

$$\begin{aligned}\int_{D_1 \cup D_2} \mathrm{d}\omega &= \int_{D_1} \mathrm{d}\omega + \int_{D_2} \mathrm{d}\omega \\ &= \int_{\partial D_1} \omega + \int_{\partial D_2} \omega = \int_{\partial(D_1 \cup D_2)} \omega\end{aligned}$$

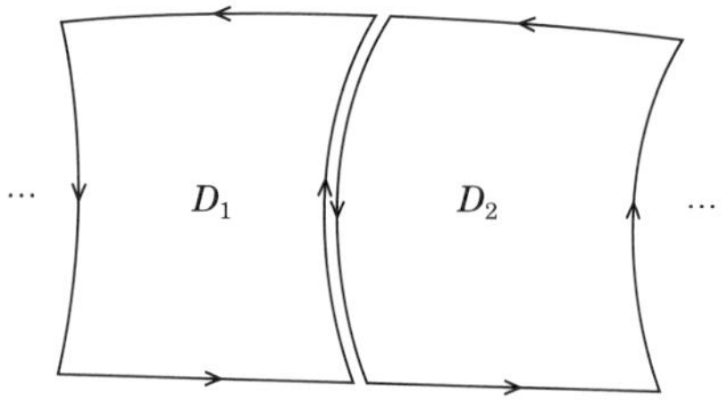

図 9.3　隣り合った領域 D_1 と D_2 (平面の場合)

が成立している．ここで少し注意しなければならないのは，$D_1 \cap D_2$ の交わりと $\partial D_1 \cap \partial D_2$ の交わりである．まず領域の分割の仕方から $D_1 \cap D_2$ および $\partial D_1 \cap \partial D_2$ は高々 $n-1$ 次元の領域である．このことから 1 番目の等式が従う．3 番目の等式では，共有部分 $\partial D_1 \cap \partial D_2$ で，符号違いの積分がそれぞれ出てきて，結果として打ち消し合う．この操作を繰り返すと，領域 D 上のストークスの定理が従う．

ステップ 2： 分割した領域 D_i のそれぞれに対して，ストークスの定理が正しいことを示す．領域 D_i を一つ固定し，それをあらためて D と書こう．領域 D をさらに簡単な領域 B に対応させることを考える．対応させる写像はなんでも良いのではなく，積分の値が変化しないようなもの，つまり向きを保つ微分同相写像

$$\varphi : B \to D$$

で結ばれていると仮定する．領域 B 上ではストークスの定理，つまり

$$\int_{\partial B} \omega = \int_B \mathrm{d}\omega$$

が成り立っているとすると，次のようにして，領域 D 上でもストークスの定理が成立することがわかる．

$$\int_{\partial D} \omega = \int_{\partial B} \varphi^* \omega = \int_B \mathrm{d}(\varphi^* \omega) = \int_B \varphi^* \mathrm{d}\omega = \int_D \mathrm{d}\omega.$$

ここで 1 番目の等式では，微分形式の積分の向きを保つ微分同相写像におけるパラメータの取り換えによる不変性を用い，2 番目の等式では，B 上のストークスの定理を用いた．また 3 番目の等式では，補題 9.3 の式 (9.2) の最初の恒等式を用い，最後の等式ではもう一度微分形式の積分の向きを保つ微分同相写像による

不変性を用いた.

この考察から，簡単な領域 B 上で証明をしておくと，向きを保つ微分同相写像 φ を用いて表される複雑な領域 $D = \varphi(B)$ 上でもストークスの定理が成立する．幸いなことに 5.5 節で長方形領域において，ストークスの定理を証明しておいた．したがって長方形領域から φ で写される領域 D 上では，ストークスの定理が証明されることになる.

注意 最後に問題となるのは，任意に与えられた領域を分割して，それぞれの領域が向きを保つ微分同相写像で長方形領域や単体と対応がつくかどうかということである．ここでは，そのようにできるような領域のみを考えている.

演習問題

問 9.1 球面 S 上のベクトル場 $\boldsymbol{v}$ に対して，

$$\iint_S \langle \mathrm{rot}\, \boldsymbol{v}, \boldsymbol{n} \rangle \, \mathrm{d}S = 0$$

を示せ．ここで $\boldsymbol{n}$ は S の単位法ベクトル場とする.

問 9.2 滑らかな境界 C を持つ曲面 S とスカラー場 f, ベクトル場 $\boldsymbol{v}$ に対して，次の等式を示せ.

$$\iint_S f \langle \mathrm{rot}\, \boldsymbol{v}, \boldsymbol{n} \rangle \, \mathrm{d}S = \int_C \langle f\boldsymbol{v}, \boldsymbol{t} \rangle \, \mathrm{d}C - \iint_S \langle \mathrm{grad}\, f \times \boldsymbol{v}, \boldsymbol{n} \rangle \, \mathrm{d}S.$$

ここで $\boldsymbol{n}$ は S の単位法ベクトル，$\boldsymbol{t}$ は C の単位接ベクトルである.

第10章

曲面の幾何

この最後の章では，ストークスの定理を用いて，曲面の幾何の美しい定理であるガウス–ボンネの定理とポアンカレ–ホップの指数定理を証明しよう．

10.1 閉曲面のオイラー標数とベクトル場の指数

まず曲面について，いくつかの言葉を準備する．ここで説明する連結，コンパクト，境界などの言葉は，本来は集合と位相で学ぶ数学の言葉であるが，ここでは厳密な定義はさけて，典型的な例で説明するにとどめる．

曲面 S が**連結** (正確には弧状連結であるが，この場合は同値である) であるとは，S 上の任意の 2 点をとってくれば，必ずその 2 点を結ぶ曲線を S 内に取ることができることとする (図 10.1 参照)．ここでは，連結なものしか考えないので，以下それを仮定する．

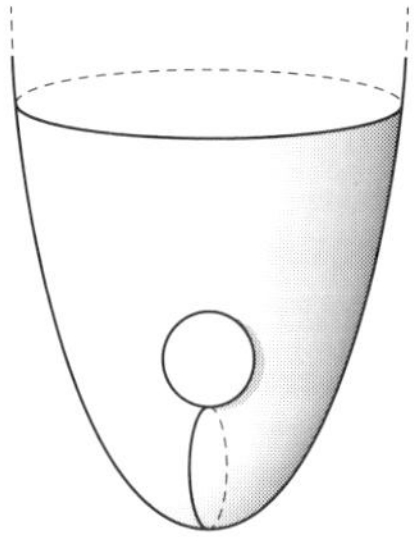

図 10.1　連結な曲面

曲面が**コンパクト**であるとは，大雑把に言えば無限に伸びていかない，閉じた曲面のことである．厳密な定義は集合と位相の本にゆずることにして，コンパクトな曲面の特別な場合である閉曲面とその種数について定義しておこう．

定義 10.1 $\mathbb{R}^3$ の曲面が**閉曲面**であるとは，コンパクトで境界がない曲面のこととする．

ここで，曲面の向き (定義 5.21) を思い出そう．すなわち曲面 S が向き付け可能であるとは，単位法ベクトル場 $\boldsymbol{n}$ が曲面 S 上で連続に取れるときを言うのであった．たとえば，球面 (穴がない) や，ドーナツの表面として得られる穴の数が一つの曲面である**トーラス** T^2 は，向き付け可能な閉曲面である．一方，向き付け不可能な閉曲面も存在する．これ以降は，向き付け不可能な閉曲面は考えずに，向き付け可能な曲面だけを考えよう．

図 10.2 閉曲面 (左) と閉曲面でない曲面 (右)

閉曲面は穴の数によって分類されている (つまり種数が同じ閉曲面は同じものとみなせる)．閉曲面の穴の数を**種数**と呼ぶ．種数を用いて，次の不変量 (閉曲面を特徴づける量のこと) を定めよう．

定義 10.2 閉曲面 S の種数を g とするとき，S の**オイラー標数**は次で定まる整数である．

$$\chi(S) = 2 - 2g.$$

たとえば，球面 S^2 の場合，種数は 0 であるので $\chi(S^2) = 2$ となる．一方，トーラス T^2 の場合，種数は 1 であるので $\chi(T^2) = 0$ となる．

注意 閉曲面のオイラー標数は，ただ単に穴の数のことを述べたにすぎないのだが，オイラー標数自体はもっと高い次元の曲面のようなもの (多様体と呼ばれる) にも定義される概念である．つまり高い次元に対しては，穴の数のような直感的なものは定義できないが，オイラー標数は定義できるということである．

一つ閉曲面を取って考える．この閉曲面上に三角形を描いて分割する**三角形分割**を説明し，これを用いて閉曲面のオイラー標数が求まることを見る．これも厳密に定義し，説明するには準備が必要であるから，次の例題と直感的な図を用いて説明するにとどめる．

例題 10.3 トーラス T^2 の三角形分割を図 10.3 のように 2 通り与える．各々の三角形分割に対し，辺，面，頂点の総数をそれぞれ e, f, v と $\tilde{e}, \tilde{f}, \tilde{v}$ とする．このとき，

$$\chi(T^2) = v - e + f = \tilde{v} - \tilde{e} + \tilde{f} = 0$$

が成り立つことを確かめよ．

解 それぞれ注意深く数えると，

$$v - e + f = 4 - 12 + 8 = 0,$$
$$\tilde{v} - \tilde{e} + \tilde{f} = 6 - 18 + 12 = 0$$

となり，それぞれトーラスのオイラー標数 $\chi(T^2) = 0$ に等しい．□

例題 10.3 から予想できるように，閉曲面上の三角形分割を考えて，辺，面，頂点の個数からオイラー標数が導ける．さらに，三角形分割の仕方によらずに求まるということもわかる．

ここでは述べないが，例題 10.3 からオイラー標数が三角形分割の仕方によらずに定まりそうなことはわかってもらえると思う．すなわち，閉曲面の三角形分割から定まる辺，面，頂点の数をそれぞれ，e, f, v とすれば

$$\chi(S) = v - e + f$$

が成り立つ．

簡単にわかることだが，オイラー標数は閉曲面の連続的な変形 (変形した曲面

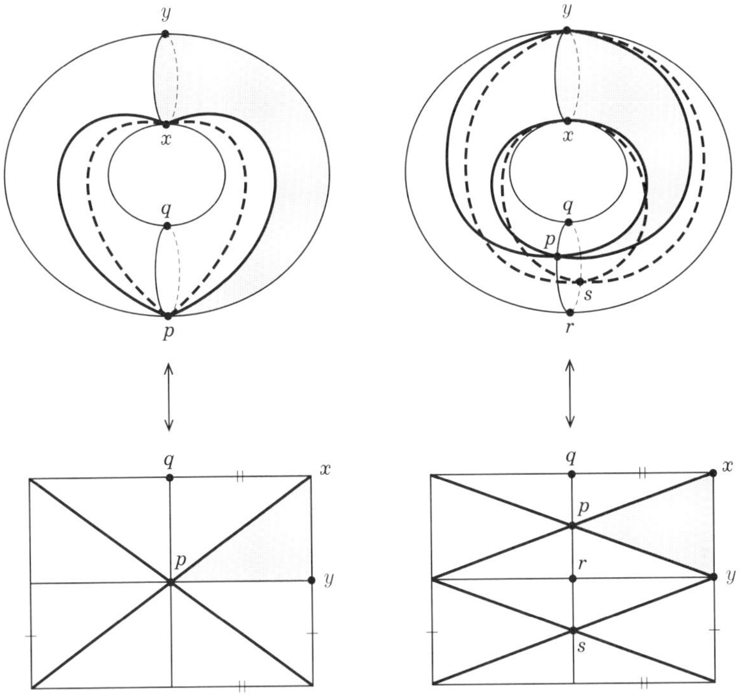

図 10.3　トーラスの三角形分割 1 (左) と三角形分割 2 (右) 下の図で対辺を同一視すると上のトーラスが得られる.

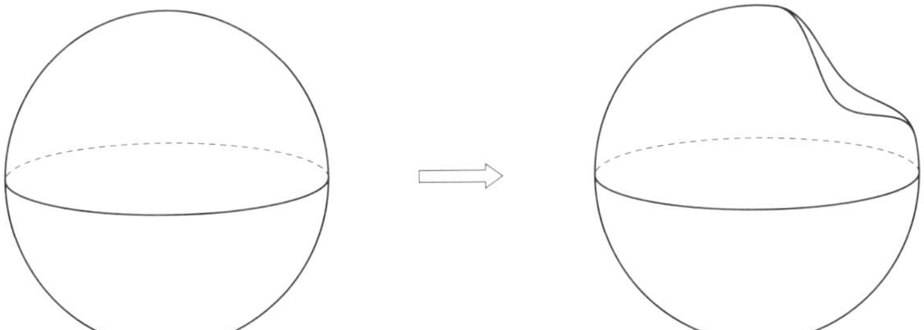

図 10.4　閉曲面の変形

は閉曲面として) に対しても変化しない．なぜなら，閉曲面を少し変形したところで種数に変化はないからである．このような連続的な変形に対して不変な量を数学の用語では**位相不変量**と呼ぶ．

さて，次に平面のベクトル場 $\boldsymbol{v}$ の指数について述べよう．まず平面のベクトル場 $\boldsymbol{v}$ の指数について定義しよう．

定義 10.4　平面のベクトル場 $\boldsymbol{v} = v_x \dfrac{\partial}{\partial x} + v_y \dfrac{\partial}{\partial y}$ の点 $\boldsymbol{p}_0 = (x_0, y_0)$ が**零点**であるとは，

$$v_x(x_0, y_0) = v_y(x_0, y_0) = 0$$

を満たすことである．すなわち，$\boldsymbol{v}(\boldsymbol{p}_0) = \boldsymbol{0}$ となる点 $\boldsymbol{p}_0$ のことである．

ベクトル場 $\boldsymbol{v}$ の係数である関数 v_x, v_y, v_z は，ただ単に滑らかな関数であるだけなので，ある領域 $U \subset D$，またはある曲線 $V \subset D$ 上で関数 v_x, v_y, v_z がすべて 0 となっている場合もある．しかし以下の考察では，そのような場合は考えないこととして，ベクトル場のある零点の十分近い周りでは他の零点がないような状況を考える．このような零点のことをベクトル場の零点は**孤立**していると呼ぶ．図 10.5 と図 10.6 はベクトル場の孤立零点の様子を表したものである．

定義 10.5　平面のベクトル場 $\boldsymbol{v}$ の点 $\boldsymbol{p}_0$ を孤立零点とし，$\boldsymbol{p}_0$ を除いた十分近い小さい領域で，単位ベクトル場 $\boldsymbol{e} = \dfrac{\boldsymbol{v}}{|\boldsymbol{v}|}$ と，$\boldsymbol{p}_0$ を中心とし，半径が十分小さい円 C を考える．このとき，ベクトル場 $\boldsymbol{e}$ の始点を原点に移動して，C の周りを反時計回りに 1 周回ったときの単位円上に値を取る終点が，原点の周りを回った回数のことを**指数**をいう．

注意　(1)　孤立零点の指数の定義を表しているものは図 10.5 と図 10.6 である．単位ベクトル場 $\boldsymbol{e}$ は C に沿って 1 周すればもとに戻る．したがって，単位円上の終点は最終的にもとに戻ってくるので回転の数は整数になり，指数も整数になることに注意する．

(2)　ここでは反時計周りに回った場合を正と数えて，時計回りは負と数えている．

次に曲面上の接ベクトル場 $\boldsymbol{v}$ を考えてみよう．接ベクトル場が $\boldsymbol{v} = \boldsymbol{0}$ となる点は，平面と同じように孤立していると仮定する．このとき接ベクトル場 $\boldsymbol{v}$ の指数は，零点になる点の近傍を十分小さくとって，平面上の近傍と対応をつける．

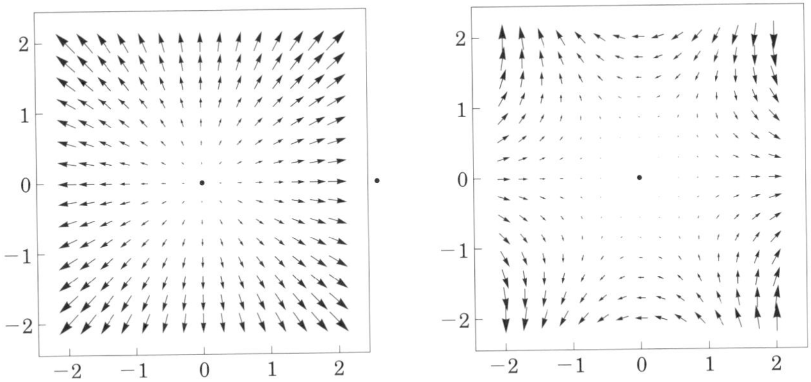

図 10.5　例題 10.6 の (1) と (2) のベクトル場 (それぞれ左と右).
指数はそれぞれ 1 と -2 である.

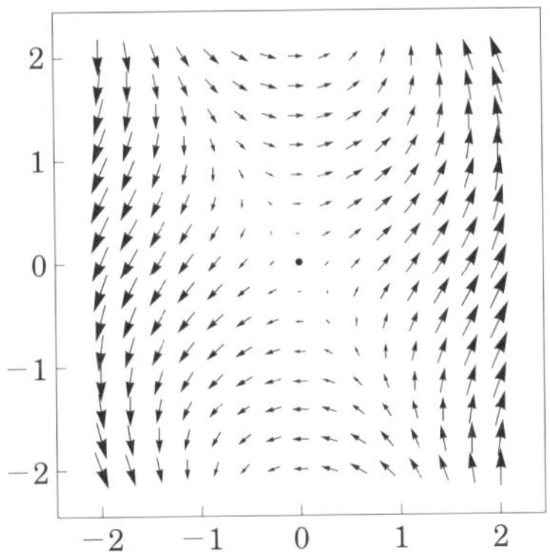

図 10.6　ベクトル場 $\boldsymbol{v} = \sin(x+y)\dfrac{\partial}{\partial x} + x\dfrac{\partial}{\partial y}$ の零点

このようにしておくと，曲面上の接ベクトル場は平面上のベクトル場と対応が付き，このとき，曲面上の接ベクトル場 $\boldsymbol{v}$ の孤立零点の**指数**とは，対応する平面上のベクトル場の孤立零点の指数であると定義する．

例題 10.6 次のベクトル場の領域 D 上での孤立零点の指数を求めよ．

(1) $D = \mathbb{R}^2$, $\boldsymbol{v}(x, y) = x\dfrac{\partial}{\partial x} + y\dfrac{\partial}{\partial y}$.

(2) $D = \mathbb{R}^2$, $\boldsymbol{v}(x, y) = (x^2 - y^2)\dfrac{\partial}{\partial x} - 2xy\dfrac{\partial}{\partial y}$.

解 (1) について：ベクトル場の零点は，$x = y = 0$, すなわち原点である．原点での指数を考えるため，ベクトル場 $\boldsymbol{e} = \dfrac{\boldsymbol{v}}{|\boldsymbol{v}|}$ の原点のごく近くでの振る舞いをみればよい．原点の周りを 1 周するときに，$\boldsymbol{e}$ も単位円を反時計回りに 1 周している．したがって，指数は 1 となる．

(2) について：ベクトル場の零点は，$x^2 - y^2 = -2xy = 0$, すなわち原点である．(1) と同様に指数を考えてみれば，指数は -2 となることがわかる． □

10.2 ガウス–ボンネの定理とポアンカレ–ホップの指数定理

この節では，前節の準備のもとガウス–ボンネの定理とポアンカレ–ホップの指数定理の紹介をしよう．

定理 10.7（ガウス–ボンネの定理） S を $\mathbb{R}^3$ の閉曲面とし，K を S のガウス曲率とする．このとき次が成立する．

$$\iint_S K\, \mathrm{d}s = 2\pi\chi(S).$$

定理 10.8（ポアンカレ–ホップの指数定理） S を $\mathbb{R}^3$ の閉曲面とし，S 上の接ベクトル場を $\boldsymbol{v}$ とする．さらに $\boldsymbol{v}$ の零点は孤立していると仮定し，それを $\{\boldsymbol{p}_1, \ldots, \boldsymbol{p}_n\}$ とする．このとき，次が成立する．

$$\sum_{i=1}^{n} \mathrm{index}(\boldsymbol{v}, \boldsymbol{p}_i) = \chi(S).$$

ここで $\mathrm{index}(\boldsymbol{v}, \boldsymbol{p}_i)$ はベクトル場 $\boldsymbol{v}$ の孤立零点 $\boldsymbol{p}_i$ での指数を表す．

さて，ここでガウス–ボンネの定理とポアンカレ–ホップの指数定理が持つ意味について考えてみよう．両方の定理で，右辺にはオイラー標数 $\chi(S)$ が出ていることに注目しよう．オイラー標数は，閉曲面の種数から定まるものであった．これは，少しくらい閉曲面を変形させてみても変わらないものであることは，前節で確認した．しかし左辺の被積分関数は，まったく違う．ガウス–ボンネの定理では，K は閉曲面のガウス曲率であり，これは閉曲面が変形されるとまったく違う値に変化する．またポアンカレ–ホップの指数定理でも，閉曲面上のベクトル場 $\boldsymbol{v}$ はたくさんあって，指数もいろいろ取りうる．曲がり方を表すガウス曲率やベクトル場の様子を表す指数も，閉曲面全体で考えれば位相不変量になるということである．

10.3 定理の証明 ★

定理 10.7, 10.8 の証明には，曲面上の微分形式の計算とストークスの定理が必要である．ストークスの定理は 9.4 節で示したが，曲面上の微分形式の計算は少し説明が必要である．詳しくは，たとえば [9, 3 章] を参照してほしい．ここでは，定理の証明に必要な箇所だけを述べるだけにとどめておくことにする．まず閉曲面 S の一部を

$$\boldsymbol{p} : D \subset \mathbb{R}^2 \to \mathbb{R}^3, \quad \boldsymbol{p}(u,v) = \begin{pmatrix} x(u,v) \\ y(u,v) \\ z(u,v) \end{pmatrix}$$

とパラメータ表示しておく．すなわち $\boldsymbol{p}(D) \subset S$ を考える．もし閉曲面全体を考えたい場合は，このような写像 $\boldsymbol{p}$ をいくつか考える必要があるが，ここでは，そのことは述べない．さて $\boldsymbol{p}$ に対して外微分

$$\mathrm{d}\boldsymbol{p} = \begin{pmatrix} \mathrm{d}p_x \\ \mathrm{d}p_y \\ \mathrm{d}p_z \end{pmatrix} = \begin{pmatrix} \dfrac{\partial x}{\partial u}\mathrm{d}u + \dfrac{\partial x}{\partial v}\mathrm{d}v \\ \dfrac{\partial y}{\partial u}\mathrm{d}u + \dfrac{\partial y}{\partial v}\mathrm{d}v \\ \dfrac{\partial z}{\partial u}\mathrm{d}u + \dfrac{\partial z}{\partial v}\mathrm{d}v \end{pmatrix} = \boldsymbol{p}_u \mathrm{d}u + \boldsymbol{p}_v \mathrm{d}v$$

を考える．ここで 2 番目の等式は関数 x, y, z の外微分を定義通りに実行したものであり，3 番目の等式は $\mathrm{d}u$ と $\mathrm{d}v$ の部分にそれぞれまとめただけである．さて

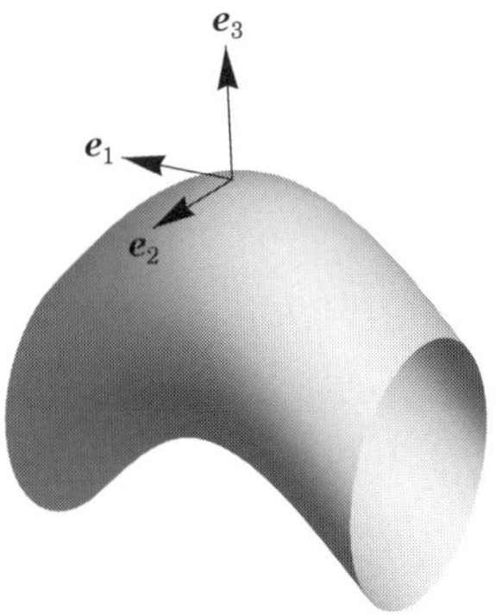

図 10.7　曲面上の正規直交基底 $\{e_1, e_2, e_3\}$

ここで，$\dfrac{\partial \boldsymbol{p}}{\partial u}, \dfrac{\partial \boldsymbol{p}}{\partial v}$ で張られる接平面を考えてみよう．このとき，この接平面の基底 $\{\boldsymbol{e}_1, \boldsymbol{e}_2\}$ を次のように取ってみよう (図 10.7).

$$\langle \boldsymbol{e}_1, \boldsymbol{e}_1 \rangle = \langle \boldsymbol{e}_2, \boldsymbol{e}_2 \rangle = 1, \quad \langle \boldsymbol{e}_1, \boldsymbol{e}_2 \rangle = 0.$$

このような基底は**正規直交基底**と呼ばれる (演習問題の問 10.1 で具体的に与えた). $\boldsymbol{e}_1, \boldsymbol{e}_2$ が張る平面と $\dfrac{\partial \boldsymbol{p}}{\partial u}, \dfrac{\partial \boldsymbol{p}}{\partial v}$ が張る平面は同じであるから，単位法ベクトル $\boldsymbol{n}$ は

$$\boldsymbol{e}_3 = \boldsymbol{e}_1 \times \boldsymbol{e}_2 = \pm \boldsymbol{n}$$

となる．必要ならば $\boldsymbol{e}_1$ と $\boldsymbol{e}_2$ を入れ替えて $\boldsymbol{e}_3 = \boldsymbol{n}$ とできる．このとき，

$$\langle \boldsymbol{e}_i, \boldsymbol{e}_j \rangle = \delta_{ij} = \begin{cases} 1 & (i = j) \\ 0 & (i \neq j) \end{cases} \qquad (\{i, j\} = \{1, 2, 3\})$$

を満たしている．ここで δ_{ij} はクロネッカーのデルタである．すなわち $\{\boldsymbol{e}_1, \boldsymbol{e}_2, \boldsymbol{e}_3\}$ は右手系の**正規直交基底**である．$\boldsymbol{e}_1$, $\boldsymbol{e}_2$ は接平面の基底なので，接ベクトル $\dfrac{\partial \boldsymbol{p}}{\partial u}, \dfrac{\partial \boldsymbol{p}}{\partial v}$ はある行列 $C = (c_{ij})_{1 \leqq i, j \leqq 2}$ を用いて

$$\begin{pmatrix} \dfrac{\partial \boldsymbol{p}}{\partial u} & \dfrac{\partial \boldsymbol{p}}{\partial v} \end{pmatrix} = \begin{pmatrix} \boldsymbol{e}_1 & \boldsymbol{e}_2 \end{pmatrix} \begin{pmatrix} c_{11} & c_{21} \\ c_{12} & c_{22} \end{pmatrix} \tag{10.1}$$

と書ける．したがって，

$$\mathrm{d}\boldsymbol{p} = (c_{11}\boldsymbol{e}_1 + c_{12}\boldsymbol{e}_2)\mathrm{d}u + (c_{21}\boldsymbol{e}_1 + c_{22}\boldsymbol{e}_2)\mathrm{d}v = \theta^1 \boldsymbol{e}_1 + \theta^2 \boldsymbol{e}_2 \tag{10.2}$$

と書ける．ここで，θ^1, θ^2 は次の 1 次微分形式である (上付きの添字である 2 は 2 乗ではないことに注意する)．すなわち，

$$\begin{pmatrix}\theta^1 & \theta^2\end{pmatrix} = \begin{pmatrix}\mathrm{d}u & \mathrm{d}v\end{pmatrix}\begin{pmatrix}c_{11} & c_{12} \\ c_{21} & c_{22}\end{pmatrix} \tag{10.3}$$

である．次に，正規直交基底 $\{\boldsymbol{e}_1, \boldsymbol{e}_2, \boldsymbol{e}_3\}$ を外微分してみる．すると，1 次微分形式 ${\omega_i}^j$ を用いて

$$\begin{aligned} \mathrm{d}\boldsymbol{e}_1 &= {\omega_1}^1\boldsymbol{e}_1 + {\omega_1}^2\boldsymbol{e}_2 + {\omega_1}^3\boldsymbol{e}_3, \\ \mathrm{d}\boldsymbol{e}_2 &= {\omega_2}^1\boldsymbol{e}_1 + {\omega_2}^2\boldsymbol{e}_2 + {\omega_2}^3\boldsymbol{e}_3, \\ \mathrm{d}\boldsymbol{e}_3 &= {\omega_3}^1\boldsymbol{e}_1 + {\omega_3}^2\boldsymbol{e}_2 + {\omega_3}^3\boldsymbol{e}_3 \end{aligned} \tag{10.4}$$

となる．$\{\boldsymbol{e}_1, \boldsymbol{e}_2, \boldsymbol{e}_3\}$ は正規直交基底で $\langle \boldsymbol{e}_i,\, \boldsymbol{e}_j\rangle = \delta_{ij}$ を外微分すると

$$\langle \mathrm{d}\boldsymbol{e}_i,\, \boldsymbol{e}_j\rangle = -\langle \boldsymbol{e}_i,\, \mathrm{d}\boldsymbol{e}_j\rangle$$

ということがわかるので

$${\omega_i}^j = -{\omega_j}^i$$

となる．特に ${\omega_1}^1 = {\omega_2}^2 = {\omega_3}^3 = 0$ となることに注意しよう．このとき，次の補題を証明しよう．

補題 10.9 θ^1, θ^2 を式 (10.3) で定義される 1 次微分形式とし，${\omega_1}^2$ を式 (10.4) で定義される 1 次微分形式とする．さらに，K を曲面 S のガウス曲率としたとき，

$$\mathrm{d}{\omega_2}^1 = K\theta^1 \wedge \theta^2 \tag{10.5}$$

が成立する．

証明 まず $\boldsymbol{p}$ に対して外微分を 2 回考えてみると，定理 8.3 から $\mathrm{d}^2\boldsymbol{p} = \boldsymbol{0}$ となる．一方，式 (10.2) と式 (10.4) を用いて $\mathrm{d}^2\boldsymbol{p}$ を計算すると，

$$\begin{aligned} \mathrm{d}^2\boldsymbol{p} &= \mathrm{d}(\theta^1\boldsymbol{e}_1 + \theta^2\boldsymbol{e}_2) \\ &= \mathrm{d}\theta^1\boldsymbol{e}_1 - \theta^1 \wedge \sum_{j=1}^{3} {\omega_1}^j\boldsymbol{e}_j + \mathrm{d}\theta^2\boldsymbol{e}_2 - \theta^2 \wedge \sum_{j=1}^{3} {\omega_2}^j\boldsymbol{e}_j \\ &= \left(\mathrm{d}\theta^1 - \sum_{j=1}^{2} \theta^j \wedge {\omega_j}^1\right)\boldsymbol{e}_1 + \left(\mathrm{d}\theta^2 - \sum_{j=1}^{2} \theta^j \wedge {\omega_j}^2\right)\boldsymbol{e}_2 - \sum_{j=1}^{2} \theta^j \wedge {\omega_j}^3\boldsymbol{e}_3 \end{aligned}$$

となる．$\{\boldsymbol{e}_1, \boldsymbol{e}_2, \boldsymbol{e}_3\}$ は基底であり，1 次独立なので，

$$\mathrm{d}\theta^1 = \sum_{j=1}^{2} \theta^j \wedge {\omega_j}^1, \quad \mathrm{d}\theta^2 = \sum_{j=1}^{2} \theta^j \wedge {\omega_j}^2, \tag{10.6}$$

$$0 = \sum_{j=1}^{2} \theta^j \wedge {\omega_j}^3 \tag{10.7}$$

となることがわかる．式 (10.6) は **第 1 構造方程式**と呼ばれる．いま，${\omega_j}^3$ は 1 次微分形式であるので，1 次微分形式 θ^1, θ^2 とある関数 b_{ij} $(1 \leqq i, j \leqq 2)$ を用いて

$${\omega_j}^3 = b_{j1}\theta^1 + b_{j2}\theta^2 \tag{10.8}$$

と書ける．式 (10.8) を式 (10.7) に代入してみると

$$\sum_{j,k=1}^{2} b_{jk}\theta^j \wedge \theta^k = 0$$

となる．$\theta^1 \wedge \theta^1 = \theta^2 \wedge \theta^2 = 0$ および $\theta^1 \wedge \theta^2 = -\theta^2 \wedge \theta^1$ を用いると，この式は

$$(b_{12} - b_{21})\theta^1 \wedge \theta^2 = 0$$

となる． $\theta^1 \wedge \theta^2 \neq 0$ に注意すると，

$$b_{12} = b_{21} \tag{10.9}$$

ということがわかる．さて，$\boldsymbol{e}_i$ $(i = 1, 2, 3)$ に対して外微分 d を 2 回行うと，定理 8.3 から $\mathrm{d}^2\boldsymbol{e}_i = \boldsymbol{0}$ となる．式 (10.4) を用いて計算すると，

$$\begin{aligned}
\mathrm{d}^2\boldsymbol{e}_i &= \mathrm{d}\left(\sum_{j=1}^{3} {\omega_i}^j \boldsymbol{e}_j\right) \\
&= \sum_{j=1}^{3} \mathrm{d}{\omega_i}^j \boldsymbol{e}_j - \sum_{j=1}^{3} {\omega_i}^j \wedge \mathrm{d}\boldsymbol{e}_j \\
&= \sum_{k=1}^{3} \left(\mathrm{d}{\omega_i}^k - \sum_{j=1}^{3} {\omega_i}^j \wedge {\omega_j}^k\right) \boldsymbol{e}_k \\
&= \boldsymbol{0}
\end{aligned}$$

となる．$\{\boldsymbol{e}_1, \boldsymbol{e}_2, \boldsymbol{e}_3\}$ は基底で 1 次独立なので，$\mathrm{d}{\omega_i}^k - \sum_{j=1}^{3} {\omega_i}^j \wedge {\omega_j}^k = 0$ が成立する．式 (10.8) を用いて計算すれば，$i = 1, 2$ のとき $\boldsymbol{e}_k$ $(k = 1, 2)$ の係数を見ると

$$\begin{aligned} d\omega_i{}^k &= \sum_{j=1}^{2} \omega_i{}^j \wedge \omega_j{}^k + \omega_i{}^3 \wedge \omega_3{}^k \\ &= \sum_{j=1}^{2} \omega_i{}^j \wedge \omega_j{}^k + \sum_{m,j=1}^{2} b_{km} b_{ij} \theta^m \wedge \theta^j \end{aligned}$$

となる．ここで，$(\omega_i{}^k)$ が交代行列になることを思い出すと，実は $i = 2, k = 1$ のときだけ計算すればよいことがわかる．このとき $\sum\limits_{j=1}^{2} \omega_2{}^j \wedge \omega_j{}^1 = 0$ に注意すると

$$d\omega_2{}^1 = \sum_{m,j=1}^{2} b_{1m} b_{2j} \theta^m \wedge \theta^j = K\theta^1 \wedge \theta^2, \quad K = b_{11}b_{22} - b_{12}b_{21} \tag{10.10}$$

と書くことができる．式 (10.10) を **第 2 構造方程式**と言う．さてここで K が曲面のガウス曲率に他ならないことを示そう．$d\boldsymbol{p} = \theta^1 \boldsymbol{e}_1 + \theta^2 \boldsymbol{e}_2$, $\boldsymbol{n} = \boldsymbol{e}_3$ さらに $d\boldsymbol{e}_3 = \omega_3{}^1 \boldsymbol{e}_1 + \omega_3{}^2 \boldsymbol{e}_2$ であるので，第 1 基本形式 I と第 2 基本形式 II はそれぞれ

$$\begin{aligned} \mathrm{I} &= \langle d\boldsymbol{p}, d\boldsymbol{p} \rangle = \left\langle \theta^1 \boldsymbol{e}_1 + \theta^2 \boldsymbol{e}_2, \theta^1 \boldsymbol{e}_1 + \theta^2 \boldsymbol{e}_2 \right\rangle \\ &= (\theta^1)^2 + (\theta^2)^2 \\ &= \begin{pmatrix} \theta^1 & \theta^2 \end{pmatrix} \begin{pmatrix} \theta^1 \\ \theta^2 \end{pmatrix}, \end{aligned}$$

および

$$\begin{aligned} \mathrm{II} &= -\langle d\boldsymbol{p}, d\boldsymbol{e}_3 \rangle = -\left\langle \theta^1 \boldsymbol{e}_1 + \theta^2 \boldsymbol{e}_2, \omega_3{}^1 \boldsymbol{e}_1 + \omega_3{}^2 \boldsymbol{e}_2 \right\rangle \\ &= -\theta^1 \omega_3{}^1 - \theta^2 \omega_3{}^2 \\ &= b_{11}(\theta^1)^2 + 2b_{12}\theta^1\theta^2 + b_{22}(\theta^2)^2 \\ &= \begin{pmatrix} \theta^1 & \theta^2 \end{pmatrix} \begin{pmatrix} b_{11} & b_{12} \\ b_{21} & b_{22} \end{pmatrix} \begin{pmatrix} \theta^1 \\ \theta^2 \end{pmatrix} \end{aligned}$$

と書ける．ここでは 3 番目の等式で $\omega_3{}^j = -b_{j1}\theta^1 - b_{j2}\theta^2$ と $b_{12} = b_{21}$ であることを用いた．一方，θ^1 と θ^2 は式 (10.3) と書ける．すなわち，

$$\begin{pmatrix} \theta^1 & \theta^2 \end{pmatrix} = \begin{pmatrix} du & dv \end{pmatrix} C$$

である．したがって，第 1 基本形式と第 2 基本形式は

$$\mathrm{I} = \begin{pmatrix} du & dv \end{pmatrix} C\, {}^t C \begin{pmatrix} du \\ dv \end{pmatrix}, \quad \mathrm{II} = \begin{pmatrix} du & dv \end{pmatrix} CB\, {}^t C \begin{pmatrix} du \\ dv \end{pmatrix} \tag{10.11}$$

となる．ここで $B=(b_{ij})$ とした．ガウス曲率は第 1 基本行列 $\widetilde{\mathrm{I}}$ と第 2 基本行列 $\widetilde{\mathrm{II}}$ を用いて

$$K=\det\left(\widetilde{\mathrm{I}}^{-1}\widetilde{\mathrm{II}}\right)$$

と定義されるものであり，式 (10.11) から

$$K=\det\left((C\,{}^tC)^{-1}CB\,{}^tC\right)=\det B=b_{11}b_{22}-b_{12}^2$$

となるので，確かに曲面のガウス曲率と一致する． ■

注意 関係式 (10.3) を用いれば，$\theta_1\wedge\theta_2=\det C\mathrm{d}u\wedge\mathrm{d}v$ がわかる．一方，関係式 (10.11) から $\det\tilde{\mathrm{I}}=\det({}^tCC)=(\det C)^2$ がわかる．さらに，$\boldsymbol{e}_1$, $\boldsymbol{e}_2$ と $\left\{\dfrac{\partial\boldsymbol{p}}{\partial u},\dfrac{\partial\boldsymbol{p}}{\partial v}\right\}$ は同じ右手系であることと関係式 (10.1) から，$\det C=\sqrt{\det\tilde{\mathrm{I}}}$ がわかる．したがって，

$$\theta_1\wedge\theta_2=\sqrt{\det\tilde{\mathrm{I}}}\,\mathrm{d}u\wedge\mathrm{d}v=\mathrm{d}S \tag{10.12}$$

となる．

さて，第 1 構造方程式 (10.6) をもう一度よく考えてみると，${\omega_1}^2$ が θ_1,θ_2 のみで定まっていることがわかる．すると式 (10.5) から，ガウス曲率 K は θ_1,θ_2 のみで決まる．第 1 基本形式が $\mathrm{I}=(\theta^1)^2+(\theta^2)^2$ であることを考えれば，次が成り立つ．

定理 10.10（ガウス驚異の定理） ガウス曲率 K は第 1 基本形式 I にしかよらない．

証明を完成させるには，ガウス曲率 K が θ^1,θ^2 の取り方によらないということを示す必要がある．詳しいことは [9, 3 章] を参照していただければと思う．

さて，定理 10.7 と定理 10.8 の証明は次の 2 段階にわけられる．

ステップ 1：曲面の構造方程式とストークスの定理を用いて等式

$$\iint_S K\,\mathrm{d}s=2\pi\sum_{i=1}^{n}\mathrm{index}\,(\boldsymbol{v},\boldsymbol{p}_i)$$

を示す．この等式の証明は最後にすることにして，等式からわかることを考えよう．まず，ベクトル場 $\boldsymbol{v}$ を固定して，第 1 基本形式 I を動かすことを考えてみる．すると右辺は不変であるので，左辺は第 1 基本形式 I によらないということがわ

かる．逆に I を固定して，$\boldsymbol{v}$ を動かすことを考えてみる．すると，さっきとは逆で左辺は不変であるので，右辺はベクトル場 $\boldsymbol{v}$ によらないこともわかる．

ステップ 2：次に指数の和 $\sum_{i=1}^{n} \mathrm{index}\,(\boldsymbol{v}, \boldsymbol{p}_i)$ がオイラー標数 $\chi(S)$ になっていることを示す．まず，**ステップ 1** から指数の和 $\sum_{i=1}^{n} \mathrm{index}\,(\boldsymbol{v}, \boldsymbol{p}_i)$ がベクトル場 $\boldsymbol{v}$ の取り方に依存しないので，特別なベクトル場に対して，指数の和がオイラー標数に等しいことを示せば良いことがわかる．

そのために閉曲面の三角形分割を一つ取り，この三角形分割に対して次のようなベクトル場 $\boldsymbol{v}$ を考える．まず三角形の中心に指数 1 となる零点を与える．そして三角形の 3 辺の中心にそれぞれ指数 -1 となる零点を与える．最後に三角形の 3 頂点にそれぞれ指数 1 となる零点を与える．これらの零点を結ぶ滑らかなベクトル場が三角形内部に構成できることは図 10.8 を見ればわかる．

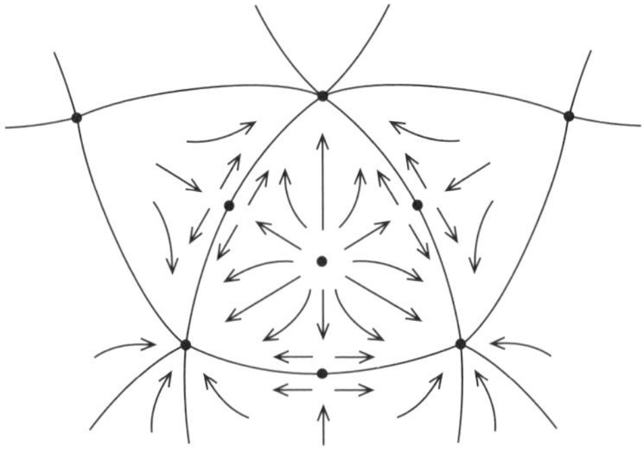

図 10.8　特別なベクトル場

一つの三角形において指数の和は

$$3 - 3 + 1 = 1$$

となる．実はこれは三角形のオイラー標数に等しい．すなわち $v - e + f = 3 - 3 + 1 = 1$ である．すべての三角形に対して同様のベクトル場を構成して，それをつなぎ合わせると閉曲面 S 上の滑らかなベクトル場が構成できることは明らかであろう (図 10.8 の頂点と辺の周りをよく見よ)．この構成から明らかにすべての指数の和とオイラー標数が一致，すなわち

$$\sum_{i=1}^{n} \text{index}\,(\boldsymbol{v}, \boldsymbol{p}_i) = \chi(S)$$

となる．ステップ 1 の議論と合わせて

$$\iint_S K\,\mathrm{d}s = 2\pi \sum_{i=1}^{n} \text{index}\,(\boldsymbol{v}, \boldsymbol{p}_i) = 2\pi\chi(S)$$

が結論される．すなわち，ガウス–ボンネの定理とポアンカレ–ホップの指数定理が示されたことになる．

最後にステップ 1 の等式を証明しよう．まず $\boldsymbol{p}_i$ $(i = 1, \ldots, n)$ を曲面 S の孤立零点とし，U_i $(i = 1, \ldots, n)$ を $\boldsymbol{p}_i$ の周りの十分小さな近傍で $U_i \cap U_j = \phi$ $(i \neq j)$ となるものとする．曲面 S から U_i を除いた曲面を $\tilde{S}$ としよう．すなわち

$$\widetilde{S} = S \setminus \bigcup_{i=1}^{n} U_i$$

とする．γ_i を U_i の境界の曲線として，γ_i の向きは曲面 U_i の境界として正に向きづけられている (定義 5.22 と図 10.9 参照) とする (ここで単位法ベクトルは曲面の内側から外側へ向かうとしている)．

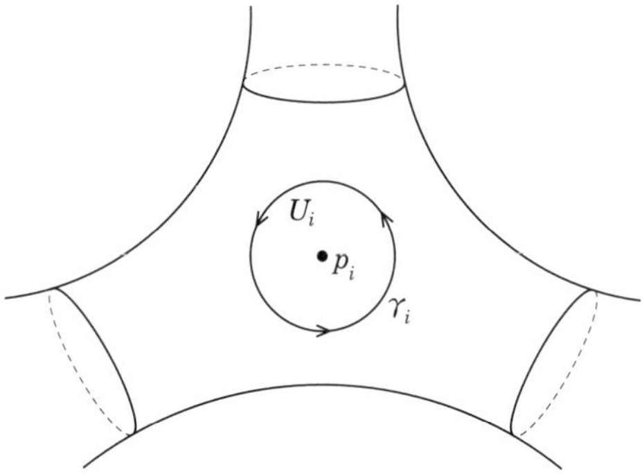

図 10.9　曲面 S の孤立零点 $\boldsymbol{p}_i$ の近傍

曲面 $\widetilde{S}$ 上で微分形式の議論を用いると，

$$\mathrm{d}\omega_2{}^1 = K\,\mathrm{d}\widetilde{S}$$

が導かれる．補題 10.9 と式 (10.12) を用いると

$$\iint_{\widetilde{S}} K\,\mathrm{d}\widetilde{S} = \int_{\widetilde{S}} \mathrm{d}\,\omega_2{}^1 = \int_{\partial\widetilde{S}} \omega_2{}^1$$

が成立する．$\widetilde{S}$ の境界は，γ_i $(i=1,\ldots,n)$ の和集合である．このとき γ_i は $\widetilde{S}$ の境界としては負の向きに向きづけられていることに注意すれば，

$$\iint_{\widetilde{S}} K\,\mathrm{d}\widetilde{S} = -\sum_{i=1}^{n}\int_{\gamma_i}{\omega_2}^1 \tag{10.13}$$

となる．一方，U_i 上で零とならない正規直交基底 $\{\bar{\boldsymbol{e}}_1^{(i)},\bar{\boldsymbol{e}}_2^{(i)}\}$ を考えて，この正規直交基底から導かれる 1 次微分形式を $\bar{\omega}_{2,(i)}^{\ 1}$ とする．U_i 上で補題 10.9 と式 (10.12) を用いると，各 i に対して

$$\iint_{U_i} K\,\mathrm{d}u_i = \int_{U_i}\mathrm{d}\,\bar{\omega}_{2,(i)}^{\ 1} = \int_{\gamma_i}\bar{\omega}_{2,(i)}^{\ 1} \tag{10.14}$$

となる．式 (10.13) と式 (10.14) を合わせると，

$$\iint_S K\,\mathrm{d}s = \iint_{\tilde{S}} K\,\mathrm{d}s + \iint_{U_i} K\,\mathrm{d}s = \sum_{i=1}^{n}\int_{\gamma_i}(\bar{\omega}_{2,(i)}^{\ 1} - {\omega_2}^1)$$

となることがわかる．各 γ_i 上で $\{\boldsymbol{e}_1,\boldsymbol{e}_2\}$ および $\{\bar{\boldsymbol{e}}_1^{(i)},\bar{\boldsymbol{e}}_2^{(i)}\}$ はどちらも正規直交基底であるので，ある回転行列 $R(t)$ を用いて，

$$\begin{pmatrix}\bar{\boldsymbol{e}}_1^{(i)} & \bar{\boldsymbol{e}}_2^{(i)}\end{pmatrix} = \begin{pmatrix}\boldsymbol{e}_1 & \boldsymbol{e}_2\end{pmatrix}R(t), \quad R(t) = \begin{pmatrix}\cos t & -\sin t\\ \sin t & \cos t\end{pmatrix}$$

と書ける．したがって，この関係式を式 (10.2) に代入して計算すると，

$$\begin{pmatrix}\theta^{1,(i)} & \theta^{2,(i)}\end{pmatrix} = \begin{pmatrix}\theta^1 & \theta^2\end{pmatrix}R(t) \tag{10.15}$$

となる．ここで，$\theta^{1,(i)}$ の外微分を式 (10.15) を用いて計算すると，

$$\begin{aligned}\mathrm{d}\theta^{1,(i)} &= \mathrm{d}\left\{\cos t\ \theta^1 + \sin t\ \theta^2\right\}\\ &= -\sin t\,\mathrm{d}t\wedge\theta^1 + \cos t\,\mathrm{d}\theta^1 + \cos t\,\mathrm{d}t\wedge\theta^2 + \sin t\,\mathrm{d}\theta^2\end{aligned}$$

となる．ここで第 1 構造方程式 (10.6) を用いてさらに計算すると，

$$\begin{aligned}&(-\mathrm{d}t + {\omega_2}^1)\wedge(\sin t\,\theta^1) - (-\mathrm{d}t + {\omega_2}^1)\wedge(\cos t\,\theta^2)\\ &= \theta^{2,(i)}\wedge(-\mathrm{d}t + {\omega_2}^1)\end{aligned}$$

となる．すなわち，${\omega_2}^{1,(i)} = \omega_2^1 - \mathrm{d}t$ が結論される．したがって

$$\int_{\gamma_i}(\bar{\omega}_2^{\ 1,(i)} - {\omega_2}^1) = -\int_{\gamma_i}\mathrm{d}t$$

である．右辺は回転数の -2π 倍となり，これは指数 index $(\bar{\boldsymbol{e}}_1^{(i)}, \boldsymbol{p}_i)$ と index $(\boldsymbol{e}_1, \boldsymbol{p}_i)$ の差として書ける．しかしながら，$\bar{\boldsymbol{e}}_1^{(i)}$ は U_i 上で零とならないので，index $(\bar{\boldsymbol{e}}_1^{(i)}, \boldsymbol{p}_i) = 0$ となる．したがって，

$$-\int_{\gamma_i} \mathrm{d}t = 2\pi\,\mathrm{index}\,(\boldsymbol{e}_1, \boldsymbol{p}_i)$$

となる．すべてを足し合わせると

$$\iint_S K\,\mathrm{d}S = \sum_{i=1}^{n} 2\pi\,\mathrm{index}\,(\boldsymbol{v}, \boldsymbol{p}_i)$$

が結論できる．

演習問題

問 10.1 曲面 $\boldsymbol{p} = \boldsymbol{p}(u, v)$ の第 1 基本形式を $\mathrm{I} = E\mathrm{d}u^2 + 2F\mathrm{d}u\mathrm{d}v + G\mathrm{d}v^2$ とする．このとき，曲面上の接ベクトル $\boldsymbol{e}_1$, $\boldsymbol{e}_2$ を

$$\boldsymbol{e}_1 = \frac{1}{\sqrt{E}}\frac{\partial \boldsymbol{p}}{\partial u}, \quad \boldsymbol{e}_2 = \frac{-1}{\sqrt{EG - F^2}}\left(\frac{F}{\sqrt{E}}\frac{\partial \boldsymbol{p}}{\partial u} - \sqrt{E}\frac{\partial \boldsymbol{p}}{\partial v}\right)$$

で定めるとき，$\{\boldsymbol{e}_1, \boldsymbol{e}_2\}$ が正規直交基底であることを確かめよ．

問 10.2 $\boldsymbol{e}_1$, $\boldsymbol{e}_2$ を問 10.1 のベクトル場とする．このとき，

$$\mathrm{d}\boldsymbol{p} = \theta^1 \boldsymbol{e}_1 + \theta^2 \boldsymbol{e}_2$$

で定まる 1 次微分形式 θ^1, θ^2 が次のように与えられることを確かめよ．

$$\theta^1 = \sqrt{E}\left(\mathrm{d}u + \frac{F}{E}\mathrm{d}v\right), \quad \theta^2 = \sqrt{\frac{EG - F^2}{E}}\mathrm{d}v.$$

このとき，$\{\theta^1, \theta^2\}$ は，正規直交基底 $\{\boldsymbol{e}_1, \boldsymbol{e}_2\}$ の双対基底である．

問 10.3 半径 1 の球面と，演習問題の問 3.2 で与えた輪環面に対してガウス–ボンネの定理が正しいことを確かめよ．

問 10.4 （Hairy ball 定理）球面上の接ベクトル場は，必ず零点をもつことを示せ．

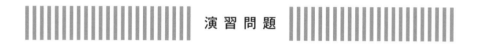

付録

この付録では，読者の便宜を図るためため，本書で用いた基礎的な定理を証明抜きで紹介しておこう．定理の説明や証明およびより一般的な定理等については，[1], [2] などの本を参照してもらいたい．

定理 A.1（**最大値・最小値の定理，[1] の定理 4.2**） 閉区間 I 上の連続関数 f は，I 上で必ず最大値と最小値を持つ．

定理 A.2（**合成関数の微分および合成関数の偏微分，[1] の公式 6.2 および公式 21.1**） 関数 $f = f(t)$ および $t = t(s)$ が微分可能とするとき，合成関数 $f(t(s))$ の微分は

$$\frac{\mathrm{d}f}{\mathrm{d}s} = \frac{\mathrm{d}f}{\mathrm{d}t}\frac{\mathrm{d}t}{\mathrm{d}s}$$

で与えられる．

また，2 変数関数 $f = f(u, v)$, $u = u(s, t)$ および $v = v(s, t)$ が微分可能かつその関数が連続とするとき，合成関数 $f(u(s, t), v(s, t))$ の偏微分は

$$\frac{\partial f}{\partial s} = \frac{\partial f}{\partial u}\frac{\partial u}{\partial s} + \frac{\partial f}{\partial v}\frac{\partial v}{\partial s}, \quad \frac{\partial f}{\partial t} = \frac{\partial f}{\partial u}\frac{\partial u}{\partial t} + \frac{\partial f}{\partial v}\frac{\partial v}{\partial t}$$

で与えられる．

定理 A.3（逆関数の定理，[1] の定理 6.3） 閉区間 $[a,b]$ 上で連続で開区間 (a,b) 上で微分可能な関数 $f=f(x)$ が $\dfrac{\mathrm{d}f}{\mathrm{d}x}>0$ を満たすとする．このとき，閉区間 $[f(a),f(b)]$ 上で連続で開区間 $(f(a),f(b))$ 上で微分可能な関数 $g=g(y)$ が存在して

$$g(f(x))=x, \quad f(g(y))=y, \quad \frac{\mathrm{d}g}{\mathrm{d}y}=\frac{1}{\dfrac{\mathrm{d}f}{\mathrm{d}x}}$$

を満たす．

定理 A.4（陰関数定理，[1] の定理 24.1） $z=f(x,y)$ を微分可能かつ微分した関数も連続であるとし，ある点 (a,b) で

$$f(a,b)=0, \quad f_y(a,b)\neq 0$$

を満たすとする．このとき，a を含むある閉区間 I で定義された微分可能かつ微分した関数が連続であるような $y=\phi(x)$ が存在して次を満たす．

1. $b=\phi(a)$
2. $x\in I$ であれば，$f(x,\phi(x))=0$.
3. $x\in I$ のとき，

$$\frac{\mathrm{d}\phi}{\mathrm{d}x}(x)=-\frac{\dfrac{\partial f}{\partial x}(x,\phi(x))}{\dfrac{\partial f}{\partial y}(x,\phi(x))}$$

   である．

このような関数 $y=\phi(x)$ のことを f の**陰関数**と呼ぶ．

定理 A.5（2 変数のテイラーの定理，[1] の定理 24.1） 2 変数関数 $f=f(x,y)$ は点 (a,b) を含む円板で 2 階微分可能かつ連続とする．$(a+\Delta x,b+\Delta y)$ が円板の中にあるとして (a,b) と $(a+\Delta x,b+\Delta y)$ を結ぶ線分上の点 (a',b') が存在して，

$$\begin{aligned}f(a+\Delta x,b+\Delta y)&=f(a,b)+\frac{\partial f}{\partial x}(a,b)\Delta x+\frac{\partial f}{\partial y}(a,b)\Delta y\\&\quad+\frac{1}{2}\left\{\frac{\partial^2 f}{\partial x^2}(a',b')\Delta x^2+2\frac{\partial^2 f}{\partial x\partial y}(a',b')\Delta x\Delta y+\frac{\partial^2 f}{\partial y^2}(a',b')\Delta y^2\right\}\end{aligned}$$

を満たす．

定理 A.6（ラグランジュの未定乗数法，[1] の定理 24.2） 2 変数関数 $\kappa = \kappa(x, y)$ および $g = g(x, y)$ が微分可能かつ微分した関数も連続とする．条件 $g(x, y) = c$ (c は定数) のもと，$\kappa(x, y)$ は (a, b) で極値をもつとし，

$$\left(\frac{\partial g}{\partial x}(a, b), \frac{\partial g}{\partial y}(a, b)\right) \neq (0, 0)$$

を満たすとする．このとき，ある定数 λ が存在して，

$$\frac{\partial \kappa}{\partial x}(a, b) = \lambda \frac{\partial g}{\partial x}(a, b), \quad \frac{\partial \kappa}{\partial y}(a, b) = \lambda \frac{\partial g}{\partial y}(a, b)$$

を満たす．

補助関数を $f(x, y) = \kappa(x, y) - \lambda(g(x, y) - c)$ とすれば，これは

$$\frac{\partial f}{\partial x}(a, b) = \frac{\partial f}{\partial y}(a, b) = \frac{\partial f}{\partial \lambda}(a, b) = 0$$

を満たすことと同じである．

定理 A.7（微分積分学の基本定理，[1] の定理 10.5） 関数 $F(x)$ が連続関数 $f(x)$ の原始関数，すなわち $\dfrac{\mathrm{d}F}{\mathrm{d}x}(x) = f(x)$ ならば，

$$\int_a^b f(x)\,\mathrm{d}x = F(x)\Big|_a^b = F(b) - F(a)$$

が成立する．

定理 A.8（重積分と逐次積分，[1] の定理 26.1） 平面内の領域 D を $D = \{(x, y) \in D \mid a \leqq x \leqq b, \phi_1(x) \leqq y \leqq \phi_2(x)\}$ とし，$f = f(x, y)$ を D 上の連続関数とする．このとき，f は D 上重積分可能で，

$$\iint_D f(x, y)\,\mathrm{d}x\mathrm{d}y = \int_a^b \left(\int_{\phi_1(x)}^{\phi_2(x)} f(x, y)\,\mathrm{d}y\right) \mathrm{d}x$$

を満たす．すなわち，重積分は逐次積分を用いて計算できる．

定理 A.9（正値 2 次形式，[2] の 14 章） 実対称行列 $A = \begin{pmatrix} a_{11} & a_{12} \\ a_{12} & a_{22} \end{pmatrix}$ $(a_{ij} \in \mathbb{R})$ に対して定まる 2 次形式

$$Q(\boldsymbol{x}) = {}^t\boldsymbol{x}A\boldsymbol{x} \quad \left(\boldsymbol{x} = \begin{pmatrix} x_1 \\ x_2 \end{pmatrix}\right)$$

が**正値**であるとは，任意の $\boldsymbol{x} \in \mathbb{R}^2$ に対して，$Q(\boldsymbol{x}) > 0$ となることである．このとき，Q が正値であることと A の主小行列式がすべて正となること，すなわち，

$$a_{11} > 0, \quad \det A > 0$$

が成立することは同値である．

定理 A.10（直交行列，[2] の命題 13.20） $\{\boldsymbol{e}_1, \boldsymbol{e}_2, \boldsymbol{e}_3\}$ を $\mathbb{R}^3$ の正規直交基底，すなわち

$$\langle \boldsymbol{e}_i, \boldsymbol{e}_j \rangle = \begin{cases} 1 & (i = j) \\ 0 & (i \neq j) \end{cases}$$

とする．このとき $\boldsymbol{e}_1, \boldsymbol{e}_2, \boldsymbol{e}_3$ を並べてできる行列 $F = (\boldsymbol{e}_1, \boldsymbol{e}_2, \boldsymbol{e}_3)$ は

$$F\,{}^tF = {}^tFF = \mathrm{id} \tag{A.1}$$

を満たす．行列式は $\det F = \pm 1$ であり，特に $\{\boldsymbol{e}_1, \boldsymbol{e}_2, \boldsymbol{e}_3\}$ が右手系のとき，$\det F = 1$ である．式 (A.1) を満たす F は**直交行列**と呼ばれる．

参考文献

[1] 川平友規,『微分積分 —— 1 変数と 2 変数』日本評論社 (2015)

[2] 竹山美宏,『線形代数 —— 行列と数ベクトル空間』日本評論社 (2015)

[3] 杉浦光夫,『解析入門 I』東京大学出版会 (1980)

[4] 深谷賢治,『電磁場とベクトル解析』岩波書店 (2004)

[5] 井ノ口順一,『常微分方程式』日本評論社 (2015)

[6] 長岡洋介,『電磁気学 I, II』岩波書店 (1982, 1983)

[7] 武部尚志,『数学で物理を』日本評論社 (2007)

[8] 宮地秀樹,『複素解析』日本評論社 (2016)

[9] 小林昭七,『曲線と曲面の微分幾何 (改訂版)』裳華房 (1995)

本書では，本文中では直接引用はしなかったが以下の本も役に立つであろう．

[10] 梅原雅顕, 山田光太郎,『曲線と曲面 (改訂版) —— 微分幾何的アプローチ』裳華房 (2015)

[11] 深谷賢治,『解析力学と微分形式』岩波書店 (2004)

[12] 杉浦光夫,『解析入門 II』東京大学出版会 (1985)

[13] 戸田盛和,『ベクトル解析』岩波書店 (1989)

演習問題の解答

第1章の解答

問 1.1 $\boldsymbol{u}=(u_x,u_y,u_z)$, $\boldsymbol{v}=(v_x,v_y,v_z)$, $\boldsymbol{w}=(w_x,w_y,w_z)$ とし，下付きの添字でベクトルの成分を表すことにすれば，ベクトルの外積の定義から

$$
\begin{aligned}
(\boldsymbol{u}\times(\boldsymbol{v}\times\boldsymbol{w}))_x &= u_y(\boldsymbol{v}\times\boldsymbol{w})_z - u_z(\boldsymbol{v}\times\boldsymbol{w})_y \\
&= u_y(v_xw_y - v_yw_x) - u_z(-v_xw_z + v_zw_x).
\end{aligned}
$$

一方，$\langle\boldsymbol{w},\,\boldsymbol{u}\rangle\,\boldsymbol{v}-\langle\boldsymbol{u},\,\boldsymbol{v}\rangle\,\boldsymbol{w}$ の x 成分は

$$
\begin{aligned}
(\langle\boldsymbol{w},\,\boldsymbol{u}\rangle\,\boldsymbol{v}-\langle\boldsymbol{u},\,\boldsymbol{v}\rangle\,\boldsymbol{w})_x &= (w_xu_x+w_yu_y+w_zu_z)v_x-(u_xv_x+u_yv_y+u_zv_z)w_x \\
&= u_y(v_xw_y - v_yw_x) - u_z(-v_xw_z + v_zw_x)
\end{aligned}
$$

となり，$(\boldsymbol{u}\times(\boldsymbol{v}\times\boldsymbol{w}))_x$ に等しい．同様に y 成分と z 成分も計算すれば，ベクトル 3 重積が従う．

2 番目の式は，ベクトル 3 重積を用いれば，

$$
(\boldsymbol{u}\times\boldsymbol{v})\times(\boldsymbol{v}\times\boldsymbol{w}) = \langle\boldsymbol{w},\,\boldsymbol{u}\times\boldsymbol{v}\rangle\,\boldsymbol{v}-\langle\boldsymbol{u}\times\boldsymbol{v},\,\boldsymbol{v}\rangle\,\boldsymbol{w}.
$$

ここで，$\boldsymbol{u}\times\boldsymbol{v}$ は $\boldsymbol{v}$ に直交するので 2 項目は 0 になり，行列式の定義 1.10 と例題 1.11 の (2) を用いれば，

$$
(\boldsymbol{u}\times\boldsymbol{v})\times(\boldsymbol{v}\times\boldsymbol{w}) = \det(\boldsymbol{w},\boldsymbol{u},\boldsymbol{v})\boldsymbol{v} = \det(\boldsymbol{u},\boldsymbol{v},\boldsymbol{w})\boldsymbol{v}
$$

となり，結論が従う．

3 番目の式は，行列式の定義 1.10 と例題 1.11 の (2) を用いれば

$$
\begin{aligned}
\langle\boldsymbol{u}\times\boldsymbol{v},\,\boldsymbol{w}\times\boldsymbol{x}\rangle &= \det(\boldsymbol{u}\times\boldsymbol{v},\boldsymbol{w},\boldsymbol{x}) = \det(\boldsymbol{w},\boldsymbol{x},\boldsymbol{u}\times\boldsymbol{v}) \\
&= \langle\boldsymbol{w},\,\boldsymbol{x}\times(\boldsymbol{u}\times\boldsymbol{v})\rangle
\end{aligned}
$$

となる．ここでベクトル 3 重積の公式と内積の性質を用いてさらに計算すれば，

$$
\begin{aligned}
\langle\boldsymbol{w},\,\boldsymbol{x}\times(\boldsymbol{u}\times\boldsymbol{v})\rangle &= \langle\boldsymbol{w},\,\langle\boldsymbol{v},\,\boldsymbol{x}\rangle\,\boldsymbol{u}-\langle\boldsymbol{x},\,\boldsymbol{u}\rangle\,\boldsymbol{v}\rangle \\
&= \langle\boldsymbol{v},\,\boldsymbol{x}\rangle\,\langle\boldsymbol{w},\,\boldsymbol{u}\rangle-\langle\boldsymbol{x},\,\boldsymbol{u}\rangle\,\langle\boldsymbol{w},\,\boldsymbol{v}\rangle
\end{aligned}
$$

となる．これは，右辺の式である．

問 1.2 行列式の二つの性質 (参考文献 [2] 参照)

$$\det {}^t A = \det A, \quad \det(AB) = \det A \det B$$

を用いれば，

$$\begin{aligned}\det(\boldsymbol{u}, \boldsymbol{v}, \boldsymbol{w}) \det(\boldsymbol{w}, \boldsymbol{y}, \boldsymbol{z}) &= \det {}^t(\boldsymbol{u}, \boldsymbol{v}, \boldsymbol{w}) \det(\boldsymbol{w}, \boldsymbol{y}, \boldsymbol{z}) \\ &= \det \left({}^t(\boldsymbol{u}, \boldsymbol{v}, \boldsymbol{w})(\boldsymbol{w}, \boldsymbol{y}, \boldsymbol{z})\right)\end{aligned}$$

となる．ここで右辺の中身は，

$${}^t(\boldsymbol{u}, \boldsymbol{v}, \boldsymbol{w})(\boldsymbol{w}, \boldsymbol{y}, \boldsymbol{z}) = \begin{pmatrix} \langle \boldsymbol{u}, \boldsymbol{x} \rangle & \langle \boldsymbol{u}, \boldsymbol{y} \rangle & \langle \boldsymbol{u}, \boldsymbol{z} \rangle \\ \langle \boldsymbol{v}, \boldsymbol{x} \rangle & \langle \boldsymbol{v}, \boldsymbol{y} \rangle & \langle \boldsymbol{v}, \boldsymbol{z} \rangle \\ \langle \boldsymbol{w}, \boldsymbol{x} \rangle & \langle \boldsymbol{w}, \boldsymbol{y} \rangle & \langle \boldsymbol{w}, \boldsymbol{z} \rangle \end{pmatrix}$$

となることがわかるから，結論が従う．

問 1.3 (1) について：条件より，

$$(|\boldsymbol{p}(s)|^2)' = 2 \langle \boldsymbol{p}'(s), \boldsymbol{p}(s) \rangle = 0$$

がわかる．したがって $|\boldsymbol{p}(s)| = c > 0$. つまり，$\boldsymbol{p}(s)$ は半径 c の球面上にのっているベクトルである．

(2) について：補題 1.22 を用いれば，$\boldsymbol{p}$ と $\boldsymbol{p}'$ が 1 次従属，すなわちある $(c_1(s), c_2(s)) \neq (0, 0)$ が存在して，

$$c_1 \boldsymbol{p} + c_2 \boldsymbol{p}' = \boldsymbol{0}$$

を満たす．$c_2(s) = 0$ では $c_1(s) \neq 0$ で $\boldsymbol{p}(s) = \boldsymbol{0}$ である．$c_2(s) \neq 0$ とする．いま，$|\boldsymbol{p}(s)|^2$ に対して，

$$(|\boldsymbol{p}(s)|^2)' = 2|\boldsymbol{p}(s)||\boldsymbol{p}(s)|'$$

が成り立ち，さらに

$$(|\boldsymbol{p}(s)|^2)' = 2 \langle \boldsymbol{p}(s), \boldsymbol{p}(s)' \rangle = -2\frac{c_1(s)}{c_2(s)}|\boldsymbol{p}(s)|^2.$$

つまり，$|\boldsymbol{p}(s)|' = f(s)|\boldsymbol{p}(s)|$ がわかる．ここで $f(s) = -2\dfrac{c_1(s)}{c_2(s)}$ とおいた．したがって，

$$\begin{aligned}\left(\frac{\boldsymbol{p}(s)}{|\boldsymbol{p}(s)|}\right)' &= -\frac{|\boldsymbol{p}(s)|'}{|\boldsymbol{p}(s)|^2}\boldsymbol{p}(s) + \frac{1}{|\boldsymbol{p}(s)|}\boldsymbol{p}'(s) \\ &= -\frac{f(s)|\boldsymbol{p}(s)|}{|\boldsymbol{p}(s)|^2}\boldsymbol{p}(s) + \frac{f(s)}{|\boldsymbol{p}(s)|}\boldsymbol{p}(s) = \boldsymbol{0}.\end{aligned}$$

つまり，$\dfrac{\boldsymbol{p}(s)}{|\boldsymbol{p}(s)|}$ は定ベクトル $\dfrac{\boldsymbol{p}(s)}{|\boldsymbol{p}(s)|} = \boldsymbol{v}_0$ $(\boldsymbol{v}_0 \in \mathbb{R})$. 結局 $\boldsymbol{p}(s)$ は方向が一定のベクトルであることがわかる．

第2章の解答

問 2.1　(1) については，直接計算をする．(2) については，指数関数の微分を用いれば簡単に示せる．(3) について：(1) から，$\sinh t = \pm\sqrt{\cosh^2 t - 1}$ であり，$\cosh^{-1} t \geqq 0$ に注意すれば，

$$\sinh(\cosh^{-1} t) = \sqrt{t^2 - 1}$$

となる．同様に $\cosh t = \sqrt{\sinh^2 t + 1}$ であり，

$$\cosh(\sinh^{-1} t) = \sqrt{t^2 + 1}$$

となる．

(4) について：逆関数の微分の公式から，$y = \sinh^{-1} t$ として，

$$\frac{\mathrm{d}\,\sinh^{-1} t}{\mathrm{d}t} = \frac{1}{\dfrac{\mathrm{d}\,\sinh y}{\mathrm{d}y}} = \frac{1}{\cosh y} = \frac{1}{\sqrt{t^2+1}}.$$

ここで，最後の等式に (3) を用いた．同様にして，

$$\frac{\mathrm{d}\,\cosh^{-1} t}{\mathrm{d}t} = \frac{1}{\sqrt{t^2-1}}$$

も導ける．

問 2.2　フレネ–セレの公式から弧長で表された平面曲線の曲率は

$$\boldsymbol{t}' = \kappa \boldsymbol{n}$$

で求められる．任意のパラメータ t に関する微分を「$\dot{}$」で表すことにすれば，単位接ベクトル $\boldsymbol{t}$ は $\boldsymbol{t} = \dfrac{\dot{\boldsymbol{p}}}{|\dot{\boldsymbol{p}}|}$ であり，合成関数の微分を用いれば，

$$\boldsymbol{t}' = \frac{1}{|\dot{\boldsymbol{p}}|}\left(\frac{\ddot{\boldsymbol{p}}}{|\dot{\boldsymbol{p}}|} - \frac{\dot{\boldsymbol{p}}}{|\dot{\boldsymbol{p}}|^2}\frac{\mathrm{d}|\dot{\boldsymbol{p}}|}{\mathrm{d}t}\right)$$

となる．ここで，$\dot{\boldsymbol{p}} = \boldsymbol{p}'\dfrac{\mathrm{d}s}{\mathrm{d}t}$ から $\dfrac{\mathrm{d}t}{\mathrm{d}s} = \dfrac{1}{|\dot{\boldsymbol{p}}|}$ を用いた．上の式と $\boldsymbol{n}$ との内積を取れば，

$$\kappa = \langle \boldsymbol{t}', \boldsymbol{n} \rangle = \frac{1}{|\dot{\boldsymbol{p}}|^2}\langle \ddot{\boldsymbol{p}}, \boldsymbol{n} \rangle$$

となる．一方，単位法ベクトルは $\boldsymbol{n} = \begin{pmatrix} 0 & -1 \\ 1 & 0 \end{pmatrix}\dfrac{\dot{\boldsymbol{p}}}{|\dot{\boldsymbol{p}}|}$ と表現できて，内積の定義を用いて直接計算すれば，

$$\kappa = \frac{1}{|\dot{\boldsymbol{p}}|^2}\langle \ddot{\boldsymbol{p}}, \boldsymbol{n} \rangle = \frac{1}{|\dot{\boldsymbol{p}}|^3}\left\langle \ddot{\boldsymbol{p}}, \begin{pmatrix} 0 & -1 \\ 1 & 0 \end{pmatrix}\dot{\boldsymbol{p}} \right\rangle = \frac{\det(\ddot{\boldsymbol{p}}, \dot{\boldsymbol{p}})}{|\dot{\boldsymbol{p}}|^3}$$

となる．

問 2.3 弧長パラメータで表現された空間曲線と任意のパラメータの間には次の関係式がある．

$$\boldsymbol{p}' = \frac{\dot{\boldsymbol{p}}}{|\dot{\boldsymbol{p}}|}, \quad \boldsymbol{p}'' = -\frac{\langle \dot{\boldsymbol{p}}, \ddot{\boldsymbol{p}} \rangle}{|\dot{\boldsymbol{p}}|^4}\dot{\boldsymbol{p}} + \frac{\ddot{\boldsymbol{p}}}{|\dot{\boldsymbol{p}}|^2}, \quad \boldsymbol{p}''' = (\dot{\boldsymbol{p}} \text{ と } \ddot{\boldsymbol{p}} \text{ の 1 次結合}) + \frac{\dddot{\boldsymbol{p}}}{|\dot{\boldsymbol{p}}|^3}. \tag{S.1}$$

次に，$\boldsymbol{t}'$ の内積を考え，ラグランジュの恒等式 $|\boldsymbol{v} \times \boldsymbol{w}| = |\boldsymbol{v}|^2|\boldsymbol{w}|^2 - \langle \boldsymbol{v}, \boldsymbol{w} \rangle^2$ (命題 1.25) を用いれば，

$$\kappa^2 = \langle \boldsymbol{p}'', \boldsymbol{p}'' \rangle = \frac{|\ddot{\boldsymbol{p}}|^2|\dot{\boldsymbol{p}}|^2 - \langle \dot{\boldsymbol{p}}, \ddot{\boldsymbol{p}} \rangle^2}{|\dot{\boldsymbol{p}}|^6} = \frac{|\dot{\boldsymbol{p}} \times \ddot{\boldsymbol{p}}|^2}{|\dot{\boldsymbol{p}}|^6}$$

となる．一方，フレネ–セレの公式より

$$\boldsymbol{p}''' = \boldsymbol{t}'' = (\kappa \boldsymbol{n})' = \kappa' \boldsymbol{n} - \kappa^2 \boldsymbol{t} + \kappa\tau \boldsymbol{b}$$

である．これから

$$\det(\boldsymbol{p}', \boldsymbol{p}'', \boldsymbol{p}''') = \kappa^2 \tau$$

となる．ここで行列式の線形性，歪対称性 (例題 1.11)，および $\det(\boldsymbol{t}, \boldsymbol{n}, \boldsymbol{b}) = 1$ (p.196 参照，$\{\boldsymbol{t}, \boldsymbol{n}, \boldsymbol{b}\}$ が右手系に注意する) の性質を用いた．さらに上の関係式 (S.1) から，

$$\det(\boldsymbol{p}', \boldsymbol{p}'', \boldsymbol{p}''') = \frac{\det(\dot{\boldsymbol{p}}, \ddot{\boldsymbol{p}}, \dddot{\boldsymbol{p}})}{|\dot{\boldsymbol{p}}|^6}$$

がわかり，これらの式を合わせると結論を得る．

第3章の解答

問 3.1 (1) については，円錐面の式に直接代入すれば，$\boldsymbol{p}(u, v)$ がパラメータ表示であることがわかる．(2) については，原点 $(0, 0, 0)$ は正則点でない．

(3) について：

$$\frac{\partial \boldsymbol{p}}{\partial u} = \begin{pmatrix} -av \sin u \\ av \cos u \\ 0 \end{pmatrix}, \quad \frac{\partial \boldsymbol{p}}{\partial v} = \begin{pmatrix} a \cos u \\ a \sin u \\ 1 \end{pmatrix}$$

であり，さらに

$$\frac{\partial^2 \boldsymbol{p}}{\partial u^2} = \begin{pmatrix} -av \cos u \\ -av \sin u \\ 0 \end{pmatrix}, \quad \frac{\partial^2 \boldsymbol{p}}{\partial v^2} = \begin{pmatrix} 0 \\ 0 \\ 0 \end{pmatrix}, \quad \frac{\partial^2 \boldsymbol{p}}{\partial u \partial v} = \begin{pmatrix} -a \sin u \\ a \cos u \\ 0 \end{pmatrix}$$

となる．また，単位法ベクトルは

$$\boldsymbol{n}=\frac{\dfrac{\partial \boldsymbol{p}}{\partial u}\times\dfrac{\partial \boldsymbol{p}}{\partial v}}{\left|\dfrac{\partial \boldsymbol{p}}{\partial u}\times\dfrac{\partial \boldsymbol{p}}{\partial v}\right|}=\frac{1}{av\sqrt{1+a^2}}\begin{pmatrix}av\cos u\\ av\sin u\\ -a^2v\end{pmatrix}$$

と計算できる．したがって第 1 基本行列と第 2 基本行列は，

$$\tilde{\mathrm{I}}=\begin{pmatrix}E & F\\ F & G\end{pmatrix}=\begin{pmatrix}a^2v^2 & 0\\ 0 & a^2+1\end{pmatrix}$$

および

$$\widetilde{\mathrm{II}}=\begin{pmatrix}L & M\\ M & N\end{pmatrix}=\frac{1}{\sqrt{1+a^2}}\begin{pmatrix}-av & 0\\ 0 & 0\end{pmatrix}$$

となる．

(4) について：曲面の面積 A_D は

$$A_D=\iint_D\left|\frac{\partial \boldsymbol{p}}{\partial u}\times\frac{\partial \boldsymbol{p}}{\partial v}\right|\mathrm{d}u\mathrm{d}v=\iint_D\sqrt{EG-F^2}\,\mathrm{d}u\mathrm{d}v$$

で与えられた．ここで最後の等式は，ラグランジュの恒等式 $|\boldsymbol{v}\times\boldsymbol{w}|=|\boldsymbol{v}|^2|\boldsymbol{w}|^2-\langle\boldsymbol{v},\,\boldsymbol{w}\rangle^2$ (命題 1.25) を用いた．したがって面積 A_D は

$$A_D=\int_0^h\int_0^{2\pi}av\sqrt{1+a^2}\,\mathrm{d}u\mathrm{d}v=\pi ah^2\sqrt{1+a^2}$$

となる (この場合，円錐の底面である円の面積は考えていないことに注意する)．

(5) について：ガウス曲率と平均曲率は，第 1 基本行列と第 2 基本行列を用いて

$$K=\det(\tilde{\mathrm{I}}^{-1}\widetilde{\mathrm{II}})=0,\quad H=\frac{1}{2}\mathrm{tr}(\tilde{\mathrm{I}}^{-1}\widetilde{\mathrm{II}})=-\frac{1}{2av\sqrt{1+a^2}}$$

と計算できる．

問 3.2 (1) については，輪環面の式に直接代入すれば，$\boldsymbol{p}(u,v)$ がパラメータ表示であることがわかる．(2) については，すべての点で正則である．

(3) について：

$$\frac{\partial \boldsymbol{p}}{\partial u}=\begin{pmatrix}-\sin u(b+a\cos v)\\ \cos u(b+a\cos v)\\ 0\end{pmatrix},\quad \frac{\partial \boldsymbol{p}}{\partial v}=\begin{pmatrix}-a\cos u\sin v\\ -a\sin u\sin v\\ a\cos v\end{pmatrix}$$

であり，さらに

$$\frac{\partial^2 \boldsymbol{p}}{\partial u^2} = \begin{pmatrix} -\cos u(b + a\cos v) \\ -\sin u(b + a\cos v) \\ 0 \end{pmatrix}, \quad \frac{\partial^2 \boldsymbol{p}}{\partial v^2} = \begin{pmatrix} -a\cos u\cos v \\ -a\sin u\cos v \\ -a\sin v \end{pmatrix}, \quad \frac{\partial^2 \boldsymbol{p}}{\partial u \partial v} = \begin{pmatrix} a\sin u\sin v \\ -a\cos u\sin v \\ 0 \end{pmatrix}$$

となる．また，単位法ベクトルは

$$\boldsymbol{n} = \frac{\dfrac{\partial \boldsymbol{p}}{\partial u} \times \dfrac{\partial \boldsymbol{p}}{\partial v}}{\left|\dfrac{\partial \boldsymbol{p}}{\partial u} \times \dfrac{\partial \boldsymbol{p}}{\partial v}\right|} = \begin{pmatrix} \cos u\cos v \\ \sin u\cos v \\ \sin v \end{pmatrix}$$

と計算できる．したがって第 1 基本行列と第 2 基本行列は，

$$\tilde{\mathrm{I}} = \begin{pmatrix} E & F \\ F & G \end{pmatrix} = \begin{pmatrix} (b + a\cos v)^2 & 0 \\ 0 & a^2 \end{pmatrix}$$

および

$$\widetilde{\mathrm{II}} = \begin{pmatrix} L & M \\ M & N \end{pmatrix} = \begin{pmatrix} -\cos v(b + a\cos v) & 0 \\ 0 & -a \end{pmatrix}$$

となる．

(4) について：曲面の面積 A_D は

$$A_D = \iint_D \sqrt{EG - F^2}\, \mathrm{d}u\mathrm{d}v$$

で与えられたので，

$$A_D = \int_0^{2\pi} \int_0^{2\pi} a(b + a\cos v)\, \mathrm{d}u\mathrm{d}v = 4\pi^2 ab$$

となる．

(5) について：ガウス曲率と平均曲率は，第 1 基本行列と第 2 基本行列を用いて

$$K = \det(\tilde{\mathrm{I}}^{-1}\widetilde{\mathrm{II}}) = \frac{\cos v}{a(b + a\cos v)}, \quad H = \frac{1}{2}\mathrm{tr}(\tilde{\mathrm{I}}^{-1}\widetilde{\mathrm{II}}) = -\frac{b + 2a\cos v}{2a(b + a\cos v)}$$

と計算できる．

第4章の解答

問 4.1　式 (4.7) について：$\boldsymbol{v} = v_x \dfrac{\partial}{\partial x} + v_y \dfrac{\partial}{\partial y} + v_z \dfrac{\partial}{\partial z}$, $\boldsymbol{w} = w_x \dfrac{\partial}{\partial x} + w_y \dfrac{\partial}{\partial y} + w_z \dfrac{\partial}{\partial z}$ として，左辺，右辺の各項を計算する．まず，$\dfrac{\partial}{\partial x}$ の項について計算する．

$$\mathrm{grad}\,\langle \boldsymbol{v},\, \boldsymbol{w} \rangle = \mathrm{grad}(v_x w_x + v_y w_y + v_z w_z)$$

より，$\dfrac{\partial}{\partial x}$ の項は

$$\frac{\partial v_x}{\partial x} w_x + v_x \frac{\partial w_x}{\partial x} + \frac{\partial v_y}{\partial x} w_y + v_y \frac{\partial w_y}{\partial x} + \frac{\partial v_z}{\partial x} w_z + v_z \frac{\partial w_z}{\partial x}$$

である．また，

$$\langle \boldsymbol{v},\, \mathrm{grad} \rangle \boldsymbol{w} = \langle \boldsymbol{v},\, \mathrm{grad}\, w_x \rangle \frac{\partial}{\partial x} + \langle \boldsymbol{v},\, \mathrm{grad}\, w_y \rangle \frac{\partial}{\partial y} + \langle \boldsymbol{v},\, \mathrm{grad}\, w_z \rangle \frac{\partial}{\partial z},$$
$$\langle \boldsymbol{w},\, \mathrm{grad} \rangle \boldsymbol{v} = \langle \boldsymbol{w},\, \mathrm{grad}\, v_x \rangle \frac{\partial}{\partial x} + \langle \boldsymbol{w},\, \mathrm{grad}\, v_y \rangle \frac{\partial}{\partial y} + \langle \boldsymbol{w},\, \mathrm{grad}\, v_z \rangle \frac{\partial}{\partial z}$$

から，$\dfrac{\partial}{\partial x}$ の項はそれぞれ，

$$v_x \frac{\partial w_x}{\partial x} + v_y \frac{\partial w_x}{\partial y} + v_z \frac{\partial w_x}{\partial z}, \quad w_x \frac{\partial v_x}{\partial x} + w_y \frac{\partial v_x}{\partial y} + w_z \frac{\partial v_x}{\partial z}$$

である．さらに，$\mathrm{rot}\, \boldsymbol{v} = \tilde{v}_x \dfrac{\partial}{\partial x} + \tilde{v}_y \dfrac{\partial}{\partial y} + \tilde{v}_z \dfrac{\partial}{\partial z}$, $\mathrm{rot}\, \boldsymbol{w} = \tilde{w}_x \dfrac{\partial}{\partial x} + \tilde{w}_y \dfrac{\partial}{\partial y} + \tilde{w}_z \dfrac{\partial}{\partial z}$ とすれば，

$$\boldsymbol{w} \times (\mathrm{rot}\, \boldsymbol{v}) = -(\tilde{v}_y w_z - \tilde{v}_z w_y) \frac{\partial}{\partial x} - (\tilde{v}_z w_x - \tilde{v}_x w_z) \frac{\partial}{\partial y} - (\tilde{v}_x w_y - \tilde{v}_y w_x) \frac{\partial}{\partial z},$$
$$\boldsymbol{v} \times (\mathrm{rot}\, \boldsymbol{w}) = -(v_y \tilde{w}_z - v_z \tilde{w}_y) \frac{\partial}{\partial x} - (v_z \tilde{w}_x - v_x \tilde{w}_z) \frac{\partial}{\partial y} - (v_x \tilde{w}_y - v_y \tilde{w}_x) \frac{\partial}{\partial z}$$

となるので，それぞれ $\dfrac{\partial}{\partial x}$ の項は，

$$-(\tilde{v}_y w_z - \tilde{v}_z w_y) = -\left\{ \left(\frac{\partial v_x}{\partial z} - \frac{\partial v_z}{\partial x} \right) w_z - \left(\frac{\partial v_y}{\partial x} - \frac{\partial v_x}{\partial y} \right) w_y \right\}$$

および

$$-(\tilde{w}_y v_z - \tilde{w}_z v_y) = -\left\{ \left(\frac{\partial w_x}{\partial z} - \frac{\partial w_z}{\partial x} \right) v_z - \left(\frac{\partial w_y}{\partial x} - \frac{\partial w_x}{\partial y} \right) v_y \right\}$$

となる．これらを，見比べると一致している．同様に $\dfrac{\partial}{\partial y}$, $\dfrac{\partial}{\partial z}$ の項についても計算してみれば，一致していることがわかる．

式 (4.8) について：式 (4.7) と同様に $\dfrac{\partial}{\partial x}$ の項だけを確認しておく．式 (4.8) 左辺の $\dfrac{\partial}{\partial x}$ の項は，

$$\begin{aligned}
&\frac{\partial(v_x w_y - v_y w_x)}{\partial y} - \frac{\partial(v_z w_x - v_x w_z)}{\partial z} \\
&= \frac{\partial v_x}{\partial y} w_y + v_x \frac{\partial w_y}{\partial y} - \frac{\partial v_y}{\partial y} w_x - v_y \frac{\partial w_x}{\partial y} - \frac{\partial v_z}{\partial z} w_x - v_z \frac{\partial w_x}{\partial z} + \frac{\partial v_x}{\partial z} w_z + v_x \frac{\partial w_z}{\partial z}
\end{aligned}$$

となる．一方，式 (4.8) の右辺の第 1 項と第 2 項の $\dfrac{\partial}{\partial x}$ の項は，それぞれ

$$-v_x \frac{\partial w_x}{\partial x} - v_y \frac{\partial w_x}{\partial y} - v_z \frac{\partial w_x}{\partial z}, \quad w_x \frac{\partial v_x}{\partial x} + w_y \frac{\partial v_x}{\partial y} + w_z \frac{\partial v_x}{\partial z}$$

である (式 (4.7) の計算を参照)．さらに第 3 項と第 4 項の $\dfrac{\partial}{\partial x}$ の項は，それぞれ

$$v_x \left(\frac{\partial w_x}{\partial x} + \frac{\partial w_y}{\partial y} + \frac{\partial w_z}{\partial z} \right), \quad -w_x \left(\frac{\partial v_x}{\partial x} + \frac{\partial v_y}{\partial y} + \frac{\partial v_z}{\partial z} \right)$$

と計算できる．これらを見比べると，一致している．$\dfrac{\partial}{\partial y}$ および $\dfrac{\partial}{\partial z}$ の項についても同様にすれば，一致していることがわかる．

問 4.2 (1), (2) とも定義通りに計算すれば良い．

$$\operatorname{grad}\left(\tan^{-1}(x+y)\right) = \frac{1}{1+(x+y)^2}\left(\frac{\partial}{\partial x} + \frac{\partial}{\partial y}\right)$$

および

$$\operatorname{grad}\sqrt{x^2+y^2+z^2} = \frac{1}{\sqrt{x^2+y^2+z^2}}\left(x\frac{\partial}{\partial x} + y\frac{\partial}{\partial y} + z\frac{\partial}{\partial z}\right)$$

となる．

問 4.3 定義通りに計算すれば良い．

$$\begin{aligned}\operatorname{grad}(r^n) &= nr^{n-1}\left(\frac{\partial r}{\partial x}\frac{\partial}{\partial x} + \frac{\partial r}{\partial y}\frac{\partial}{\partial y} + \frac{\partial r}{\partial z}\frac{\partial}{\partial z}\right) \\ &= nr^{n-2}\left(x\frac{\partial}{\partial x} + y\frac{\partial}{\partial y} + z\frac{\partial}{\partial z}\right)\end{aligned}$$

より，

$$\begin{aligned}\operatorname{div}\left(\operatorname{grad}(r^n)\right) &= \frac{\partial(nr^{n-2}x)}{\partial x} + \frac{\partial(nr^{n-2}y)}{\partial y} + \frac{\partial(nr^{n-2}z)}{\partial z} \\ &= nr^{n-2}\left\{(n-2)r^{-2}(x^2+y^2+z^2)+3\right\} \\ &= n(n+1)r^{n-2}.\end{aligned}$$

したがって $n=-1$, すなわち，$\boldsymbol{v} = \operatorname{grad}\left(\dfrac{1}{r}\right)$ のとき，その発散は 0 になる．

問 4.4 定義通りに計算すれば良い．

(1) について：

$$\begin{aligned}&\operatorname{rot}\left(xe^{x+y+z}\frac{\partial}{\partial x} + ye^{x+y+z}\frac{\partial}{\partial y} + ze^{x+y+z}\frac{\partial}{\partial z}\right) \\ &= (z-y)e^{x+y+z}\frac{\partial}{\partial x} + (x-z)e^{x+y+z}\frac{\partial}{\partial y} + (y-x)e^{x+y+z}\frac{\partial}{\partial z} \\ &= e^{x+y+z}\left\{(z-y)\frac{\partial}{\partial x} + (x-z)\frac{\partial}{\partial y} + (y-x)\frac{\partial}{\partial z}\right\}\end{aligned}$$

となる．

(2) について：

$$
\begin{aligned}
&\mathrm{rot}\left\{\left(c_x\frac{\partial}{\partial x}+c_y\frac{\partial}{\partial y}+c_z\frac{\partial}{\partial z}\right)\times\left(x\frac{\partial}{\partial x}+y\frac{\partial}{\partial y}+z\frac{\partial}{\partial z}\right)\right\}\\
&\quad=\mathrm{rot}\left\{(c_yz-c_zy)\frac{\partial}{\partial x}+(c_zx-c_xz)\frac{\partial}{\partial y}+(c_xy-c_yx)\frac{\partial}{\partial z}\right\}\\
&\quad=\left\{\frac{\partial(c_xy-c_yx)}{\partial y}-\frac{\partial(c_zx-c_xz)}{\partial z}\right\}\frac{\partial}{\partial x}+\left\{\frac{\partial(c_yz-c_zy)}{\partial z}-\frac{\partial c_xy-c_yx}{\partial x}\right\}\frac{\partial}{\partial y}\\
&\qquad\qquad+\left\{\frac{\partial(c_zx-c_xz)}{\partial x}-\frac{\partial(c_yz-c_zy)}{\partial y}\right\}\frac{\partial}{\partial z}\\
&\quad=2\left(c_x\frac{\partial}{\partial x}+c_y\frac{\partial}{\partial y}+c_z\frac{\partial}{\partial z}\right)\\
&\quad=2\boldsymbol{\omega}
\end{aligned}
$$

となる．

第5章の解答

問 5.1　定義通り計算する．

$$
\begin{aligned}
\mathrm{rot}\,\boldsymbol{v}\times\frac{\partial\boldsymbol{p}}{\partial u}&=\left\{\left(\frac{\partial v_z}{\partial y}-\frac{\partial v_y}{\partial z}\right)\frac{\partial}{\partial x}+\left(\frac{\partial v_x}{\partial z}-\frac{\partial v_z}{\partial x}\right)\frac{\partial}{\partial y}+\left(\frac{\partial v_y}{\partial x}-\frac{\partial v_x}{\partial y}\right)\frac{\partial}{\partial z}\right\}\\
&\qquad\times\left(\frac{\partial p_x}{\partial u}\frac{\partial}{\partial x}+\frac{\partial p_y}{\partial u}\frac{\partial}{\partial y}+\frac{\partial p_z}{\partial u}\frac{\partial}{\partial z}\right)\\
&=\left\{\left(\frac{\partial v_x}{\partial z}-\frac{\partial v_z}{\partial x}\right)\frac{\partial p_z}{\partial u}-\left(\frac{\partial v_y}{\partial x}-\frac{\partial v_x}{\partial y}\right)\frac{\partial p_y}{\partial u}\right\}\frac{\partial}{\partial x}\\
&\quad+\left\{\left(\frac{\partial v_y}{\partial x}-\frac{\partial v_x}{\partial y}\right)\frac{\partial p_x}{\partial u}-\left(\frac{\partial v_z}{\partial y}-\frac{\partial v_y}{\partial z}\right)\frac{\partial p_z}{\partial u}\right\}\frac{\partial}{\partial y}\\
&\quad+\left\{\left(\frac{\partial v_z}{\partial y}-\frac{\partial v_y}{\partial z}\right)\frac{\partial p_y}{\partial u}-\left(\frac{\partial v_x}{\partial z}-\frac{\partial v_z}{\partial x}\right)\frac{\partial p_x}{\partial u}\right\}\frac{\partial}{\partial z}.
\end{aligned}
$$

したがって，

$$
\begin{aligned}
\left\langle\mathrm{rot}\,\boldsymbol{v}\times\frac{\partial\boldsymbol{p}}{\partial u},\frac{\partial\boldsymbol{p}}{\partial v}\right\rangle&=\left\{\left(\frac{\partial v_x}{\partial z}-\frac{\partial v_z}{\partial x}\right)\frac{\partial p_z}{\partial u}-\left(\frac{\partial v_y}{\partial x}-\frac{\partial v_x}{\partial y}\right)\frac{\partial p_y}{\partial u}\right\}\frac{\partial p_x}{\partial v}\\
&\quad+\left\{\left(\frac{\partial v_y}{\partial x}-\frac{\partial v_x}{\partial y}\right)\frac{\partial p_x}{\partial u}-\left(\frac{\partial v_z}{\partial y}-\frac{\partial v_y}{\partial z}\right)\frac{\partial p_z}{\partial u}\right\}\frac{\partial p_y}{\partial v}\\
&\quad+\left\{\left(\frac{\partial v_z}{\partial y}-\frac{\partial v_y}{\partial z}\right)\frac{\partial p_y}{\partial u}-\left(\frac{\partial v_x}{\partial z}-\frac{\partial v_z}{\partial x}\right)\frac{\partial p_x}{\partial u}\right\}\frac{\partial p_z}{\partial v}
\end{aligned}
$$

$$= \left\langle \frac{\partial \boldsymbol{v} \circ \boldsymbol{p}}{\partial u}, \frac{\partial \boldsymbol{p}}{\partial v} \right\rangle - \left\langle \frac{\partial \boldsymbol{v} \circ \boldsymbol{p}}{\partial v}, \frac{\partial \boldsymbol{p}}{\partial u} \right\rangle$$

となる．最後の等式で，合成関数の偏微分を用いた．

問 5.2　$\boldsymbol{v}$ の回転は

$$\mathrm{rot}\,\boldsymbol{v} = \frac{\partial(2xy)}{\partial x} - \frac{\partial(x^2 - y^2)}{\partial y} = 4y$$

となる．したがって，$c = \sqrt{a^2 - \frac{a^2}{b^2}y^2}$ として

$$\begin{aligned}\iint_D \mathrm{rot}\,\boldsymbol{v}\,\mathrm{d}x\mathrm{d}y &= \int_{-b}^{b}\int_{-c}^{c} 4y\,\mathrm{d}x\mathrm{d}y = \int_{-b}^{b} 8cy\ \mathrm{d}y \\ &= -\frac{8b^2}{3a^2}\left(a^2 - \frac{a^2}{b^2}y^2\right)^{\frac{3}{2}}\Bigg|_{-b}^{b} \\ &= 0\end{aligned}$$

となる．つまり，平面上のベクトル場 $\boldsymbol{v}$ の曲線 $C = \partial D$ に沿った接線方向の線積分は

$$\int_C \langle \boldsymbol{v}, \boldsymbol{t} \rangle\,\mathrm{d}C = 0$$

となる．

問 5.3　ガウスの発散定理を用いよう．まず前章の演習問題，問 4.3 を使うと，$r = \sqrt{x^2 + y^2 + z^2}$ として，$\boldsymbol{v} = \mathrm{grad}\left(\frac{1}{r}\right)$ と表されることに気づく．したがって，

$$\mathrm{div}\,\boldsymbol{v} = 0$$

がわかる．ここで，$\boldsymbol{v}$ は原点で定義されていないことに注意する．次に，原点を中心とする単位球面 $S_1 = \{(x, y, z) \in \mathbb{R}^3 \mid x^2 + y^2 + z^2 = 1\}$ を考える．閉曲面 S_1 と S で囲まれる領域 D では，$\boldsymbol{v}$ は滑らかであることに注意して，ガウスの発散定理を用いれば，

$$0 = \iiint_D \mathrm{div}\,\boldsymbol{v}\,\mathrm{d}x\mathrm{d}y\mathrm{d}z = \iint_S \langle \boldsymbol{v}, \boldsymbol{n} \rangle\ \mathrm{d}s - \iint_{S_1} \langle \boldsymbol{v}, \boldsymbol{n} \rangle\ \mathrm{d}s_1$$

が成り立つ．ここで，2 項目にマイナスが付いているのは，曲面の向きが標準的な向きと逆だからである．一方，S_1 は半径 1 の球面なので，直接計算から

$$\iint_{S_1} \langle \boldsymbol{v}, \boldsymbol{n} \rangle\ \mathrm{d}s_1 = \iint_{S_1} 1\,\mathrm{d}S_1 = -4\pi \quad (S_1 \text{ の表面積の } -1 \text{ 倍})$$

である．したがって，

$$\iint_S \langle \boldsymbol{v}, \boldsymbol{n} \rangle\ \mathrm{d}s = \iint_{S_1} \langle \boldsymbol{v}, \boldsymbol{n} \rangle\ \mathrm{d}s_1 = -4\pi$$

となる．

第6章の解答

問 6.1 (2) ⇒ (2)′：閉曲線 C 上の点 $\boldsymbol{a}$ を取り固定する．条件より線積分は端点の取り方にしか依存しないので，線積分は関数 $f(\boldsymbol{x})$ $(\boldsymbol{x} \in D)$ と考えることができる．このとき，$f(\boldsymbol{a}) = 0$ に注意する．一方，$\boldsymbol{x}$ を $\boldsymbol{a}$ に取れば

$$f(\boldsymbol{a}) = \int_C \langle \boldsymbol{v}, \boldsymbol{t} \rangle \, \mathrm{d}C$$

を表している．したがって，$\displaystyle\int_C \langle \boldsymbol{v}, \boldsymbol{t} \rangle \, \mathrm{d}C = 0$ となる．

(2)′ ⇒ (2)：D 上の 2 点 $\boldsymbol{a}, \boldsymbol{b}$ を取り，$\boldsymbol{a}$ を始点，$\boldsymbol{b}$ を終点とする曲線を C_+, $\boldsymbol{b}$ を始点，$\boldsymbol{a}$ を終点とする曲線を C_- とする．このとき，$C = C_+ \cup C_-$ は閉曲線であるので，

$$0 = \int_C \langle \boldsymbol{v}, \boldsymbol{t} \rangle \, \mathrm{d}C = \int_{C_+} \langle \boldsymbol{v}, \boldsymbol{t} \rangle \, \mathrm{d}C_+ + \int_{C_-} \langle \boldsymbol{v}, \boldsymbol{t} \rangle \, \mathrm{d}C_-,$$

すなわち $\displaystyle\int_{C_+} \langle \boldsymbol{v}, \boldsymbol{t} \rangle \, \mathrm{d}C_+ = -\int_{C_-} \langle \boldsymbol{v}, \boldsymbol{t} \rangle \, \mathrm{d}C_-$ が成立している．C_- は C_+ の向きに対して，逆向きの曲線なので C_- の始点と終点をちょうど逆にした曲線を $\tilde{C}_-$ とすれば

$$\int_{C_+} \langle \boldsymbol{v}, \boldsymbol{t} \rangle \, \mathrm{d}C_+ = \int_{\tilde{C}_-} \langle \boldsymbol{v}, \boldsymbol{t} \rangle \, \mathrm{d}\tilde{C}_-$$

が成立している．これは，線積分が曲線の取り方によらずに，端点の取り方のみに依存していることを表している．

問 6.2 (1) について：非圧縮流体なので，連続の方程式 (6.6) は

$$\rho \operatorname{div} \boldsymbol{v} = 0$$

と書き直せる．ベクトル場 $\boldsymbol{v} = v_x \dfrac{\partial}{\partial x} + v_y \dfrac{\partial}{\partial y}$ に対して，ベクトル場 $\tilde{\boldsymbol{v}}$ を

$$\tilde{\boldsymbol{v}} = -v_y \frac{\partial}{\partial x} + v_x \frac{\partial}{\partial y}$$

で定めよう．すると，$\operatorname{div} \boldsymbol{v} = 0$ という条件は，

$$\operatorname{div} \boldsymbol{v} = \operatorname{rot} \tilde{\boldsymbol{v}} = 0$$

という条件と同じであることが簡単にわかる．したがって，定理 6.2 からあるポテンシャル ϕ が存在して，$\operatorname{grad} \phi = \tilde{\boldsymbol{v}}$ を満たす．これを，$\tilde{\boldsymbol{v}}$ の成分を用いて書き直すと

$$\frac{\partial \phi}{\partial x} = -v_y, \quad \frac{\partial \phi}{\partial y} = v_x$$

となる．つまり，ϕ は流れの関数である．

(2) について：平面上の 2 点 $\boldsymbol{a}$ と $\boldsymbol{b}$ をそれぞれ始点と終点にする曲線を C_+ とし，逆に終点と始点にする曲線を C_- とする．C_+ と C_- は交わらないとし，$C = C_+ \cup C_-$ は単純閉曲線とする．このとき，平面上のガウスの発散定理を用いれば，非圧縮流体ということから

$$\int_C \langle \boldsymbol{v}, \boldsymbol{n} \rangle \, \mathrm{d}C = \int_D \mathrm{div}\, \boldsymbol{v} \, \mathrm{d}x\mathrm{d}y = 0$$

となる．

問 6.3　式 $\boldsymbol{J} = -K \,\mathrm{grad}\, \theta$ の両辺の発散を取れば，

$$\mathrm{div}\, \boldsymbol{J} = -K\Delta\theta$$

となる．一方，熱を流体と考えれば，連続の方程式，すなわち

$$\frac{\partial \theta}{\partial t} + \mathrm{div}\, \boldsymbol{J} = 0$$

を満たす．したがって，結論を得る．

問 6.4　式 (6.16) に対して，発散を考えると，定理 4.15 から

$$\mathrm{div}(\boldsymbol{v}) = \Delta f \tag{S.2}$$

となる．式 (S.2) は**ポアソン方程式**と言われる．式 (S.2) を満たす f があったとしよう．そして，ベクトル場 $\boldsymbol{v} - \mathrm{grad}\, f$ を考えると，$\mathrm{div}(\mathrm{grad}\, f) = \Delta f$ に注意すれば，

$$\mathrm{div}(\boldsymbol{v} - \mathrm{grad}\, f) = 0$$

となる．すると，定理 6.6 からあるベクトルポテンシャル $\boldsymbol{w}$ が存在して，

$$\mathrm{rot}\, \boldsymbol{w} = \boldsymbol{v} - \mathrm{grad}\, f$$

となる．すなわち，式 (6.16) を得る．最後に式 (S.2) を満たすスカラー場 f は，条件を用いて次のように定めれば良いことがわかる．

$$f(\boldsymbol{x}) = \frac{1}{4\pi} \iiint_{\boldsymbol{y} \neq \boldsymbol{x}} \frac{\mathrm{div}\, \boldsymbol{v}(\boldsymbol{y})}{|\boldsymbol{x} - \boldsymbol{y}|} \mathrm{d}\boldsymbol{y}.$$

ここで $\boldsymbol{x} = (x, y, z)$, $\boldsymbol{y} = (x', y', z')$, $\mathrm{d}\boldsymbol{y} = \mathrm{d}x'\mathrm{d}y'\mathrm{d}z'$ とした．この関数 f が，ポアソン方程式 (S.2) の解であることは参考文献 [4, 定理 3.16] を見ていただきたい．

第7章の解答

問 7.1 (1) について：行列 $A = \begin{pmatrix} 2 & 3 & 1 \\ 0 & -1 & -3 \\ 1 & -2 & 0 \end{pmatrix}$ を用いれば $W = \{\boldsymbol{x} \in \mathbb{R}^3 \mid A\boldsymbol{x} = \boldsymbol{0}\}$ と書ける．これから，三つの条件を満たすことが簡単にわかるので，部分空間である．

(2) について：$\boldsymbol{v} = (0, -1, 0)$ とすれば，$\boldsymbol{v} \in W$ となる．ここで $c = 10 \in \mathbb{R}$ をとり，$c\boldsymbol{v} = (0, -10, 0)$ を考えれば，$c\boldsymbol{v} \notin W$ がわかるので，条件 3 を満たさない．したがって，部分空間でない．

問 7.2 (1) については明らか．

(2) について：最初に，$\boldsymbol{0} \in \operatorname{Ker} f$ となっていることを確認する．ベクトル空間と線形写像の性質とから

$$f(\boldsymbol{0}_V) = f(0 \cdot \boldsymbol{0}_V) = 0 \cdot f(\boldsymbol{0}_V) = \boldsymbol{0}_W$$

がわかる．ここで $\boldsymbol{0}_V$ と $\boldsymbol{0}_W$ はそれぞれ V, W の零ベクトルを意味する (明らかな場合は添字を省略することが多い)．さらに f が単射，すなわち $\boldsymbol{v}_1 \neq \boldsymbol{v}_2$ ならば $f(v_1) \neq f(v_2)$ という定義は，その対偶である $f(v_1) = f(v_2)$ ならば，$v_1 = v_2$ であると言い換えることができることに注意しよう．

まず，単射であれば $\operatorname{Ker} f = \{\boldsymbol{0}\}$ を示す．$f(\boldsymbol{v}) = \boldsymbol{0}_W$ となる $\boldsymbol{v} \in V$, すなわち $\boldsymbol{v} \in \operatorname{Ker} f$ を考える．このとき，$\boldsymbol{0}_W = f(\boldsymbol{0}_V)$ と書け，

$$f(\boldsymbol{v}) = f(\boldsymbol{0}_V)$$

が成り立つ．単射ということから $\boldsymbol{v} = \boldsymbol{0}_V$ となる．すなわち $\operatorname{Ker} f = \{\boldsymbol{0}\}$ が成り立つ．

逆に，$\operatorname{Ker} f = \{\boldsymbol{0}\}$ であれば，単射であることを示す．$f(\boldsymbol{v}_1) = f(\boldsymbol{v}_2)$ なる $\boldsymbol{v}_1, \boldsymbol{v}_2 \in V$ を取ろう．このとき，線形写像の性質から，

$$f(\boldsymbol{v}_1 - \boldsymbol{v}_2) = \boldsymbol{0}_W$$

が成り立つ．$\operatorname{Ker} f = \{\boldsymbol{0}\}$ から，$\boldsymbol{v}_1 - \boldsymbol{v}_2 = \boldsymbol{0}_V$ すなわち，$\boldsymbol{v}_1 = \boldsymbol{v}_2$ であり，f は単射である．

(3) について：$f(\boldsymbol{0}_V) = \boldsymbol{0}_W$ から $\boldsymbol{0}_W \in \operatorname{Im} f$ がしたがう．$\boldsymbol{u}, \boldsymbol{v} \in \operatorname{Im} f$ に対して，$\tilde{\boldsymbol{u}}, \tilde{\boldsymbol{v}}$ をそれぞれ，$f(\tilde{\boldsymbol{u}}) = \boldsymbol{u}$, $f(\tilde{\boldsymbol{v}}) = \boldsymbol{v}$ となる V の元とする．このとき，f の線形性から

$$\boldsymbol{u} + \boldsymbol{v} = f(\tilde{\boldsymbol{u}}) + f(\tilde{\boldsymbol{v}}) = f(\tilde{\boldsymbol{u}} + \tilde{\boldsymbol{v}}), \quad c\boldsymbol{u} = cf(\tilde{\boldsymbol{u}}) = f(c\tilde{\boldsymbol{u}}) \quad (c \in \mathbb{R})$$

となるので，$\boldsymbol{u} + \boldsymbol{v}$, $c\boldsymbol{u} \in \operatorname{Im} f$ となる．したがって，$\operatorname{Im} f$ は W の部分空間である．

同様に，$f(\boldsymbol{0}_V) = \boldsymbol{0}_W$ から $\boldsymbol{0}_V \in \operatorname{Ker} f$ がしたがう．$\boldsymbol{u}, \boldsymbol{v} \in \operatorname{Ker} f$ と $c \in \mathbb{R}$ に対して，f の線形性から

$$f(\boldsymbol{u}+\boldsymbol{v}) = f(\boldsymbol{u}) + f(\boldsymbol{v}) = \mathbf{0}_W + \mathbf{0}_W = \mathbf{0}_W, \quad f(c\boldsymbol{u}) = cf(\boldsymbol{u}) = c\,\mathbf{0}_W = \mathbf{0}_W$$

となるので，$\boldsymbol{u}+\boldsymbol{v}$, $c\boldsymbol{u} \in \operatorname{Ker} f$ となる．したがって，$\operatorname{Ker} f$ は V の部分空間である．

問 7.3 (1) $\Rightarrow$ (2), (3) については明らかである．(2) $\Leftrightarrow$ (3) を示せば良い．(2) $\Rightarrow$ (3) について：$\{\boldsymbol{v}_1, \ldots, \boldsymbol{v}_n\}$ を V の基底とする．このとき $\{f(\boldsymbol{v}_1), \ldots, f(\boldsymbol{v}_n)\}$ は基底になることが次のようにわかる：

$$a_1 f(\boldsymbol{v}_1) + \cdots + a_n f(\boldsymbol{v}_n) = \mathbf{0}$$

を満たす組 $\{a_1, \ldots, a_n\}$ 考える．f が線形であることから，

$$f(a_1\boldsymbol{v}_1 + \cdots + a_n\boldsymbol{v}_n) = \mathbf{0}$$

である．f が単射であるから $a_1\boldsymbol{v}_1 + \cdots + a_n\boldsymbol{v}_n = \mathbf{0}$ であり，また $\{\boldsymbol{v}_1, \ldots, \boldsymbol{v}_n\}$ が基底であるので $a_1 = \cdots = a_n = 0$ となる．つまり，$\{\boldsymbol{w}_1, \ldots, \boldsymbol{w}_n\}$ は 1 次独立である．W の次元は V の次元と同じであるから $\{f(\boldsymbol{v}_1), \ldots, f(\boldsymbol{v}_n)\}$ は基底である．したがって任意の $\boldsymbol{w} \in W$ に対して，ある $b_1, \ldots, b_n$ が存在し，$\boldsymbol{w} = b_1 f(\boldsymbol{v}_1) + \cdots b_n f(\boldsymbol{v}_n)$ と書ける．すなわち，$\boldsymbol{w} = f(b_1\boldsymbol{v}_1 + \cdots + b_n\boldsymbol{v}_n)$ から f が全射であることがわかる．

(3) $\Rightarrow$ (2) について：$\{\boldsymbol{w}_1, \ldots, \boldsymbol{w}_n\}$ を W の基底とする．このとき，全射性からある $\{\boldsymbol{v}_1, \ldots, \boldsymbol{v}_n\}$ があって，$f(\boldsymbol{v}_i) = \boldsymbol{w}_i$ $(i = 1, \ldots, n)$ が成り立つ．$\{\boldsymbol{v}_1, \ldots, \boldsymbol{v}_n\}$ が基底であることを示す．

$$a_1\boldsymbol{v}_1 + \cdots + a_n\boldsymbol{v}_n = \mathbf{0}$$

を満たす組 $\{a_1, \ldots, a_n\}$ を考える．f で送った像を考えれば

$$f(a_1\boldsymbol{v}_1 + \cdots + a_n\boldsymbol{v}_n) = a_1\boldsymbol{w}_1 + \cdots + a_n\boldsymbol{w}_n = \mathbf{0}$$

である．$\{\boldsymbol{w}_1, \ldots, \boldsymbol{w}_n\}$ は W の基底なので，$a_1 = \cdots = a_n = 0$ がわかる．つまり，$\{\boldsymbol{v}_1, \ldots, \boldsymbol{v}_n\}$ は 1 次独立である．V と W の次元は同じなので $\{\boldsymbol{v}_1, \ldots, \boldsymbol{v}_n\}$ が基底であることがわかる．いま，$f(\boldsymbol{v}) = 0$ となる $\boldsymbol{v} \in V$ を取る．$\boldsymbol{v} = a_1\boldsymbol{v}_1 + \cdots + a_n\boldsymbol{v}_n$ と書け，

$$f(\boldsymbol{v}) = a_1\boldsymbol{w}_1 + \cdots + a_n\boldsymbol{w}_n = \mathbf{0}$$

を満たす．$\{\boldsymbol{w}_1, \ldots, \boldsymbol{w}_n\}$ は W の基底なので $a_1 = \cdots = a_n = 0$ であり，つまり $\boldsymbol{v} = 0$ である．したがって，問 7.2 の (2) から，f は単射である．

問 7.4 (1) について：$\mathbf{0}$ は明らかに $\Lambda^i V$ の元である．条件 2 と 3 についても $\Lambda^i V$ の定義からすぐにわかる．

(2) について：$\Lambda^i V$ は V の基底から，i 個のものを取り出すことによって定義されている．その組み合わせは全部で ${}_n\mathrm{C}_i$ 個あり，それらが基底になることがわかる．したがって $\Lambda^i V$ の次元は ${}_n\mathrm{C}_i$ である．同様に $\Lambda^{n-i} V$ の次元も ${}_n\mathrm{C}_{n-i}$ であるが，${}_n\mathrm{C}_{n-i} = {}_n\mathrm{C}_i$ なので，$\Lambda^i V$ と $\Lambda^{n-i} V$ の次元は等しい．

第8章の解答

問 8.1　ベクトル場を

$$\boldsymbol{u} = u_x \frac{\partial}{\partial x} + u_y \frac{\partial}{\partial y} + u_z \frac{\partial}{\partial z}, \quad \boldsymbol{v} = v_x \frac{\partial}{\partial x} + v_y \frac{\partial}{\partial y} + v_z \frac{\partial}{\partial z}$$

とすれば，

$$\boldsymbol{u}^* = u_x \mathrm{d}x + u_y \mathrm{d}y + u_z \mathrm{d}z, \quad \boldsymbol{v}^* = v_x \mathrm{d}x + v_y \mathrm{d}y + v_z \mathrm{d}z$$

となる．このとき，

$$\begin{aligned} *\{\boldsymbol{u}^* \wedge *(\boldsymbol{v}^*)\} &= *\{(u_x v_x + u_y v_y + u_z v_z)\mathrm{d}x \wedge \mathrm{d}y \wedge \mathrm{d}z\} \\ &= u_x v_x + u_y v_y + u_z v_z = \langle \boldsymbol{u}, \boldsymbol{v} \rangle \end{aligned}$$

および，

$$\begin{aligned} *(\boldsymbol{u}^* \wedge \boldsymbol{v}^*) &= *\{(u_y v_z - u_z v_y)\mathrm{d}y \wedge \mathrm{d}z + (u_z v_x - u_x v_z)\mathrm{d}z \wedge \mathrm{d}x + (u_x v_y - u_y v_x)\mathrm{d}x \wedge \mathrm{d}y\} \\ &= (\boldsymbol{u} \times \boldsymbol{v})^* \end{aligned}$$

となる．

問 8.2　定義通り計算すれば良い．$\boldsymbol{u} = u_x \frac{\partial}{\partial x} + u_y \frac{\partial}{\partial y} + u_z \frac{\partial}{\partial z}$ として

$$\begin{aligned} \mathrm{d}*\mathrm{d}*(\boldsymbol{u}^*) &= \mathrm{d}*\mathrm{d}(u_x \mathrm{d}y \wedge \mathrm{d}z + u_y \mathrm{d}z \wedge \mathrm{d}x + u_z \mathrm{d}x \wedge \mathrm{d}y) \\ &= \mathrm{d}*(\mathrm{div}\,\boldsymbol{u} \mathrm{d}x \wedge \mathrm{d}y \wedge \mathrm{d}z) \\ &= \frac{\partial \mathrm{div}\,\boldsymbol{u}}{\partial x}\mathrm{d}x + \frac{\partial \mathrm{div}\,\boldsymbol{u}}{\partial y}\mathrm{d}y + \frac{\partial \mathrm{div}\,\boldsymbol{u}}{\partial z}\mathrm{d}z \\ &= \{\mathrm{grad}(\mathrm{div}\,\boldsymbol{u})\}^*. \end{aligned}$$

$*\mathrm{d}$ はベクトル場の回転 rot に対応するので，

$$*\mathrm{d}*\mathrm{d}(\boldsymbol{u}^*) = *\mathrm{d}\{(\mathrm{rot}\,\boldsymbol{v})^*\} = \{\mathrm{rot}(\mathrm{rot}\,\boldsymbol{v})\}^*$$

となる．

問 8.3　条件 (2) を計算してみると，

$$\{\det(\operatorname{grad} f_1, \operatorname{grad} f_2, \operatorname{grad} f_3)\mathrm{d}x \wedge \mathrm{d}y \wedge \mathrm{d}z\}|_p \neq 0$$

と同じである．ここで，$(\operatorname{grad} f_1, \operatorname{grad} f_2, \operatorname{grad} f_3)$ は，勾配ベクトル場 $\operatorname{grad} f_i$ の成分を並べてできる 3 次の正方行列である．すなわち，条件 (2) は

$$\det(\operatorname{grad} f_1|_p, \operatorname{grad} f_2|_p, \operatorname{grad} f_3|_p) \neq 0$$

と同じであり，これは $\operatorname{grad} f_1|_p$, $\operatorname{grad} f_2|_p$, $\operatorname{grad} f_3|_p$ が 1 次独立であることと同値である．

第9章の解答

問 9.1 ストークスの定理を用いれば，

$$\iint_S \langle \operatorname{rot} \boldsymbol{v},\, \boldsymbol{n} \rangle\, \mathrm{d}S = \int_{\partial S} \langle \operatorname{rot} \boldsymbol{v},\, \boldsymbol{t} \rangle\, \mathrm{d}(\partial S)$$

である．ここで，S は球面で，∂S は空集合なので，$\displaystyle\int_{\partial S} \langle \operatorname{rot} \boldsymbol{v},\, \boldsymbol{t} \rangle\, \mathrm{d}(\partial S) = 0$ となり，結論が従う．

問 9.2 定理 4.19 の式 (4.5) から，

$$f \operatorname{rot} \boldsymbol{v} = \operatorname{rot}(f\boldsymbol{v}) - \operatorname{grad} f \times \boldsymbol{v}$$

がわかる．したがって，

$$\iint_S f \langle \operatorname{rot} \boldsymbol{v},\, \boldsymbol{n} \rangle\, \mathrm{d}S = \iint_S \operatorname{rot}(f\boldsymbol{v})\mathrm{d}S - \iint_S \operatorname{grad} f \times \boldsymbol{v}\mathrm{d}S$$

であり，右辺第 1 項目にストークスの定理を適用すれば，結論が従う．

第10章の解答

問 10.1 直接計算して確かめれば良い．

$$\langle \boldsymbol{e}_1,\, \boldsymbol{e}_1 \rangle = \frac{1}{E}\left\langle \frac{\partial \boldsymbol{p}}{\partial u},\, \frac{\partial \boldsymbol{p}}{\partial u} \right\rangle = 1,$$

$$\langle \boldsymbol{e}_1,\, \boldsymbol{e}_2 \rangle = -\frac{1}{\sqrt{E}\sqrt{EG - F^2}}\left(\frac{F}{\sqrt{E}}\left\langle \frac{\partial \boldsymbol{p}}{\partial u},\, \frac{\partial \boldsymbol{p}}{\partial u} \right\rangle - \sqrt{E}\left\langle \frac{\partial \boldsymbol{p}}{\partial u},\, \frac{\partial \boldsymbol{p}}{\partial v} \right\rangle\right) = 0.$$

同様に，

$$\begin{aligned}\langle \boldsymbol{e}_2,\, \boldsymbol{e}_2 \rangle &= \frac{1}{EG - F^2}\left(\frac{F^2}{E}\left\langle \frac{\partial \boldsymbol{p}}{\partial u},\, \frac{\partial \boldsymbol{p}}{\partial u} \right\rangle - 2F\left\langle \frac{\partial \boldsymbol{p}}{\partial u},\, \frac{\partial \boldsymbol{p}}{\partial v} \right\rangle + E\left\langle \frac{\partial \boldsymbol{p}}{\partial v},\, \frac{\partial \boldsymbol{p}}{\partial v} \right\rangle\right) \\ &= 1\end{aligned}$$

となる．

問 10.2 計算して確かめれば良い．$\boldsymbol{e}_1, \boldsymbol{e}_2$ および θ^1, θ^2 を与えたときに，

$$\begin{aligned}\theta^1\boldsymbol{e}_1+\theta^2\boldsymbol{e}_2 &= \sqrt{E}\left(\mathrm{d}u+\frac{F}{E}\mathrm{d}v\right)\cdot\frac{1}{\sqrt{E}}\frac{\partial\boldsymbol{p}}{\partial u}\\ &\quad+\sqrt{\frac{EG-F^2}{E}}\mathrm{d}v\cdot\frac{-1}{\sqrt{EG-F^2}}\left(\frac{F}{\sqrt{E}}\frac{\partial\boldsymbol{p}}{\partial u}-\sqrt{E}\frac{\partial\boldsymbol{p}}{\partial v}\right)\\ &= \frac{\partial\boldsymbol{p}}{\partial u}\mathrm{d}u+\frac{\partial\boldsymbol{p}}{\partial v}\mathrm{d}v\\ &= \mathrm{d}\boldsymbol{p}\end{aligned}$$

である．

問 10.3 半径 1 の球面のガウス曲率は $K=1$ である．したがって

$$\iint_S K\mathrm{d}S=\iint_S \mathrm{d}S=\text{半径 1 の球面の面積}=4\pi.$$

一方，球面のオイラー数は 2 であるので，ガウス–ボンネの定理

$$\iint_S K\mathrm{d}S=2\pi\chi(S)=4\pi$$

が成り立つ．輪環面のガウス曲率は $K=\dfrac{\cos v}{a(b+a\cos v)}$ であり，さらに，$\sqrt{EG-F^2}=a(b+a\cos v)$ である．したがって，

$$\iint_S K\mathrm{d}S=\int_0^{2\pi}\int_0^{2\pi}\cos v\,\mathrm{d}u\mathrm{d}v=0$$

となる．一方，輪環面のオイラー数は 0 であるので，ガウス–ボンネの定理

$$\iint_S K\mathrm{d}S=2\pi\chi(S)=0$$

が成り立つ．

問 10.4 球面のオイラー標数は $2-2\cdot 0=2$ である．ポアンカレ–ホップの定理から，これはベクトル場の孤立零点の指数に等しいが，球面上にベクトル場の零点が存在しないとすると，ベクトル場の指数は 0 となり，矛盾する．

索引

数字

あ行

か行

さ行

た行

な 行

は 行

ま 行

や 行

ら 行

小林 真平 (こばやし・しんぺい)

1977年生まれ.

2005年　神戸大学大学院自然科学研究科博士後期課程修了.

現　在　北海道大学大学院理学研究院数学部門准教授. 博士(理学).

　　　　専門は可積分幾何.

NBS Nippyo Basic Series 日本評論社ベーシック・シリーズ=NBS

曲面とベクトル解析

(きょくめんとべくとるかいせき)

2016 年 12 月 25 日　第 1 版第 1 刷発行
2022 年 12 月 25 日　第 1 版第 2 刷発行

著　者――――小林真平
発行所――――株式会社 日本評論社
〒170-8474 東京都豊島区南大塚 3-12-4
電　話――――(03) 3987-8621 (販売)　(03) 3987-8599 (編集)
印　刷――――藤原印刷
製　本――――井上製本所
挿　画――――オビカカズミ
装　幀――――図工ファイブ

ISBN 978-4-535-80637-5